黄土高原水土流失生态治理技术挖掘、配置及评价

李斌斌　主编

黄河水利出版社
·郑州·

内容提要

本书对黄土高原水土流失特点及水土流失治理沿革与演变进行了梳理,识别挖掘了黄土高原水土流失生态治理技术及配置模式,并对典型技术和配置模式的效益进行系统评价。主要内容包括:黄土高原水土流失及水土流失治理的概述;黄土高原水土流失生态治理技术和配置模式的识别和挖掘,典型技术、配置模式的演替及效益评价;典型小流域生态建设治理效果的监测及生态服务功能的评估;黄土高原典型工程区水土流失防治模式的仿真研究;黄土高原典型生态治理技术配置方案的推介。全书基本上涵盖了黄土高原水土流失生态治理的主要领域,旨在对黄土高原水土流失治理进行全面系统的梳理。

本书可供水土保持技术人员、科技工作者、大专院校学生及其他相关人员阅读和参考。

图书在版编目(CIP)数据

黄土高原水土流失生态治理技术挖掘、配置及评价/
李斌斌主编 . —郑州:黄河水利出版社,2021. 12
ISBN 978-7-5509-3220-3

Ⅰ.①黄… Ⅱ.①李… Ⅲ.①黄土高原-水土流失-
防治-研究②黄土高原-生态环境-综合治理-研究
Ⅳ.①S157.1②X321.24

中国版本图书馆 CIP 数据核字(2021)第 279213 号

组稿编辑:王路平	电话:0371-66022212	E-mail:hhslwlp@ 163.com
田丽萍	66025553	912810592@ qq.com

出 版 社:黄河水利出版社
　　　　 地址:河南省郑州市顺河路黄委会综合楼 14 层　　　　邮政编码:450003
发行单位:黄河水利出版社
　　　　 发行部电话:0371-66026940、66020550、66028024、66022620(传真)
　　　　 E-mail:hhslcbs@ 126. com
承印单位:河南新华印刷集团有限公司
开本:787 mm×1 092 mm　1/16
印张:14
字数:320 千字
版次:2021 年 12 月第 1 版　　　　　　　　　　　　　印次:2021 年 12 月第 1 次印刷

定价:110.00 元

《黄土高原水土流失生态治理技术挖掘、配置及评价》

编委会

前　言

　　黄土高原是中华文明的发祥地,地处我国温带半湿润-半干旱过渡区,降雨量从西北部的 250 mm 至东南部的 600 mm 不等,是世界上面积最大的黄土堆积区,区内高塬沟壑区和丘陵沟壑区黄土厚度大多在 100~300 m。黄土高原生态环境脆弱区,对气候变化和人类活动敏感,深受东亚季风影响,降雨变率大,丰水年和干旱年降雨量相差 2~5 倍,集中发生在 7~9 月,且以暴雨形式为主,加之地形破碎、土质疏松、植被稀疏,易于侵蚀,是我国乃至世界土壤侵蚀最为严重的区域,区域土壤侵蚀模数大于 10 000 t/(km² · a)的面积曾达 23.5 万 km²。严重的土壤侵蚀使黄土高原水旱灾害频繁,农业生产水平低下,区域经济落后,农村长期处于贫困状态。同时,严重的水土流失造成大量泥沙下泄入黄,使黄河下游成为世界著名的"地上悬河",严重威胁黄河下游人民的生命财产安全和生态安全。

　　中华人民共和国成立以来,党中央、国务院高度重视水土保持工作,采取了一系列有效的措施,取得了举世瞩目的成就。20 世纪 50~60 年代,中国科学院、水利部等单位多次联合对黄土高原水土流失进行科学考察,提出水土保持工作的方向和措施。60~70 年代,黄土高原大量修建的淤地坝工程,在拦沙造田、蓄洪滞洪、减蚀固沟、增地增收、促进农村生产条件和生态环境改善等方面发挥了显著作用。80 年代开展小流域综合治理,加强了生物措施,提出系统的治理思想,特别是 1999 年以来大规模退耕还林还草工程的实施,黄土高原植被覆盖显著增加,生态环境明显改善,黄土高原植被覆盖指数每年递增 0.001 5,其中持续改善的面积占植被覆盖区总面积的 53.7%,进入黄河的泥沙持续减少,相对 1919~1959 年锐减了 85%。生态环境的改善、土地利用的巨大变化也显著提高了黄土高原地区的生态效益、经济效益和社会效益。综观水土保持的发展历程,水土流失治理规模上,从一村一户到成片治理,再到以县或流域为单位的集中连片治理;组织形式上,从典型示范到发动群众大会战,再到国家专项投入重点工程治理;技术措施上,从单一措施到多措施优化布设,再到以小流域为单元的山水林田路村综合治理,以至现在的大保护和大治理协同推进,黄土高原的水土保持工作取得了长足发展。从治理技术、治理模式及治理理念上,黄土高原生态治理的典型性无出其右。因此,对近百年来黄土高原在治理过程中形成的水土流失生态治理技术、治理技术配置模式的挖掘和评价对新时期黄土高原乃至黄河流域生态保护和高质量发展都是非常重要的,也具有现实的意义。

　　国家"十三五"重点研发计划"典型脆弱生态修复与保护研究"专项中的"生态技术评价方法、指标体系及全球生态治理技术评价"项目中设置的课题"生态治理与生态文明建设生态技术筛选、配置与试验示范"正是在此背景下开展的。课题于 2016 年 7 月立项实施,其目的是针对典型区域典型生态退化类型,挖掘具有地域针对性的生态技术;分析评价不同区域类型生态技术配置模式、适用条件、实施效果、试验示范;建立生态筛选技术和方法体系,提出基于生态文明建设和生态治理需求的、具有地域针对性的生态修复和治理技术集群。分别挖掘荒漠化、水土流失、石漠化及退化草地的生态治理技术和技术配置模式,并进行评价。水土流失类型就是以黄土高原为典型区域、南沟小流域为典型示范小流域开展工作的。课题于2021年结束,历时5年,本书的内容正是基于课题"生态治理与生态文明建设生态技术筛选、配置与试验示范"中的"黄土高原水土流失生态治理技术挖掘、配置及评价"专题的研究成果整理而成的。

　　全书共分为8章,第1章介绍了黄土高原水土流失的基本情况,由申楠主要负责完成;第2章梳理了近百年来黄土高原水土流失治理情况,由张庆玮主要负责完成;第3章主要识别和挖掘了黄土高原水土流失生态治理技术,建立了技术库并对主要技术进行了评价,由李斌斌和罗佳茹主要负责完成;第4章梳理了黄土高原水土流失生态治理技术配置模式,由李斌斌主要负责完成;第5章主要针对南沟典型小流域的治理效果进行了监测和评价,由李斌斌、邓蕾和屈创负责完成;第6章主要评估了南沟典型治理小流域生态服务功能,由张风宝和罗佳茹负责完成;第7章主要进行了黄土高原典型工程区水土流失防治模式仿真研究,由王惠泽负责完成;第8章主要介绍了如何推介黄土高原典型生态建设治理技术配置方案的内容,由李斌斌和屈创负责完成。全书由李斌斌和张风宝统稿。

　　本书在编写过程中得到了水利部水土保持监测中心张正印、丛佩娟、王海燕的悉心指导,同时还引用了大量的参考文献。在此,谨向为本书的完成提供支持和帮助的单位、所有研究人员和参考文献的原作者表示衷心感谢!

　　由于本书内容涉及范围广,研究时间短,从海量的文献数据资料中收集资料的难度大,加之作者水平有限,难免还有很多不足或不妥之处,真诚希望广大读者朋友给予指正。

作　者

2021 年 10 月

目 录

第 1 章　黄土高原水土流失概述

黄土高原是全球水土流失最严重的地区,生态环境十分脆弱。严重的水土流失是该区域生态问题的集中体现,导致土地生产力下降,泥沙、干旱、洪涝灾害多发,生态环境恶化,人民生活困难;同时,该区严重的水土流失使黄河成为全球河流输沙量及含沙量皆最高河流的根源,给黄河下游两岸地区安危造成严重威胁,影响了黄河的健康运行。黄土高原土壤侵蚀严重破坏和制约了黄土高原及黄河下游地区的生态环境和可持续发展,科学揭示黄土高原土壤侵蚀过程进而有效治理黄土高原水土流失,已成为实现黄河流域生态保护和高质量发展的重大科学需求。

1.1　黄土高原水土流失影响因素

黄土高原水土流失受自然因素与人为因素的综合影响。黄土高原的土壤性质、气候条件、地质地貌等独有的特点,使其遭受严重水土流失威胁,成为我国乃至全世界水土流失最严重的区域。黄土高原的气候受经纬度与地形制约,具有典型的大陆季风气候特征(徐丽萍,2008),其降水变率很大,往往在局地产生特大暴雨或在较大范围产生持续时间较长的长历时降雨,并造成严重侵蚀产沙与洪涝、泥沙灾害;加之地质时期风成黄土深厚、疏松、可蚀性强,且黄土高原岩性是极易遭受侵蚀的物体性质,这些均为黄土高原的先天不足,是导致其水土流失问题突出的自然因素。人为因素是指加速水土流失产生的人为活动,造成黄土高原水土流失的人为因素主要是指人类不合理的耕作措施与土地利用方式。

1.1.1　自然因素

1.1.1.1　降雨

降雨及其产生的径流是黄土高原土壤侵蚀发生的主要动力(这里主要指水力侵蚀)。黄土高原地区降水空间分布上有较大差异,年降水量自东南向西北逐渐减少,在 150～750 mm。该区域东南部的汾渭盆地和晋南,豫西黄土丘陵区,年降水量为 600～750 mm,是该地区降水最丰沛的部分。而位于西部和西北部的宁夏、内蒙古黄河沿岸地带,鄂尔多斯高原西部,甘肃靖远—景泰—永登一线,年降水量仅为 150～250 mm。降水 400 mm 等值线通过神池、灵武、兴县、绥德、吴起、庆阳、固原、定西、东乡一线以北到长城沿线以南一带,是黄土高原的水蚀风蚀交错带(唐克丽,2000)。下面主要从降雨量、雨强、降水变率三方面分析降雨对黄土高原水土流失的影响。

1.降雨量

降雨量是影响水土流失严重程度的因子之一。降雨量较大的地区(年降雨量大于 1 000 mm),自然植被生长茂盛,往往有茂密的森林,因而水土流失并不严重。降雨量较少的地区(200 mm),因为没有雨滴的打击及径流的冲刷,水土流失亦比较小。然而,对于降雨量处于中等水平的地区,其植被覆盖度低,裸露地表多,降雨侵蚀力较强,雨滴及径流直接冲刷地表,往往容易形成较严重的水土流失。黄土高原的年降雨量为150~700 mm,其较低的植被覆盖度与较大的降雨侵蚀力,使该区极易产生水土流失。

根据年降雨量和土壤侵蚀的强弱,黄土高原的土壤侵蚀可分为三个区,即为多雨量区、中雨量区和少雨量区。其中,多雨量区年降雨量500~700 mm,位于黄土高原东南部,具有较高的植被覆盖度,水土流失相对较轻,年输沙模数小于500 t/km²;中雨量区年降雨量300~500 mm,位于黄土高原中部,该区域是典型的黄土高原沟壑区,地形破碎,坡度较陡,植被覆盖度不高,是黄土高原水土流失最严重的区域;少雨量区年降雨量300 mm以下,位于黄土高原西北部,该区域降雨稀少,地形平缓,很少产生地表径流,水力侵蚀较弱,而冬春季节风力较大,风蚀相对比较多发,相对于水蚀,少雨量区风蚀的治理是重点。

黄土高原地区近年来年均降雨量区域分布不均匀,且由于黄土高原下半年受东南季风控制,降雨量呈现由东南向西北逐渐减少的趋势。多年降水量等值线呈西南—东北走向,三条降雨等值线将黄土高原划分为多雨量区、中雨量区及少雨量区(田凤霞等,2009)。此外,突兀于高原面上的土石山产生较大的地形变化,使黄土高原山地周围的降雨量明显高于周围平地。

表1-1为黄土高原地区各时期降雨量和侵蚀性降水量特征统计,从统计结果看,黄土高原平均降水量439.3 mm,1956~1979年是降水偏多期(458.5 mm),1980~2005年是降水偏少期(421.5 mm),后期降水较前期偏少8.1%。

表1-1 黄土高原地区各时期降雨量和侵蚀性降水量特征统计(信忠保等,2009)

时段	1956~ 1959年	1960~ 1969年	1970~ 1979年	1980~ 1989年	1990~ 1999年	2000~ 2005年
降雨量/mm	487	470	441	429	412	422
距平/%	10.8	6.8	0.3	-2.5	-6.4	-4.2
侵蚀性降水量/mm	297	270	248	244	234	239
距平/%	17.9	7.3	-1.4	-3.1	-7.1	-4.1
暴雨降雨量/mm	48.4	39.6	38.0	30.2	32.1	31.7
距平/%	35.8	11.1	6.5	-15.2	-10.0	-11.1

2.雨强

单位时间内降雨量越多,降雨强度越大。雨强直接关系到地表径流的形成快慢。雨强越大,地表径流形成越迅速,不利于土壤的水分入渗与河川径流的调节作用,越容易引起严重的水土流失。

黄土高原降雨的一个主要特点是侵蚀性降雨次数少,降雨历时短,强度大,往往在局地产生特大暴雨,降雨强度大于土壤入渗率,在坡面形成超渗产流,径流短时间内迅速形成,冲刷地表,造成严重侵蚀产沙与洪涝、泥沙灾害。黄土高原土壤侵蚀基本是由暴雨造成的,且暴雨强度越大,造成的土壤侵蚀越严重。例如,近期的2013年7月的延安暴雨,

2017 年 7 月的子洲绥德暴雨,以及早期的 1980 年的安塞县南小河沟暴雨,均造成巨大的灾害损失。2013 年 7 月 3~31 日,延安各地降雨量几乎相当于全年的降雨量,是往年 7 月平均降雨量的 2.26~5.24 倍,该次降雨是延安地区 1945 年有气象记录以来,同期暴雨次数最多、暴雨日间隔时间最短、累积降雨量最大、降雨日最多的一次强降水过程,引发了大量的崩塌、滑坡、泥石流地质灾害。

甘肃西峰水土保持科学试验站观测资料显示:南小河沟径流小区 1980 年 6 月 28 日和 7 月 5 日两次降雨量相近,而降雨强度后者约为前者的 13 倍,对农地的侵蚀量后者为前者的 9 倍,对牧荒地的侵蚀量后者约为前者的 51 倍。也说明对于同一年的两次降雨量基本相同的降雨,降雨强度不同,侵蚀量相差十分巨大。南小河沟 1960 年 8 月 1~2 日,流域一次降雨 125.1 mm,10 min 最大降雨 9.6 mm,年侵蚀模数 14 560 t/km²,是历年平均值的 3.3 倍。

黄土高原地区兰州、大同、兴县、平原、离石、天水 6 个气象站多年平均降水天数为 69.4~96.7 d,多年平均侵蚀性降水日数为 7.0~13.4 d,引起侵蚀的降雨日数占年平均降水日数的 1/20,侵蚀性降雨次数少,强度大(张岩等,2006)。

降雨量与降雨强度均是影响黄土高原水土流失的因素,单独就其中一个因素研究降雨对水土流失的影响并不充分。因此,采用降雨量与雨强二因子的不同组合与水土流失量进行相关分析,通常能够得到科学、合理的相关关系。根据绥德试验站的资料,次降雨土壤流失深度与降雨量和雨强具有以下相关关系(刘秉正和吴发启,1997):

$$n_s = 0.081 \ 3PI^{1.288} \tag{1-1}$$

式中:n_s 为次冲刷深度,mm;P 为降雨量,mm;I 为次降雨强度,mm/h。

根据安塞试验站径流小区观测资料,次降雨侵蚀量与降雨量及最大 30 min 雨强的乘积具有密切的相关关系(贾志伟等,1990):

$$M = A(PI_{30})^a \tag{1-2}$$

式中:M 为次降雨侵蚀量,t/km²;P 为次降雨量,mm;I_{30} 为最大 30 min 雨强,mm/min;A、a 为待定系数,数值见表 1-2。

表 1-2 降雨因子指标 PI_{30} 与 M 的关系(贾志伟等,1990)

坡度/(°)	A	a	相关系数 r
5	1.847 6	1.498	0.797
10	2.617 2	1.671	0.780
15	3.854 3	1.706	0.749
20	4.845 3	1.706	0.761
25	5.019 8	1.773	0.748
28	6.457 9	1.688	0.745

3.降水变率

黄土高原降雨年际、年内分配极不均匀,夏秋季多雨,冬春季干旱少雨。一年之中,由于季风气候的影响,年内降水多集中在 6~9 月,占全年降水量的 65% 以上,有的地区高达 94%,该时段侵蚀产沙量占全年总侵蚀量的 80%~90%,往往几场暴雨即可造成严重水土流失(唐克丽,1990)。区内降水量的年相对变率平均为20%~30%,季节降水的相对变率更大,多在50%~90%。丰水年的降水量往往是枯水年的几倍,甚至几十倍。此外,区内极容易产生暴雨天气,相对集中于陕北、晋西和内蒙古准格尔旗一带,最大暴雨强度高达2 mm/min以上(吴春华等,2005)。

黄土高原降水年内分配不均衡,以黄土高原水蚀风蚀交错带六道沟小流域为例(檀璐,2014),该区域2006~2010年的月降雨资料显示:该区平均降雨量为434.7 mm,降雨主要集中在6~9月,平均降雨量为355.4 mm,占年平均降雨量的75.2%,且每个月的降雨量都达到全年的10%以上,最大月降水量占年降水量的35%,是该区水土流失的主要时期。

黄土高原水蚀风蚀交错带六道沟小流域降雨年际变幅也很大,多雨年降水量为少雨年降水量的1~2.5倍。多雨年土壤侵蚀量一般比少雨年高出数倍至数十倍不等。黄土高原水蚀风蚀交错带六道沟小流域2006~2010年的年降雨资料显示,五年内最大降雨量与最小降雨量变化幅度相差126.4 mm,年降雨量的变化趋势与汛期降雨量变化趋势一致,具有汛期集中降雨的特点。

1.1.1.2　土壤

水土流失使土壤资源遭到破坏,土壤是水力、风力、冻融等侵蚀营力作用下遭受侵蚀危害的物质对象,是水土流失的物质体现,水土流失的快慢与难易程度与土壤特性密切相关。我国西北黄土高原地区发生的严重土壤侵蚀除与降雨集中发生有关外,还与易于侵蚀的黄土性质密切相关(张科利,2001),黄土高原地区黄土性质差异大,势必导致水土流失严重程度的不同。

刘东生(1966)在《黄土的物质成分和结构》一书中指出:黄土高原马兰黄土粒径自东南向西北逐渐变粗,并根据砂粒含量与黏粒含量绘制了黄土高原地区马兰黄土水平分带图,认为黄土高原马兰黄土可以分为三带,分别是第一带沙黄土带;第二带黄土带;第三带黏黄土带。马兰黄土处于第四纪黄土表层,黄土地区坡面自然土壤已侵蚀殆尽,坡面农地土壤是马兰黄土母质土耕作条件下的幼年性土壤,与马兰黄土母质质地差异很小。地质时期风成的黄土具有深厚、疏松、可蚀性强的特征。

影响水土流失严重程度的土壤特性有:土壤类型、土壤可蚀性、质地、容重、土壤强度、土壤黏结力、有机质含量、土壤水分、入渗性能、残茬腐殖质等。土壤侵蚀速率随着土壤黏粒含量、团聚体中值粒径、土壤容重、土壤强度、土壤黏结力及有机质含量等参数的增大而降低,且随着土壤可蚀性的增大而增加。

朱显谟(1954)是我国最早研究黄土高原土壤性质对水土流失影响的学者,他将土壤的影响作用分为抗冲性和抗蚀性,并测定了土壤的膨胀系数和分散速度等性质与侵蚀的关系(1960)。蒋德麒和朱显谟(1962)、Olson和Wischmeier、田积莹等(1964)、朱显谟(1981,1982)、史德明等(1983)、周佩华等(1993)、吴普特等(1993)随后都相继对土壤性质与侵蚀的关系进行了研究,并提出了各自的反映土壤侵蚀难易程度的定量化评价指标,其中Olson和Wischmeier提出的土壤可蚀性K指标应用最为广泛。可蚀性K值的大小反映土壤在雨滴打击、径流冲刷等外营力作用下被分散、搬运的难易程度与敏感性(Morgan,2005;方学敏等,1997;刘宝元,1999,2001b;张科利,2007),具有明确的物理意义和方便的测定方法。表1-3为不同学者提出的土壤可蚀性指标。

表 1-3　不同学者提出的土壤可蚀性指标

年份	研究者	可蚀性指标	测定方法
1926	Bennet	土壤硅、铝、铁、率	理化性质测定
1930	Middletton	土壤浸湿热侵蚀率	理化性质测定
1935	Bouyoucos	(砂粒%+粉粒%)/黏粒%	理化性质测定
1937	Peel	渗透率、悬浮率、分散率	理化性质测定
1954	朱显谟	土壤膨胀系数、分散速度	理化性质测定
1960	朱显谟	静水中土体崩解情况	理化性质测定
1964	田积莹、黄义端	团聚体总量、团聚状况、团聚度、团聚体分散度、分散率、侵蚀率	理化性质测定
1960	朱显谟	水冲穴的深浅	仪器测定法
1947	Elision	土壤可分离性、可搬运性	仪器测定法
1946	Gussak	冲走 100 g 土壤所需水量	仪器测定法
1964	唐克丽	土壤物理、化学、黏土矿物构成、微结构性质	仪器测定法
1963	蒋定生	原状土冲刷水槽,提出抗冲力指标和分级,单位水量所冲走的土量	仪器测定法
1963	Olson、Wischmeier	单位降雨侵蚀力所对应的土壤流失量 K	小区测定法
1969	Wischmeier、Mannering	Nomo 图及其公式	数学模型和图解法
1991	Lafmen、Elliot	关系系数	水动力学模型实验
1993	周佩华等	单位径流深所对应的土壤流失量	小区测定法

　　位于黄土高原腹地的陕西省安塞县的径流小区观测资料显示(见表 1-4):陕北和晋西北一带黄土可蚀性 K 值变化于 0.3~0.7,陕西子洲、绥德一带最大,以此为中心,向南、向北和向东逐渐减小,即黄土的可蚀性在地域上表现为在中部地区较大,由中部向北、向南和向东部逐渐减小(张科利等,2001)。

表 1-4　子洲、安塞、离石皇甫川不同小区土壤实测 K 值(张科利等,2001)

地点	坡度/(°)	坡长/m	侵蚀量 A/ (t/km^2)	侵蚀降雨力 R/ $[MJ \cdot mm/(hm^2 \cdot h)]$	土壤可蚀性 K/ $[t \cdot hm^2 \cdot h/(hm^2 \cdot MJ \cdot mm)]$	平均
子洲	22	40	76 256.9	4.8×10^3	7.29×10^{-3}	8.27×10^{-2}
	22	60	102 659.6	4.7×10^3	5.77×10^{-2}	
	22	20	33 085.9	4.6×10^3	4.8×10^{-2}	
	31	20	67 897	4.4×10^3	7.07×10^{-2}	

续表 1-4

地点	坡度/(°)	坡长/m	侵蚀量 A/ (t/km²)	侵蚀降雨力 R/ [MJ·mm/ (hm²·h)]	土壤可蚀性 K/ [t·hm²·h/ (hm²·MJ·mm)]	平均
安塞	5	20	7 658.9	8.7×10³	4.37×10⁻²	4.23×10⁻²
	10	20	22 106.4	8.7×10³	4.21×10⁻²	
	15	20	38 778.3	8.7×10³	4.46×10⁻²	
	20	20	51 631.8	8.7×10³	4.28×10⁻²	
	25	20	69 306.6	8.7×10³	4.52×10⁻²	
	28	20	70 368.9	8.7×10³	4.09×10⁻²	
离石	5	20	823.9	1.32×10³	3.09×10⁻²	4.79×10⁻²
	10	20	1 388.5	1.88×10³	1.22×10⁻²	
	15	20	6 394.2	1.85×10³	3.46×10⁻²	
	20	20	13 190	1.8×10³	5.27×10⁻²	
	25	20	12 662.9	1.86×10³	3.86×10⁻²	
	30	20	18 750.3	1.86×10³	4.76×10⁻²	
皇甫川	6	20	2 669.8	1.37×10³	6.90×10⁻²	6.90×10⁻²

WEPP 模型的开发者将坡面土壤可蚀性进一步划分为细沟间可蚀性(K_i)和细沟可蚀性(K_r),这种精细划分有助于坡面水蚀过程的准确预报和模拟(雷霆武,2009)。申楠等(2018)分析了黄土高原杨凌黏黄土、长武黄绵土、安塞黄绵土、定边沙黄土、神木沙黄土五个土壤的细沟可蚀性参数。发现神木沙黄土的细沟可蚀性参数最大(0.400 5 s²/m²),其后依次为杨凌黏黄土(0.350 8 s²/m²)、定边沙黄土(0.301 4 s²/m²)、安塞黄绵土(0.228 1 s²/m²)、长武黄绵土(0.196 3 s²/m²)。神木沙黄土的细沟可蚀性参数分别是杨凌黏黄土、定边沙黄土、安塞黄绵土、长武黄绵土的1.1、1.3、1.8、2.0倍。除了杨凌黏黄土,其余土壤的细沟可蚀性参数按照土壤粒径由细到粗、地理位置由南到北而逐渐增大。杨凌黏黄土并没有因为其较高的黏粒含量与偏南的地理位置而体现出较小的细沟可蚀性参数,其细沟可蚀性参数较大,与神木沙黄土的细沟可蚀性参数比较接近。

1.1.1.3 植被

植被具有强大的保持水土功能,对抑制土壤侵蚀发生、保护地表、控制水土流失具有重要作用。其地上部分可以防止雨滴击溅、截留降雨、削减降雨动能;地下部分深入土体内部,可以固结土体、增加水分入渗、调节径流,从而减少水土流失。结构良好的林分冠层截留率一般占大气降水量的15%~35%(吴钦孝等,2002)。据测定,在六盘山各类天然林下灌木草本层通过截留和阻拦降水,可削弱林内降雨动能18%~65%(吴钦孝等,1998)。据宜川水文生态试验站多年连续观测,油松林地的年均径流深和土壤侵蚀量分别较农地减少88.0%和99.0%(刘向东,1989)。

人工油松林截留的动态过程数据显示(赵鸿雁,2001),黄土高原人工油松林林冠截留动态模型如下:

$$I_c = at + bp\sin(ct) \tag{1-3}$$

式中:I_c为林冠截留量的累积量;a、b、c为常数;p为大气降水的累计量;t为降水历时。

枯枝落叶防治土壤击溅侵蚀量的经验公式为(赵鸿雁,2001):

$$w = k v^{4.33} D^{1.017} I^{0.65} \tag{1-4}$$

式中:w为半小时雨滴击溅的土壤量,g;v为雨滴速度,m/s;D为雨滴直径,mm;I为降雨强度,cm/m;k为与土壤有关的常数。

根据气候和植被特征,可以将黄土高原划分为 5 个植被带,分别为:暖温型森林地带(年均降水量 550~600 mm)、暖温型森林草原地带(年均降水量 450~550 mm)、暖温型典型草原地带(年均降水量 300~400 mm)、暖温型荒漠草原(年均降水量 200~330 mm)以及暖温型草原化荒漠地带(年均降水量 200 mm)。暖温型森林地带包括渭河中下游、泾河下游、汾河下游及沁河流域,包括太行山与吕梁山南部、中条山、秦岭和关中北部。暖温型森林草原地带包括太行山、吕梁山中部、子午岭及六盘山。暖温型典型草原地带包括恒山,吕梁山北部的山脉;暖温型荒漠草原包括鄂尔多斯中部、清水河中游、祖厉河下游、湟水下游及兰州以上的黄河干流;暖温型草原化荒漠地带包括河套平原、银川平原、清水河下游、靖远及白银以北地区。

黄土高原发生严重水土流失的地区,往往是植被覆盖度比较低的地区,而具有天然次生林的植被覆盖度较高的地区,即使具有较强降雨与较陡地形,其水土流失基本不发生或比较轻微。当林地覆盖度由 40%增至 60%时,覆盖度每增加 10%,土壤侵蚀量减少一半,当覆盖度达到 60%以上时,减沙效果显著且趋于稳定(张琴琴,2016)。50%~60%的覆盖度可以被称为"水土保持有效盖度"。早年间,黄土高原由于不合理的土地利用,耕作开垦,滥砍滥伐,植被受到严重破坏,部分地区植被损失殆尽,水土流失严重。为了遏制黄土高原植被快速减少、水土流失程度剧烈、黄河输沙量高居不下的现象,改善黄土高原地区的生态环境,我国于 1999 年开始实施退耕还林(草)工程,该工程实施以来,黄土高原植被覆盖度显著提高,土壤侵蚀过程发生了重要变化,黄河水沙发生了历史性剧减。

1.1.1.4 地形

地形是影响流域水文状况与土壤侵蚀方式,从而决定水土流失严重程度的重要自然因素。用于表达坡面特征的坡面地形因子是黄土地貌形态描述与特征分析的基本要素(汤国安等,2017)。地形一般被视为各种坡度、坡长、坡形、坡向的组合,其中坡度与坡长是影响土壤侵蚀强度的重要地形因子。

黄土高原土质疏松,植被稀少,降雨集中,在自然侵蚀与人为加速侵蚀的作用下,形成了千沟万壑,支离破碎,以塬、梁、峁为主的特殊黄土地貌形态,而现有的地形又进一步对黄土高原的水土流失起到加速作用。由于黄土高原南北景观以及地貌外营力强度的差异,在长城沿线以北地区,形成了以风蚀作用为主的风沙地貌景观,长城沿线以南至北山一带,以流水作用为主,分别形成黄土丘陵沟壑景观与黄土高原沟壑景观,地势西高东低,基本上是由西北向东南倾斜(陕西省志,1995)。位于延河中游地区的延川县,属于典型的黄土梁峁状丘陵沟壑区,梁的顶面面积较小,坡度多在 3°~5°,梁顶以下到谷缘线坡度多在 20°~40°。坡度主要分布在黄土梁的两坡面上,地形起伏程度大,并且地表破碎程度大。坡长范围为 2.5~600 m,坡长平均值为 40.1 m(崔晨,2010)。野外实地考察与影像测算显示:沟间地的梁坡上,坡度较小,以面蚀为主,细沟、浅沟亦比较发育,浅沟宽度均不超过 1 m,深度在 20~50 cm(吴江,2021;崔晨,2010)。在黄土区农地或荒坡地上,当坡度大于 5°且坡长大于 10 m 时,坡面易发生较为强烈的细沟侵蚀(朱显谟,1958)。在陕北的黄土高原丘陵沟壑区,40 m 为浅沟侵蚀发育的临界坡长值(张科利等,1991)。黄土高原在梁峁以下,坡度较大,沟蚀和重力侵蚀多发,冲沟、干沟和河沟深切,切割深度在 150~200 m(崔晨,2010)。山西省吉县黄土残塬沟壑区长期定位水土流失观测与调查资料显示:随坡长和坡度的增大,径流增大,侵蚀增强,侵蚀模数增大;年侵蚀模数与坡长呈正相关关系,随着坡长增大,细沟侵蚀和浅沟侵蚀明显增强,坡耕地坡长最好小于 15 m,以减少土壤侵蚀,保持水土(魏天兴等,2002)。黄土高原丘陵沟壑区坡面侵蚀产沙过程资料显示:坡长增加时,坡面片蚀向细沟侵蚀与切沟侵蚀发育的速度明显加快,坡面侵蚀产沙量明显增加(陈晓安等,2010;蔡强国,1989)。

1.1.2　人为因素

近 2 个世纪以来,由于人类活动的影响,地球生态环境发生了巨大变化,水土流失则是全球性的重要生态环境问题。人为因素对水土流失的影响具有正负两个方面,一方面指的是人类不合理的活动导致的水土流失加速;另一方面指的是人们对自然的合理利用与保护,防治水土流失。一般说的人为因素指的是人类加速土壤侵蚀、加剧水土流失的行为与活动,人类活动导致的土地利用方式的变化为主要的人为因素。例如,黄土高原人口增长快,耕作面积增加,天然植被遭到破坏,大面积毁林毁草开垦,能耕种的山坡地上大部分开垦为农地,致使土地利用不合理,原本生长植被的山坡变为农地,植被覆盖度减少,且对土壤扰动巨大,耕作侵蚀严重,水土流失加剧。耕作是使土壤侵蚀加速的最广泛方式,合理的土地利用与科学的保护性耕作技术,可以根治土壤退化和水土流失。

不同土地利用类型的土壤侵蚀作用不同。比如经过治理的安塞纸坊沟流域,占总面积 28.1%的农地的侵蚀量占总侵蚀量的 31.0%,其中 63.0%来源于占农地面积 39.0%的无治理措施的坡耕地;占总面积的 27.4%的林地,侵蚀量仅占总侵蚀量的 9.2%;占总面积 34.0%的草地,侵蚀量约占总量的 50.5%,而其中的 90.0%又是来源于占草地面积 65.0%的天然荒坡(杨文治和余存祖,1992)。

草地土壤侵蚀系数(草地侵蚀模数比裸露地侵蚀模数)与草地植被覆盖度之间呈现为如下关系(江忠善等,1996):

$$当 V \leqslant 5\% \qquad C_1 = 1 \qquad (1\text{-}5)$$
$$当 V > 5\% \qquad C_1 = e^{-0.041\,8(V-5)} \qquad (1\text{-}6)$$

式中:C_1 为人工草地土壤流失系数,取 0~1;V 为植被覆盖度(%);相关系数 $r = -0.968$。

林地土壤流失系数与林地植被覆盖度之间呈如下关系:

$$当 V < 5\% \qquad C_2 = 1 \qquad (1\text{-}7)$$
$$当 V > 5\% \qquad C_2 = e^{-0.008\,5(V-5)\times1.5} \qquad (1\text{-}8)$$

式中：C_2 为林地土壤侵蚀系数，取 $0\sim1$；V 为林地总覆盖度（%）；相关系数 $r=-0.965$。

人为因素对黄土高原水土流失的影响，除农地、林地、撂荒地等土地利用方式的改变所产生的水土流失强度变化外，还有生产建设项目中不重视水土保持而引起的水土流失。项目建设过程中不合理保护与利用土地，随意堆置弃渣弃土，扰动土地资源，致使黄土区自然具备的生态平衡被打破，人为增加了水土流失面积与强度。改革开放以来，随着经济的快速发展，生产建设项目数量不断增多，大面积原始地形地貌遭到扰动，水土流失加剧。资料显示，全国每年因开矿、修路等生产建设项目而新增的水土流失面积达 1 万 km²（刘天军，2006）；20 世纪 80~90 年代，黄土高原水土流失面积增加主要是由该区能源和矿产资源开发量大、生产建设活动面积大、地表扰动程度高、治理措施欠缺而引起的（任艳，2017）。

1.2　黄土高原水土流失类型

土壤侵蚀的发生主要是由一种或两种外营力作用导致的，按引起土壤侵蚀的外营力种类对土壤侵蚀类型进行划分，区分土壤侵蚀是由什么外营力引起的，可以有针对性地布设防治措施，防止或减轻土壤侵蚀带来的危害。土壤侵蚀的类型按外营力可划分为水力侵蚀、风力侵蚀、重力侵蚀、冻融侵蚀、冰川侵蚀、化学侵蚀、混合侵蚀、生物侵蚀八种类型。其中，水力侵蚀、风力侵蚀、重力侵蚀是黄土高原的主要土壤侵蚀类型。在每个土壤侵蚀类型中，再依据地貌类型、外营力作用的方式及其产生的侵蚀形态，进行次一级的侵蚀方式的分类。

1.2.1　水力侵蚀

水力侵蚀指在降雨雨滴击溅、地表径流冲刷和下渗水分作用下，土壤、土壤母质及其他地表组成物质被破坏、剥蚀、搬运和沉积的全部过程。水力侵蚀是黄土高原分布最广、危害最普遍的一种土壤侵蚀类型。小到雨滴击溅作用产生的溅蚀，大到山区河流洪水产生的山洪侵蚀，都是水力侵蚀的基本形式。按照侵蚀方式的不同，可将水力侵蚀分为面蚀和沟蚀。

1.2.1.1　面蚀

面蚀包括雨滴对土壤的溅蚀及薄层水流引起的片蚀。这两种形态的侵蚀广泛分布在该区山坡地的不同部位，更集中分布在山坡地上部的分水岭附近，在荒坡地上则表现为鳞片状侵蚀。

1.溅蚀

溅蚀是坡地上最初始的水力侵蚀方式。溅蚀的主要作用是使土壤颗粒与土壤母体分离，溅向空中，落向下坡，溅蚀不直接向沟道输送泥沙。但土体一旦被雨滴分离破碎很容易随水流走。溅蚀还对土壤物理性状产生破坏，使土壤表面形成泥浆薄膜，堵塞土壤孔隙，阻止雨水下渗，增加地面径流及其侵蚀能力。根据黄土高原裸地溅蚀观测试验的分析结果，次总溅蚀量与坡度及降雨侵蚀力有如下关系（江忠善和刘志，1989）：

$$G_1 = (0.562-0.362\ 5J)/(2.623\ 8+0.037\ 8J)\,]\,(EI_{30})^{0.736}+(0.520+0.040J-0.000\ 76J^2)\,(EI_{30})^{0.769}$$

$$(1-9)$$

式中:G_1 为总溅蚀量,g/m^2;J 为地面坡度,(°);EI_{30} 为降雨侵蚀力。

  2.片蚀

  片蚀主要产生在坡耕地上。当坡面形成超渗产流后,出现薄而分散、不固定的微小股流联合体,把地表较细的物质带走,有的不留痕迹,有的形成宽、深在 1 cm 左右,长 10 cm 的辫状微小沟纹。这种片蚀可使土壤质地变粗、熟化层变薄、肥力减退、农业产量降低。根据黄土丘陵沟壑区第二副区裸地片蚀试验观测的分析结果,片蚀随降雨动能和径流势能呈多元幂函数关系,随地面坡度的变化呈抛物线关系(刘志和江忠善,1994):

$$G_2 = 1.093\ 1E^{0.39}E_{\mathrm{p}}^{0.812}$$

$$(1-10)$$

式中:G_2 为次片蚀量,g/m^2;E 为次降雨动能,J/m^2;E_{p} 为次径流势能,J/m^2。

$$G_2 = -2.606S^2+178.07S+0.362$$

$$(1-11)$$

式中:G_2 为年平均片蚀量,g/m^2;S 为地面坡度,(°)。

  3.鳞片状侵蚀

  在一些荒坡上,由于过度放牧,羊将地面草皮破坏,致使裸露地面抗蚀性不均匀,当降雨产流时发生不均匀侵蚀,呈鳞片状分布,即为鳞片状侵蚀,也被称作鱼鳞化面蚀。鳞片状侵蚀是片蚀的一种特殊形式,其发生发展与植被覆盖度关系密切,主要由地表植被覆盖度小和过渡放牧造成。鳞片状侵蚀在山区及牧区分布广泛,其严重程度主要取决于植物的密度及分布均匀性,以及人或动物对植物的破坏程度(张洪江,2008)。

1.2.1.2 沟蚀

  黄土高原的沟壑地貌主要由沟蚀造成,沟蚀主要以坡面集中径流的方式侵蚀地面,并在坡地上形成大小不同的侵蚀沟,按其发育的程度及形态可分为细沟侵蚀、浅沟侵蚀和切沟侵蚀。

  1.细沟侵蚀

  细沟侵蚀是在细沟水流及其输沙组成的含沙水流作用下发生发展的重要的坡面水蚀类型。在可蚀性较高的黄土土壤坡面上,细沟尤为发育,发育的细沟使坡面形成大量的负地形和临时性水路网,显著增加径流连通性,直接影响坡面产汇流、产沙过程(赵龙山等,2017)。细沟侵蚀量占黄土高原地区总侵蚀量的 45.3%,占坡面侵蚀量的 70%(朱显谟,1982;唐克丽等,1984)。细沟侵蚀是黄土高原坡耕地表土和养分流失的重要原因,是黄土高原地区坡面极其重要的侵蚀方式之一。细沟一旦产生,坡面径流的侵蚀力与搬运力均会远大于雨滴击溅和坡面片状水流所具有的侵蚀力和搬运力,其侵蚀力相当于雨滴侵蚀力的十倍,片状水流侵蚀力的百倍(黄秉维,1983)。因此,细沟侵蚀研究是黄土高原地区坡面土壤侵蚀研究的重要内容,其研究成果可为阐明该区坡面侵蚀过程奠定重要基础,对于治理该区坡面土壤侵蚀发挥重要作用。

  黄土高原细沟侵蚀的沟宽与沟深一般不超过 20 cm,细沟是一种暂时性的沟道,耕作后即可消失。细沟侵蚀多发生在 10°以上的坡面,一般集中分布在坡面面蚀带之下。调查结果显示(刘宝元等,1988),黄土高原细沟宽度的 73.7%集中在 5~20 cm,最宽达 40 cm,深度为 2~10 cm 的占 71.6%,间距为 15~95 cm 的占 71.5%,平均间距分别为 12.63 cm、7.87 cm、

87.41 cm。但该区也有很特殊的细沟出现,如 1977 年 7 月 4~6 日在延安特大暴雨(日雨量大于 200 mm)以后坡面上发育的大量细沟,其宽深比高达1∶5,有的细沟深达 1 m。在降雨条件一定的情况下,细沟侵蚀主要受坡长、坡度和耕作措施的影响。根据 1988 年 8 月 24 日和 1989 年 7 月 16 日两次暴雨产生的细沟侵蚀调查(降雨量分别为 139.1 mm 和 105.3 mm),在坡度为 30°、水平投影为 10 m、20 m、30 m、40 m 坡长的裸地径流小区上,细沟侵蚀量随坡长的增加呈近线性增大,且细沟侵蚀量在总侵蚀量中所占的比例也随坡长的增加而增加。细沟侵蚀随坡度的变化则表现为坡度小于 20°时,随坡度的增大而增大,大于20°时呈基本不变或呈下降趋势。至于在不同农作物地上的表现,则是翻耕后的休闲麦地最大,其余依次为荞麦地、水平沟谷子地及一般耕作的黄豆地。

2.浅沟侵蚀

浅沟侵蚀是指地表径流由小股径流汇集成较大的径流,既冲刷表土,又下切底土,形成横断面为宽浅瓦背状的浅沟,非犁耕所能填平甚至影响耕作的一种沟蚀方式。浅沟主要呈平行状分布在荒坡地上,其下部常与悬沟相连,是黄土高原坡地沟蚀最普遍存在的组合形式,它常使沟岸扩张,产生大量侵蚀。浅沟区出现的坡面径流大量集中是导致黄土高原严重土壤侵蚀的根本所在。浅沟侵蚀分布区的面积要占沟间地总面积的 75%以上。黄土丘陵区坡面浅沟侵蚀主要发生在 18°~35°的坡面上,间距变化于几米至三十余米,深度变化于 15~120 cm,宽度则变化在 20~80 cm,且以 30~50 cm 居多。发生浅沟侵蚀的上限与下限临界坡度分别介于 26°~27°和 15°~20°,临界坡长介于 50~80 m(秦伟,2010)。浅沟侵蚀量可占坡面侵蚀量的 10%~70%,就黄土高原农地坡面的平均情况而言,浅沟侵蚀量约占坡面侵蚀量的 35%(张科利,1988;唐克丽等,1998)。影响浅沟侵蚀的因素有坡度、坡型、坡长、汇水面积等。张科利(1991a)通过分析野外小区观测资料指出,浅沟侵蚀基本上与降雨量无关,主要受降雨强度影响。徐希蒙(2018)建立了土壤侵蚀速率与降雨强度和上方汇流地形特征值的非线性方程,即

$$SL = 0.156RI^{0.482} + 0.537(AS_2)^{1.225} \tag{1-12}$$

式中:SL 是坡面侵蚀速率,kg/min;RI 为降雨强度,mm/h;AS_2 为上方汇流地形面积,m^2。

3.切沟侵蚀

切沟大部分是由浅沟发展而来的,坡面泾流汇集到浅沟中冲刷力与下切力增大,沟身切入黄土母质,产生具有明显沟头和沟沿的横断面呈 V 字形的切沟。切沟主要分布在塬边,使沟头前进,蚕食可利用的山坡地,因此在山坡地整治过程中要充分考虑切沟侵蚀的影响。切沟侵蚀多发生在坡度大于 35°的坡面上。

1.2.2　风力侵蚀

风力侵蚀是土壤颗粒或沙粒在气流冲击作用下脱离地表被搬运和堆积的一系列过程,以及随风运动的沙粒在打击岩石表面过程中,使岩石碎屑剥离出现擦痕和蜂窝的现象。

黄土高原气候为大陆性季风气候,冬春季节干旱少雨,西北风盛行,风力多在 3~5级,最大可达 6~8 级,加之地面缺乏植物保护,土壤干燥裸露,风蚀显著,尤其在一些迎风坡面、道路及风口附近,土壤风蚀更为明显。黄土高原地区风力侵蚀的范围约占整个黄土

高原范围的47%(含水蚀-风蚀交错区)。夏秋季因为有植被保护,且常有降雨,土壤湿润,黄土高原风蚀一般较弱。

　　黄土高原土壤侵蚀最强烈地区不是出现在降雨量比较大的水蚀地区,而是出现在年降水量为400 mm左右的水蚀风蚀交错地带。水蚀-风蚀交错区土壤侵蚀强烈,水力、风力两相侵蚀季节性交错出现,土壤侵蚀全年都在进行,导致该区侵蚀强度和程度都大于单一的水蚀区或风蚀区。水蚀-风蚀交错区是黄土高原的强烈侵蚀中心,春季降雨稀少,风力极大,以风力侵蚀为主,降雨集中在夏秋季节,水力侵蚀严重,该区年均土壤侵蚀模数多在10 000 t/km²以上。水蚀风蚀地带和风蚀地带的面积比较接近,分别占黄土高原总面积的28.56%和25.08%(唐克丽,2000),水蚀风蚀交错区范围大致自水蚀地区北部的神池、灵武、兴县、绥德、吴起、庆阳、固原、定西、东乡一线,以北到风蚀地区长城沿线以南一带。

1.2.3　重力侵蚀

　　黄土高原地区的重力侵蚀根据斜坡岩土的运动特征,可以分为泻溜、崩塌、滑坡、滑塌、陷穴,尤以发生在第四纪离石黄土上的红土泻溜最为严重。

　　在靠近沟床部分的红土层中,外露的红土一般呈45°~75°的斜坡面,泻溜就发生于其上。红土泻溜以50°~60°的斜坡侵蚀最为严重。泻溜面积只占山坡地面积的8.74%,而侵蚀量却占山坡地总侵蚀量的92.4%。泻溜侵蚀一年四季都有发生,由于日温差和干湿交替变化,红土表面不断地交替膨胀,表层土体脱离,遇大风、暴雨、人畜踩踏,就会大量脱落。

　　崩塌是斜坡岩土的剪应力大于抗剪强度时,岩土在剪切破裂面上未发生明显位移,向临空方向突然倾倒,岩土碎裂,顺坡翻滚而下的现象。崩塌一般发生在暴雨期间或暴雨后数日的坡度大于60°的陡坡上。发生在山坡上的大规模崩塌为山崩,发生在雪山上称为雪崩,发生在悬崖的单个落石称为坠石。大型崩塌在黄土区出现得相对较少,而小型崩塌相对较多,黄土高原神木-府谷一带由于岩性脆弱,崩塌活动极为强烈,六盘山以西的甘肃部分地区,崩塌也较发育。

　　滑坡是坡面岩体或土体沿内部软弱结构面整体向临空面下滑移动的现象。黄土高原滑坡多发生在25°~40°的斜坡上。根据滑坡厚度与地下水活动情况,可分为浅层滑坡、中层滑坡与厚层滑坡。浅层滑坡一般是指滑坡厚度小于3 m的滑坡。

　　当滑坡体发生面积很小、滑落面坡度较陡时,称为滑塌。滑塌多在连续出现大的降雨情况下。一般阴雨时间长,超过70 mm,便有小滑塌出现;连续降水100~200 mm时,滑塌、泥石流都可出现。如安塞1956年6月持续降雨21 d,总降水量223.9 mm,沟内有较大的滑塌发生。7月2~3日又连续降雨70.8 mm,沟谷中发生大量滑塌和泥石流,连坡面大树也滑落下来。

　　陷穴侵蚀发生在表层马兰黄土之上,其直径一般为2~10 m,深2~15 m。它常和一些沟头相连,易造成沟头前进和沟岸扩张。据南小河沟魏家台调查,陷穴直径与集水面积有一定关系(见表1-5)。

表 1-5　魏家台陷穴直径调查表

陷穴直径/m	陷穴深度/m	集水面积/m²	陷穴距沟边距离/m
19.0	10	600	1.5
15.0	5	500	1.5
17.5	8	480	3.0
6.0	3.5	240	2.0
1.8	5.0	105	0.7

1.3　黄土高原水土流失分区

　　黄秉维于 20 世纪 50 年代首次编制了黄河中游流域土壤侵蚀分区图(黄秉维,1955),根据土壤侵蚀类型(水力侵蚀、风力侵蚀、重力侵蚀)和主要侵蚀因素(降雨、土壤、地形、植被人口密度、耕垦指数),完成了黄土丘陵沟壑区、黄土高塬沟壑区、土石山区、风沙区、干旱草原区、高地草原区、林区、黄土阶地区、冲积平原区 9 个土壤侵蚀类型一级区的划分;且在此一级区的基础上根据地貌类型将黄土丘陵沟壑区划分了 5 个二级副区。1986 年,刘万铨在编制《黄河流域黄土高原地区水土保持专项治理计划》时,对黄秉维的分区做了调整,主要变化为根据水土流失严重程度,将原有一级区分为严重流失区、局部流失区和轻微流失区三个区,且增加了对土石山区与冲积平原区的细化,将土石山区与冲积平原区分别划分为两个副区。黄土高原水土流失分区及各区基本特征,见表 1-6、表 1-7。

表 1-6　不同类型区自然条件简况

分区		年均降水量/mm	年均径流深/mm	年均气温/℃	≥10 ℃的积温/℃	无霜期/d
严重流失区	黄土丘陵沟壑区 第一副区	400~500	40~50	6.55~9.2	3 400	120~180
	第二副区	450~500	30~60	7.7~9.7	3 000	140~180
	第三副区	500~550	80~130	6.6~11.3	2 500	150~190
	第四副区	400~450	25~50	3.8~7.8	2 300	90~160
	第五副区	300~400	10~25	5.3~8.2	2 300	130~160
	黄土高塬沟壑区	500~600	30~50	8.5~10.5	3 700	160~190
局部流失区	土石山区 青甘宁蒙副区	200~400	50~100	6.0~8.0	2 500	80~150
	陕晋豫副区	500~700	100~200	8.5~10.5	3 500	100~190
	风沙区	150~400	15~20	6.0~8.0	3 200	110~150
	干旱草原区	180~240	2~5	7.2~8.5	3 200	150~170
	高地草原区	400~600	25~80	1.1~3.7	600	70~100
	林区	600~700	25~100	7.4~11.5	300	140~180
轻微流失区	黄土阶地区	500~600	50~150	9.3~12.6	3 400	160~230
	冲积平原 宁蒙副区	200~300	5~25	6.0~8.0	3 000	120~180
	陕晋豫副区	500~600	50~150	10.5~13.8	4 000	120~240

表 1-7　不同类型区地貌特征及侵蚀特点

	分区	主要特征	地质、地貌 沟壑密度/ (km/km²)	地面坡度组成/% <5°	5°~15°	15°~25°	>25°	林草覆盖率/%	水土流失特点	年侵蚀模数/ (t/km²)
黄土丘陵沟壑区	第一副区	峁状丘陵,地形破碎	3~7	9	7	16	68	10~15	沟蚀、面蚀都很严重	10 000~30 000
	第二副区	峁状丘陵,间有残塬	3~5	7	19	22	52	15~20	沟蚀、面蚀都很严重	5 000~15 000
	第三副区	梁状丘陵为主	2~4	7	32	42	6	20~25	面蚀为主,沟蚀次之	5 000~10 000
	第四副区	梁状丘陵为主	2~4	8	21	40	31	25~35	面蚀为主,沟蚀次之	7 000~10 000
	第五副区	平梁大峁,有山间盆地	1~3	21	27	39	13	10~20	沟蚀为主,面蚀次之	3 000~6 000
黄土高塬沟壑区		塬面宽平,沟壑密切	1~3	39	17	21	23	20~30	沟蚀较重,面蚀较轻	2 000~5 000
土石山区	青甘宁蒙副区	山高、陡坡,谷深	1~3	3	4	21	72	20~40	坡耕地上有面蚀	100~5 000
	陕晋豫副区	山高,陡坡,谷深	2~4	3	4	21	72	20~40	坡耕地上有面蚀	100~5 000
局部流失区	风沙区	沙丘密布,间有滩地	2~3	90	6	3	1	20~30	风蚀为主,沙丘移动	200~2 000
	干旱草原区	低丘宽谷,间有滩地	1~2	2	58	30	10	30~40	风蚀为主,水蚀轻微	200~2 000
	高地草原区	高山丘陵,间有滩地	1~2	12	24	31	33	40~80	坡耕地上有面蚀	200~500
	林区	梁状丘陵覆盖次生林	2~4	8	3	44	45	60~70	坡耕地上有沟蚀	100~200
轻微流失区	黄土阶地区	有二、三级宽平台阶	1~2	84	14	1	1	3~6	面蚀轻微,略有沟蚀	1 000~3 000
冲积平原区	宁蒙副区	广阔平缓,无切割	0.2~0.3	100	—	—	—	3~5	流失轻微	100~200
	陕晋豫副区	广阔平缓,无切割	0.2~0.3	100	—	—	—	3~5	流失轻微	100~200

1.4　黄土高原水土流失预报

土壤侵蚀预报研究的主要目的在于预测、预报土壤流失量,并进一步预测泥沙输移对入河泥沙的影响及进行水土流失危险度评估(唐克丽,2004),是预报水土流失、指导水土保持措施配置、优化水土资源利用的有效工具。根据建模的手段和方法,土壤侵蚀预报模型分为经验模型和物理成因模型两类。而根据建模对象,土壤侵蚀模型分为坡面土壤侵蚀模型和流域/区域土壤侵蚀模型两类。

1.4.1　经验模型

我国的土壤侵蚀定量观测开始于 20 世纪 40 年代初,1953 年刘善建根据径流侵蚀小区的 10 年资料首次提出了坡面年侵蚀量的计算公式,揭开我国土壤侵蚀定量化研究的序幕。江忠善等(1996)以陕北黄土丘陵区安塞县纸坊沟流域内的两个小流域为研究实例,在分析野外小区观测资料建立土壤侵蚀模型的基础上,应用地理信息软件系统支持建立的空间信息数据库系统和土壤侵蚀模型相结合的方法,建立了黄土丘陵区小流域次降雨土壤侵蚀预报模型。该模型将沟间地与沟谷地区别对待,以沟间地裸露地基准状态坡面土壤侵蚀模型为基础,将浅沟侵蚀、植被与水土保持措施的影响以修正系数的方式进行处理。该模型最大的优点在于考虑了黄土坡面特有的浅沟侵蚀类型。

江忠善等(1996)沟间地坡面土壤侵蚀的模型为

$$M_s = M_0 H C \eta \tag{1-13}$$

式中:M_s 为侵蚀模数,t/km²;M_0 为裸地基准状态下的次降雨侵蚀模数,t/km²;H 为浅沟侵蚀系数,无量纲;C 为植被影响系数,无量纲;η 为水土保持措施影响系数,无量纲,无水土保持措施时,其系数为 1。

沟谷地坡面土壤侵蚀的模型

$$M_g = \left(\frac{1}{n} \sum_{i=1}^{n} M_{si}\right) G C_g K \tag{1-14}$$

式中:M_g 为某一个计算单元的沟坡网格单元侵蚀模数,t/km²;M_{si} 为该计算单元的沟谷地第 i 个网格的侵蚀模数,t/km²;G 为沟蚀系数;C_g 为沟坡植被影响修正系数,天然荒坡直接采用系数为 1 的数值计算,而对于人工林地和封育草坡则参照沟间地林草地的计算方法和扣除荒坡植被现状覆盖度基数(25%~30%)的影响加以确定;K 为土质类型修正系数,无量纲,对于黄土为 1;n 为该计算单元的沟谷地网格总个数。

刘宝元等(2001,2002)利用黄土高塬丘陵沟壑区安塞、子洲、离石、延安、绥德等径流小区的实测资料,借鉴美国 USLE 的成功经验,建立了中国土壤流失方程 CSLE(Chinese soil loss equation),将 USLE 中的作物与水土保持措施两大因子变为水土保持生物措施、工程措施与耕作措施三个因子,更适宜于我国的水土流失现状与防治措施:

$$A = RKLSBET \tag{1-15}$$

式中:A 为坡面上多年平均年土壤流失量,t/(hm² · a);R 为降雨侵蚀力,MJ · mm/(hm² · h · a);K 为土壤可蚀性,t · hm² · h/(hm² · MJ · mm);L 为地形的坡

长因子,无量纲;S 为地形的坡度因子,无量纲;B 为水土保持的生物措施因子,无量纲;E 为水土保持的工程措施因子,无量纲;T 为水土保持的耕作措施因子,无量纲。

张岩等(2012)以陕西省吴起县为试点,使用中国侵蚀预报模型 CSLE 估算土壤侵蚀模数,并与基于遥感数据的水蚀分级分类方法进行比较。研究表明,两种方法估算的全县平均土壤侵蚀模数分别为 4 571 t/(km²·a)和 5 504 t/(km²·a),CSLE 可以有效估算黄土高原地区坡面土壤侵蚀,但是土壤可蚀性、水土保持措施等因子是准确估计土壤侵蚀的必要条件,需要以大量的试验数据积累为基础。

田鹏等(2015)开发了针对黄土高原土壤侵蚀与泥沙输移的模型。该模型采用 GIS 与 RS 技术,以 RUSLE 模型为基础,增加流域输沙能力与淤地坝拦沙效率模块,并在黄土高原粗沙多沙区流域皇甫川进行验证。根据模型计算的淤地坝拦沙效益,1991~2009 年淤地坝平均年拦蓄泥沙约为 0.42 亿 t,几乎与皇甫站(1955~2010 年)年均输沙量 0.41 亿 t 相当。

郑粉莉等(1989)利用野外调查和室内人工降雨模拟试验研究了坡耕地细沟侵蚀的影响因素,提出了如下方程。

(1)降雨动能和径流位能对细沟侵蚀的综合影响:

$$C_r = -2.632 + 1.44 \times 10^{-2} E_g + 7.487 \times 10^{-4} E_d \quad (r = 0.985) \tag{1-16}$$

式中:C_r 为细沟侵蚀量,kg/m²;E_g 为径流位能,J/m²;E_d 为降雨动能,J/m²。

(2)坡度和坡长对细沟侵蚀的综合影响:

$$R_{He} = 2.08 \times 10^{-4} J^{2\,310} D^{0.733} \quad (r = 0.968) \tag{1-17}$$

式中:R_{He} 为细沟平均深,mm;J 为坡度,(°);D 为细沟出现后从上到下的距离,m。

郑明国等(Zheng et al,2008)根据黄土高原 12 个小流域的实测资料,分析了径流与产沙量的关系,建立了用于预测次洪产沙量的黄土丘陵沟壑区径流产沙关系模型,该模型对极端事件具有较高的预报精度。

总体来看,上述用于计算和预报土壤侵蚀的模型大多是将侵蚀量与其影响因素进行统计分析后得到的经验半经验关系。虽然应用方便,形式简单,但是这类模型不能反映水沙物理过程,参数无明确物理意义,不宜于地区外延,无法模拟水流泥沙随时间和空间的变化过程,应用具有一定局限性。

1.4.2　物理模型

土壤侵蚀物理过程模型使用普遍规律来模拟土壤侵蚀过程,例如质量守恒、牛顿第二运动定律以及热力学第一定律等。模型可提供土壤侵蚀时空分布信息,可在其他地区推广应用。我国土壤侵蚀物理模型的研究处在初期阶段,模型结构相对比较简单。1981年,牟金泽、孟庆枚根据黄土丘陵沟壑区径流小区观测资料,建立了黄土丘陵区流域土壤侵蚀模型,为我国土壤侵蚀理论模型的建立作了一定的尝试。王礼先等(1994)从侵蚀的水动力学原理出发,利用一维水流模型,把导出的坡面流近似模型与侵蚀基本方程耦合求解,得出了坡地侵蚀的数学模型,该模型既适合缓坡,也适合陡坡,既可用于坡度变化的裸坡,又可用于有植被的林地、农地,但由于它是一种数学解析模型,限制条件较多,因此它不适合坡度变化的复合坡面。段建南等(1998)建立了坡耕地土壤侵蚀过程数学模型

SLEMSEP。在该模型中,土壤侵蚀过程被划分为水相与泥沙相。雷廷武等(2004)建立了集中水流作用下均质土壤坡面上细沟侵蚀动态模拟的数据模型,模型给出了有限元方法对水动力学方程及泥沙运移方程进行顺序求解的数值计算公式以及模型求解的具体步骤。蔡强国等(1996)建立了一个有一定物理基础的能表示侵蚀–输移–产沙过程的次降雨侵蚀产沙模型;将小流域侵蚀产沙分为坡面、沟坡和沟道3个基本单元,且分别建立了各单元上的次暴雨侵蚀产沙预报模型。

贾媛媛等(2004)在集成国内外已有研究成果的基础上,根据黄土高原土壤侵蚀特征,以 GIS 技术为支撑,构建了黄土丘陵沟壑区小流域分布式水蚀预报模型。该模型从侵蚀过程出发,考虑溅蚀、片蚀、细沟侵蚀、浅沟侵蚀、切沟侵蚀(包括重力侵蚀)等侵蚀过程,根据动态物质平衡原理实现流域侵蚀产沙过程演算。模型可同步模拟流域内空间任一点的土壤侵蚀过程,全面考虑小流域内各种土壤侵蚀过程,该模型侵蚀量计算方程如下:

$$e = D_s + D_i + D_r + D_e + D_g + D_{cf} \tag{1-18}$$

式中:e 为净侵蚀量;D_s 为雨滴击溅侵蚀量;D_i 为薄层水流侵蚀量;D_r 为细沟股流侵蚀量;D_e 为浅沟股流侵蚀量;D_g 为切沟水流侵蚀量;D_{cf} 为沟道流侵蚀量。

由于目前尚缺乏对浅沟水流和切沟水流剥离能力的定量表达式,因此该模型暂采用浅沟侵蚀系数 G_e 方式计算浅沟发生区的土壤侵蚀量,使用沟蚀系数 G 估算切沟及重力侵蚀对小流域侵蚀产沙的贡献,则式(1-19)可简化为

$$e = (D_s + D_i + D_r + D_{cf}) G_e G \tag{1-19}$$

该黄土丘陵沟壑区小流域分布式水蚀预报模型可以大体反映流域侵蚀特征。模型对短历时中度以上侵蚀性降雨事件模拟结果较好,模拟精度在85%以上;对长历时轻度侵蚀性降雨事件模拟结果较差,模拟精度小于64%。此外,模型除可以反映小流域细沟侵蚀动态变化过程外,对次降雨事件的浅沟侵蚀过程模拟也具有较高的精度。

第2章　黄土高原水土流失治理概述

2.1　黄土高原水土流失治理总体情况

　　自然界的水土流失现象,有着比水土保持工作更为久远的历史。当人类社会发展到一定阶段,即水土流失问题已经发展到威胁人类生活甚至生存时,水土流失防治工作自然而然展开。位于黄河流域中游的黄土高原是我国乃至全世界水土流失最为严重的区域之一,水土流失导致的土地质量退化、洪涝灾害、河道堵塞、面源污染等后果给当地及下游地区人民的生活甚至生存带来了巨大的威胁。当地人民早已认识到防治水土流失不仅仅是保水、保土、减灾,它更是千百万劳动人民为迫切改变贫穷面貌的强大驱动力所激发的创造性劳动,是关系到千千万万人能否生存、黄河文化能否保存和传承的重要事情(孟庆枚,1996)。

　　黄土高原的水土流失防治工作有着源远流长的历史。早在公元前956年,西周《吕刑》一书就有黄河流域"禹平水土,主名山川"的记载以及"沟洫论"的黄河治理主张,明代就出现了"涧河沟渠下隰处,淤漫成地,易于收获高田。值旱可以抵租,向有勤民修筑"的淤地坝建筑(摘于《汾西县志》),明末清初年间就有"波循故道,水害除矣;履道坦坦,行人便矣"的沟头防护工程,等等。然而,受长期封建统治和小农经济的影响,古代水土流失防治工作较为分散、进展缓慢(辛树帜和蒋德麒,1982)。20世纪20~40年代,在有识之士呼吁下,水土流失防治工作逐渐被重视起来,政府成立了黄河水利委员会专门机构,水土保持工作者在了解西方科学技术基础上,根据国内水土流失现状开始展开科学实验工作,水土保持学科在这个时期得以建立。这个阶段黄土高原水土流失防治工作虽然成效有限,但一些具有开创性的工作对中华人民共和国成立以后的水土保持事业奠定了极其重要的基础(刘震,2018)。1949年中华人民共和国成立后,党和政府非常重视水土保持工作,将其作为一项重要事项来抓,并将该工作纳入国民经济建设的轨道,至此之后,从党中央到地方政府,从科学家到农民群众,全国上下开始大力开展水土保持工作。从党中央到地方相继设立了各层级水土保持组织领导、行政管理机构以及科学研究机构,进行了多次大规模、多学科的科学考察,颁发了一系列法令法规和规章制度,提出了一系列水土流失防治方针和政策,总结出了数套适宜于不同地区水土流失治理模式,至今70多年来黄土高原水土流失防治工作取得了举世瞩目的成绩。

　　总体来说,黄土高原水土流失防治工作经历了从单项措施、分散治理到以小流域为单元的综合治理;从单纯的水土流失治理到以防为主、防治结合;从依靠人工重点治理到人工治理与生态自然恢复相结合;从依靠经验开展治理到依靠水土保持技术标准体系实行标准化治理;从依靠政府行为组织到采取行政、经济、法律手段相结合;从治理同时关注当地生产和经济效益到重视流域整体生态系统效益;从强调现状的防护性治理到治理、开发相结合,生态、经济和社会效益统筹兼顾;从小流域山水林田路统一规划、综合治理到黄河流域山水林田湖草系统治理;从黄土高原生态治理上升到黄河流域生态保护和高质量发展和生态文明建设的国家战略。由此而言,黄土高原水土流失治理思想、方略、技术体系等的发展与国家经济社会的发展形势息息相关,具有鲜明的时代特征和阶段性、层次性。

在整理、总结、综合相关资料(辛树帜和蒋德麒,1982;孟庆枚,1996;蒋定生等,1997;唐克丽,2004;谢永生等,2011;刘震,2018;胡春宏和张晓明,2020)基础上,本章将把近100 年来黄土高原水土流失防治历程主要划分为 7 个发展阶段。第一阶段是从 20 世纪20 年代初期至中华人民共和国成立前(1922~1948 年)的萌芽起步阶段,水土保持学科初步确立,国民水土保持意识初步提高;第二阶段是从中华人民共和国成立初期至 20 世纪60 年代(1949~1962 年)的探索治理阶段,建立了大批不同类型区的水土保持试验站,进行数次水土保持考察,并试验推广了梯田等防治技术,但因自然灾害等原因,水土保持工作一度停滞不前;第三阶段是从 20 世纪 60 年代至改革开放前(1963~1978 年)的重点治理与缓慢发展阶段,水土保持工作逐渐恢复,基本农田建设成为水土保持工作的重要内容;第四阶段是改革开放初期至 20 世纪 80 年代末 90 年代初(1979~1990 年)的小流域综合治理阶段,水土保持科技教育、监管工作起步,"山顶戴帽子,坡上挂果子,山腰系带子,山下穿裙子,沟里穿靴子"等综合治理模式出现;第五阶段是 20 世纪 90 年代(1991~1999年)水土保持法制建设、预防为主与重点治理阶段,1991 年《中华人民共和国水土保持法》诞生,水土保持进入法制化轨道,水土保持工作在 80 年代治理已取得显著成效背景下逐步从"以治理为主、防治并重"转为"以防为主、防治结合",小流域综合治理模式多元化;第六阶段是 1999 年以后(1999~2011 年)的以生态修复为主的规模治理阶段,退耕还林(草)、封山绿化、坡改梯、淤地坝等多项工程建设实施;第七阶段是党的十八大以后(2012年至今)基于国家生态文明建设的新时代,"绿水青山就是金山银山"等生态理念被提出,黄土高原进入大保护和大治理协同推进时期。

经过这 7 个发展阶段以及几代人的不懈努力,黄土高原已初步治理水土流失面积2.20×10^5 km^2,水土保持措施累计保土量 1.90×10^{10} t,实现粮食增产 1.6×10^8 t,累计实现经济效益 1.20×10^{12} 元;黄土高原主色调已由"黄"变"绿",生态环境发生了巨大变化;入黄沙量由 1919~1959 年 16 亿 t/a 锐减至 2000~2018 年约 2.5 亿 t/a,基本实现了"黄河水变清";北部能源基地兴起,中南部以苹果、梨为代表的水果基地建立,带动区域社会经济发生重大变革(李锐,2019)。黄土高原百年水保史为同类地区提供了成功典型案例和宝贵经验。

2.2　黄土高原水土流失治理沿革与演变

经过长期的实践—总结经验—再实践,黄土高原地区广大劳动人民积累了丰富的水土流失防治经验。从西周到清末,广大劳动人民创造并发展了"平治水土""沟洫治水治田""任地待役"、"一山泽"、保土耕作、"梯山为田""汰沙澄源""开渠筑堰、引洪淤灌""十年之计,莫如树木"等水土流失防治措施。如今黄土高原地区许多水土流失防治理念和模式,均是我国古代水土流失防治实践的延续与发展。近代以来(尤其是 1923 年后),政府成立了黄河水利委员会等机构,大批知识分子、劳动人民投身于水土流失防治和改善人民贫困问题中(水土流失严重区分布与贫困区分布高度重叠),水土保持工作者汲取西方先进以及前人实践经验,开展了许多科学实验和研究工作,水土保持学科也在这个时期得以创立。1949 年中华人民共和国成立后,党和政府极为重视水土保持工作,将其作为一项重要事项来抓,至此之后,从党中央到地方政府,从科学家到农民群众,全国上下开始大力开展水土保持工作,黄土高原水土保持进入了一个全新的历史时期,水土流失防治工作取得了举世瞩目的成绩。

因古代水土流失防治史料搜集不尽齐全、现有史料表明古代该区水土流失防治工作整体较为分散、未成体系,因此本节仅整理了从 1922 年至今约 100 年的黄土高原水土流失防治历程,并按照上节划分的 7 个阶段(起步阶段、探索治理阶段、重点治理与缓慢发展阶段、小流域综合治理阶段、法制建设、预防为主与重点治理阶段、以生态修复为主的规模治理阶段、基于国家生态文明建设的新时代)分别来论述各阶段水土流失防治理念、水土流失防治工作开展情况及其与上阶段的传承关系,以为读者勾绘一个黄土高原水土流失百年防治史概貌。

2.2.1　萌芽起步阶段(1922~1948 年)

1840 年鸦片战争失败后,长期闭关自守的中国沦为半封建半殖民地社会,此时国内战事连绵、民不聊生。黄土高原地区毁林毁草、陡坡开荒严重,许多地方沟渠淤塞、水利失修、水患频发,农业生产濒于破产,人民生活处在水深火热之中。这个时期的水土流失防治工作多为农民群众自行分散治理,未能体系化以及引起政府足够重视。直至 1922 年,作为国际水土保持学科奠基人之一的罗德民(W.C.Lowdermiek)来到中国并在金陵大学农学院森林系任教,他将当时美国水土流失治理理念和实践经验传输至中国。他的到来促进了中国水土保持学科的发展,深刻影响了中国社会对水土流失问题的认识。1924~1925 年,罗德民带领任承统、李德毅、沈学礼等金陵大学师生在山西沁源、宁武东寨等地布设径流泥沙观测小区,观测研究不同森林植被类型以及不同植被破坏程度的山坡水土流失量变化规律,这被后人认为是我国水土保持试验工作的开端。至此之后,无数知识分子及有志之士相继投入水土流失防治工作中,全国尤其是黄土高原水土流失防治进程加快。

2.2.1.1　水土流失防治理念

(1)20 世纪 30 年代:1932 年,金陵大学开设森林改良土壤及保土学课程,开始介绍有关土壤侵蚀及其防治方法的基本原理。1933 年,国民政府于南京成立黄河水利委员会,之后 2 年内(1933~1935 年),时任黄河水利委员会委员长的李仪祉,亲自查勘黄河的上游、中游和下游,提出治黄要上、中、下游并重。他在《黄河治本计划概要叙目》及《治黄意见》中明确指出:"河患症结所在之大病,是在于沙,洪水不减,沙患不除,则河恐无治理之日!","欲减黄河之泥沙,自须防制西北黄土坡岭之冲刷"。李仪祉委员长进一步提出主要从以下三方面加强黄河上中游的水土流失防治:荒山荒坡造林种草,防止冲刷;坡耕地修阶田、开沟洫,截留田间雨水;沟中修坝堰、谷坊,在溪沟中截留雨水,制止沟壑发展,变荒沟为良田(黄河志卷八,1993)。

(2)20 世纪 40 年代:1942 年,时任黄河水利委员会委员长的张含英同志,同样亲赴黄河上中游考察,并发表了《黄河流域之土壤及其冲刷》《黄土高原和水土保持》和《黄河治理纲要》等著作,在著作中张含英委员长指出:"黄河下游水害之症结,在于泥沙、在于黄河上中游的水土流失""泥沙的主要来源为晋陕区、泾渭区及晋豫区"等。对于黄土高原水土流失防治工作,张含英提出了一整套治理模式,主要为:对流域内地之善用(农、林、草地),农作法之改良(等高耕作轮作等),地形之改变(阶田等)及沟壑之控制。此外,张含英详读并翻译了美国鄂礼士著的《土壤之冲刷与控制》一书,该书系统介绍了土壤冲刷与控制的理论和方法,包括冲刷之因素、防护之方法、雨量与径流、阶田之设计、阶田定线之理论及实施、阶田之修筑、阶田修筑之费用及其维护、阶田之排水出路、沟壑之控制、临时性及半永久性节制坝、永久性节制坝或保护坝、植物之特殊效能、土壤之保持及田地之应用等内容。此举丰富了黄土高原水土流失防治理论,促进了水土流失防治系统化发展。与此同时,1942~1943 年罗德民在考察陕西、甘肃、青海等地水土保持后,在《西北水土保持考察报告》中指出:土壤冲刷之结果,足以破坏耕地,提高河道泥沙,增加治河困难,更以地肥流失,耕作为艰,生产减低,造成"河流泛滥",影响"国家安宁"。他主张"依地分类,实施水土保持,控制土壤冲刷,减少入河泥沙"。他将黄河中游分为 12 个区域,建议在全国建立 5 个水土保持实验区,水土流失防治工作从实验、示范入手。1946 年,马溶之在土壤季刊上发表《黄河中游之水土保持》,指出应根据不同侵蚀类型制定水土保持措施。1947 年,以美国水利专家组成的治黄顾问团在提出的《治理黄河初步报告书》中提出:"水土保持狭义言之,指的是梯田耕作以免层冲,陡坡种草植树以御侵蚀,沟壑建坝以防崩溃。"

2.2.1.2　水土流失防治工作进展

(1)组建管理机构,设立科学研究实验站。

1933 年,国民政府于南京成立黄河水利委员会,并在黄河水利委员会工务处下设"林垦组",1940 年进一步设置黄河水利委员会直属林垦设计委员会,推动以森林防止冲刷、保护农田、涵蓄水源、改进水利等工作,同年 8 月,黄河水利委员会林垦设计委员会第一次会议在成都召开,林垦设计委员会更名为水土保持委员会,从此,"水土保持"一词作为专业术语被使用。1941 年 1 月,黄河水利委员会在甘肃省天水市建立陇南水土保持实验区,同年 7 月又在陕西省长安县终南山的荆峪沟高桥建立了关中水土保持实验区(这两个实验区于 1946 年被撤销)。1942 年 8 月,国民政府农林部在天水建立天水水土保持实验区,该实验区在中华人民共和国成立后于 1956 年归属于黄河水利委员会,它也是现如今黄河水利委员会天水水土保持科学试验站的前身。此后在兰州也建立了水土保持实验区,该实验区长约 5 km,宽约 0.75 km,东起枣树沟,西至金城关,北至山巅,南至北麓,区内开展造林等水土保持措施实验(黄河志卷一,1989)。

(2)水土流失防治措施经"试验—小范围推广"形式逐步开展。

20 世纪 20 年代初期,李仪祉曾在其所编著的《黄河之根本法商榷》中提出把田间修沟洫作为黄河减少水沙的三种办法之一,40 年代新一届黄河水利委员会委员长张含英也主张用沟洫法以清泥沙之来源。之后,广大人民群众在沟洫基础上,进一步发展沟洫梯田、沟埂梯田和水平梯田。40 年代初,甘肃省天水市天水水土保持实验区在总结群众"拥堆子"和"串堆子"的经验并加以改进,发展成为垄作区田,垄作区田也被一部分人称为沟垄种植。1942 年,天水水土保持实验区建立了牧草引种圃,引种了国内外优良的林草种苗约 539 种,并应用现代科学方法对该区水土流失规律、水土保持措施防治效益等进行了试验研究,最终选育出适宜于该区的二年生白花草木樨在小面积应用推广,1949 年前后这些水土流失防治措施得到较大面积推广应用。此外,天水水土保持实验区在沟壑造林、河滩造林、柳篱挂淤等方面也取得较好效果。1944 年该实验区在大柳树沟进行了修建石谷坊、柳谷坊的试验,在 20 世纪 50 年代也得到了推广应用。1945 年在西安市郊荆峪沟流域的支沟,修建了黄河流域第一座淤地坝。据统计,这个时期先后在陕西朝邑、平民两县沿黄荒滩造林 1 万多余亩,在甘肃兰州南北二山造林 1 000 余亩,坡耕地修软埝 1 万余亩(唐克丽,2004)。

2.2.2　探索治理阶段(1949~1962 年)

　　中国人民共和国成立后,党和政府非常重视水土保持工作,将其作为一项重要事项来抓。1952 年毛泽东视察黄河时,提出了"要把黄河的事情办好",周恩来指出,大力开展黄土高原的水土保持,是"刻不容缓的当务之急"。至此之后,从党中央到地方政府,从科学家到农民群众,全国上下开始大力开展水土保持工作,从党中央到地方相继设立了各级水土保持组织管理机构以及科学研究机构,进行了数次大规模、多学科的科学考察,颁发了一系列法令法规和规章制度,提出了水土流失防治方针和政策。水土保持发展迎来了一个高潮。

2.2.2.1　水土流失防治方针政策

　　中华人民共和国成立后,为了改善山区地貌、改善农民生活,全国许多地方开展了水土保持工作,黄土高原的水土保持工作更是开展广泛。1952 年 10 月,在毛泽东提出"要把黄河的事情办好"后,同年 12 月,政务院发布了《关于发动群众继续开展防旱抗旱运动并大力推广水土保持工作的指示》,对水土保持工作做了较为系统的阐述和要求,文件中提到:水土保持是群众性、长期性和综合性的工作。必须结合生产的实际需要,发动群众组织起来长期进行,才能收到预期的工效,要"选择重点进行试办,以创造经验,逐步推广"。1953 年西北水土保持考察团考察并研究了黄土高原沟壑区与丘陵沟壑区的水土流失发展规律和保持水土、发展生产的措施。考察成果——《西北水土保持考察团工作报告(初稿)》认为,开展西北水土保持,应在现有基础上,采取"全面了解,重点试办,逐步推广,稳步前进"的方针。在"保塬、固沟、护坡、防沙"总的要求下,以"拦泥蓄水,合理利用土地"的办法逐步开展农、林、牧、水相结合的综合性水土保持工作,有计划、有步骤地做到"水不下塬,泥不出沟,土不下坡,沙不南移"。同时提出应做好基本工作,结合农业生产开展群众性水土保持工作,有计划地发展林业和培植草原,建立综合性国营农场和建立水土保持工作领导机构。《西北水土保持考察团工作报告(初稿)》中对水土保持的认识和意见在 1954 年黄河综合治理规划中基本得到采用,并对其后的水土保持规划和治理起到积极的指导作用。1954 年 2 月,黄河水利委员会根据政务院指示精神提出黄土高原水土保持工作的方针为"全面了解,重点试办,逐步推广,稳步前进"。这为全国尤其是黄土高原地区水土流失防治工作定了总基调。

　　1955 年 7 月,第一届全国人民代表大会第二次会议通过了《关于根治黄河水害和开发黄河水利的综合规划的决议》,从此黄土高原水土保持正式列入国民经济建设计划,由中央主管部门和黄河上中游 7 省(自治区)有关各级政府有计划、有组织开展。10 月,第一次全国水土保持工作会议提出水土保持工作方针是"在统一规划,综合开发的原则下,紧密结合农业合作化运动,充分发动群众,加强科学研究和技术指导,并且因地制宜,大力蓄水保土,努力增产粮食,全面发展农林牧业生产,最大限度地合理利用水土资源,以实现建设山区、提高人民生活、根治河流水害、开发河流水利的社会主义建设的目的"。

　　1956 年,黄河水利委员会组织对吕梁地区、陕北地区和陇东、陇中地区水土保持情况进行了调查,对水土保持情况、治理经验、劳动力组织形式等进行了探讨,总结出"坡地梯田化、沟壑川台化、荒山荒坡绿化、川台地水利化"的沟坡兼治、集中治理经验,同时针对社会上"治坡治沟谁先谁后"的问题,提出"应根据当地的自然条件、经济效益和劳动力情况出发,按照因地制宜的原则,结合群众的当前利益和长远利益,制定具体措施,不能强求一致"。1956 年 12 月,黄河水利委员会第一次水土保持会议提出水土保持应贯彻"全面规划、综合开发、坡沟兼治、集中治理、积极发展、稳步前进"的方针。

　　1957 年 5 月,国务院成立水土保持委员会后,在北京召开黄河中游水土保持座谈会,主任委员陈正人总结提出"全面规划,综合开发,坡沟兼治,集中治理"的方针。7 月,国务院又发布了《中华人民共和国水土保持暂行纲要》,就机构、任务、防治措施作了明确规定。然而由于"以粮为纲,全面发展"等农业方针在贯彻执行中出现了较大偏差,开山辟野、伐林毁草、陡坡垦殖、围湖造田、挤占湿地等不合理的活动造成人为水土流失不断加剧。因而,在 1957 年 12 月,国务院水土保持委员会召开全国第二次全国水土保持工作会议,把"统一规划,综合开发,沟坡兼治,集中治理"方针调整为"预防与治理兼顾,治理与养护并重;在依据群众发展生产的基础上,实行全面规划,因地制宜,集中治理,连续治理,综合治理,坡沟兼治,治坡为主"。这一方针的执行,对当时的"边治理,边破坏"起到了扼制作用。

　　1958~1959 年:1958 年,国务院水土保持委员会在太原召开全国水土保持试验研究现场会,推动全国水土保持工作开展。同年 8 月,全国第三次水土保持会议以参观黄河流域陕西、甘肃等省的水土保持先进县形式召开,会议提出了"在依靠群众发展生产的基础上,做到治理与预防并重、治理与巩固结合、数量与质量并重,达到全面彻底保持水土、保证农田稳产高产"的水土保持方针;同时根据黄河流域治理经验,提出了"山区园林化、坡地梯田化、沟壑川台化、耕地水利化"的高标准。这个时间段,随着"大跃进"逐渐兴起,群众对水土保持工作的积极性强了起来,与此同时,水土保持工作出现形式主义、浮夸风等偏向。

　　1960~1962 年:此时段是我国三年经济困难时期,中央提出了"调整、巩固、充实、提高"的方针,其中包括"精简机构,下放干部"的具体措施,水土保持机构多被撤销,人员下放,水土保持工作一度停滞不前。据统计,与1957年相比,陕西、甘肃、山西省水土保持机构被撤销了58%~80%,水土保持工作人员减少了60%~95%。在这种情势下,黄土高原部分地区再次出现陡坡开荒和毁梯、毁林、毁草等现象。1961年,农业部、中国科学院和中共中央西北局农业办公室对甘肃天水、庆阳和陕西绥德、延安等地进行考察,并于年底在国务院水土保持委员会召开的黄河流域7省(自治区)水土保持工作会议中提出水土保持工作应"政治挂帅、依靠群众,水土保持治理与发展生产相结合,生物措施与工程措施相结合,治标与治本相结合,治理与巩固相结合;以生产队为基础,以群众集体力量为主,国家支援为辅,以治理坡耕地为主;坡耕地的治理和荒坡、风沙、沟壑治理相结合;荒坡、沟壑和风沙治理应以造林种草和封山育林为主"。1962年4月,国务院批转国务院水土保持委员会《关于加强水土保持工作的报告》中指出,"水土保持是一项长期的艰巨的任务,应依据自然条件和劳力情况,有计划有步骤地进行","水土保持必须结合农林牧生产,结合群众当前利益和生产的需要进行"。

2.2.2.2　水土流失防治工作进展

1.各级行政管理及科学研究机构相继设立

国家行政管理机构设立方面,在中华人民共和国成立的第5年(1953年),由水利部工务司设立了水土保持科,农业部水土利用总局设立了水土保持处,这是我国最早的水土保持行政管理机构。4年后,经国务院商议决定成立国务院水土保持委员会,由陈正人作为委员会主任(该委员会于1961年8月因国家方针政策被撤销)。随后于1964年7月,经国务院批准成立了黄河中游水土保持委员会。1979年,水利部设立了农田水利局,并专门下设了水土保持处。地方行政管理机构设立方面,按照全国水土保持工作会议指示,从20世纪50年代开始,地处黄土高原区的省份因水土流失治理急需,相继设立了省级水土保持委员会,一些水土流失情况严峻的地、市、县级政府也成立了水土保持委员会。科学研究机构成立方面,在中华人民共和国成立的第3年(1951年)10月,黄河水利委员会和西峰水土保持水利委员会设立了西峰水土保持科学试验站,1952年9月西北黄河工程局在陕西绥德县筹建了陕北水土保持推广站,该推广站即是黄河水利委员会绥德水土保持科学试验站的前身。西峰水土保持科学试验站、绥德水土保持科学试验站以及成立于1942年的天水水土保持实验区(后改为天水水土保持试验站)如今被并称为"黄委三站"。1954年,黄河流域中上游7省(区)陆续设立水保委员会和水保局(处),榆林、延安、平凉、定西等地方也相继组建了水土保持试验站或推广站。1954年6月,中国科学院副院长竺可桢考察黄河中游水土流失后,亲临杨凌选择所址,中国科学院在西北地区建立的第一个科研机构——水土保持研究所成立。

在科研院所和流域机构进行水土保持试验的同时,黄土高原一些地区如无定河上游、泾河上游开展了重点试办、试验及推广工作。

2.组建考察队,进行水土保持考察

水土保持考察是其水土保持方针政策提出的重要前提,也是水土流失防治工作开展的重要前提。中华人民共和国成立不久,在党中央的领导与大力支持下,以及在苏联专家的指导和帮助下,水土保持相关部门先后组织了数次针对性考察。

1953 年 4~7 月,由水利部副部长张含英带队,水利部与黄河水利委员会会同农业部、中国科学院等单位组成的西北水土保持考察团,以水土流失严重的无定河、泾河、渭河等支流为重点,考察了高原沟壑区与丘陵沟壑区的水土流失发展规律和保持水土、发展生产的措施。该次考察对随后"全面了解,重点试办,逐步推广,稳步前进"方针的提出奠定了重要基础。

1953 年 5~12 月,黄河水利委员会会同中国科学院、农业部、林业部等部门组织了四百余人规模的水土保持查勘队,对黄河中、上游水土流失严重地区的 31 多条支流进行了查勘;1954 年又派出 2 个查勘队对 6 个支流进行全面查勘,该查勘以支流为单元,通过了解自然、社会经济和水土流失情况,进行水土流失分区,而后在每一类型区内选择一条至几条典型小流域进行深入调查和具体规划,点面结合,总结群众经验,提出不同类型区水土流失治理的主要措施。这次查勘为随后的《黄河综合利用规划技术经济报告》水土保持规划提供了科学依据。同年,中国科学院组织有关专家 36 人组成西北水土保持考察团,在黄河中、上游黄土高原水土流失严重地区逐条查勘,并以支流为单元提出查勘报告,在此基础上,结合考察,完成了较完整、较系统的黄河流域水土保持规划,提出了全面开展水土保持的意义与指导性意见。

1955 年 5 月,中国科学院组织成立黄河中游水土保持综合考察队,在吕梁山区以西和晋陕峡谷之间进行水土流失普查,普查面积达到 21 000 km² 之大,考察队还在兴县蔡家崖、离石王家沟及河曲曲峪进行了典型规划。1956 年,黄河水利委员会组织对吕梁地区、陕北地区和陇东、陇中地区群众水土保持运动的情况和水土保持方针结合进行重点问题调查,对水土保持情况、治理经验、劳动力组织形式、规划和技术指导等问题进行了解和探讨。这次调查总结了"坡地梯田化、沟壑川台化、荒山荒坡绿化、川台地水利化"的沟坡兼治、集中治理经验,且对同年 12 月第一次水土保持会议提出的"全面规划,综合开发,坡沟兼治,集中治理,积极发展,稳步前进"方针奠定了重要基础。1957 年,中国科学院还与苏联科学家组成联合考察队,对黄土高原进行了大面积考察,随后编制了自然、经济与水土保持区划以及水土保持典型规划。

1960~1962 年是我国三年经济困难时期,这段时间黄土高原局部出现毁林、毁草、陡坡开荒和破坏梯田、地埂等现象。1961 年,根据国务院水土保持委员会指示,由农业部、中国科学院和中共中央西北局农业办公室对甘肃天水、庆阳和陕西绥德、延安等地区进行调查,以了解 1958 年"大跃进"中水土保持工作的教训。该调查对同年 12 月国务院水土保持委员会提出的"政治挂帅,依靠群众,水土保持治理与发展生产相结合,生物措施与工程措施相结合,治标与治本相结合,治理与巩固相结合;以生产队为基础,以群众集体力量为主,国家支援为辅,以治理坡耕地为主,坡耕地的治理和荒坡、风沙、沟壑治理相结合;荒坡、沟壑和风沙治理,应以造林种草和封山育林为主"的政策奠定了重要基础。

3.法令法规和规章制度颁布

1952 年 10 月,在毛泽东视察黄河发出"要把黄河的事情办好"的指示后,同年 12 月,政务院发出了《关于发动群众继续开展防旱抗旱运动,并大力推行水土保持工作的指示》,指出水土保持工作刻不容缓,并划定了黄土高原水土流失防治重点区域,同时提出水土流失防治工作应"选择重点进行试办,以创造经验,逐步推广"。同年,黄河水利委员会发布《1953年治黄任务的决定》,把水土保持作为"变害河为利河"的关键。1955年全国人民代表大会第二次会议通过《根治黄河水害和开发黄河水利的综合规划》,该规划对全国水土保持工作提出了全面规划的要求,并将黄土高原水土保持正式列入国民经济建设计划。1957年7月,在国务院正式成立国家水土保持委员会后,发布了《中华人民共和国水土保持暂行纲要》,这是我国第一部从形式到内容都较为系统、全面、规范的水土保持法规,明确划分了各业务部门负责水土保持工作的范围,并指出山区应该在水土保持的原则下,使农、林、牧、水密切配合,全面控制水土流失,同时对水土保持规划和防治水土流失的具体方法、要求以及奖惩等内容都做了明确规定。1955年10月、1957年12月和1958年8月分别召开了第一次、第二次、第三次全国水土保持工作会议,会议主要对水土保持方针、政策、规划、组织机构、科学研究等做出了重要指示,并采取了一些重大举措。1962年至1963年初,国务院连续发出了《关于开荒挖矿、修筑水利和交通工程应注意水土保持的通知》《关于加强水土保持工作的报告》《关于汛前处理好挖矿、筑路和兴修水利遗留下来的弃土、塌方、尾沙的紧急通知》《关于奖励人民公社兴修水土保持工程的决定》《关于迅速采取有效措施严格禁止毁林开荒陡坡开荒的通知》等文件,国务院水土保持委员会印发《关于加强水土保持科学试验工作的几点建议》,转发山西省《关于水保冬修工程验收和开荒检查的通知》,国务院农林办发出《关于迅速采取有效措施,禁止毁林开荒、陡坡开荒的通知》,各省相继发文,采取相应措施加强水土保持工作。

4. 水土流失防治主要措施实施

1950~1953年:黄土高原地区水土流失防治以试验、重点试办和小规模推广为主,扩建和新建了天水、绥德、西峰三个水土保持工作推广站(1956年改为水土保持科学试验站),进行坡地试验、小流域规划和治理、水文测验等,在陕西省无定河上游和泾河上游进行重点试办和推广。1952年后,山西离石、阳高、隰县、平顺、陕西榆林、延安、甘肃定西、平凉等先后成立水土保持试验站,进行坡地径流、小流域综合治理和农林牧水等土壤改良措施的试验研究和推广工作。

1954~1957年:1953年全国土地改革基本完成,农村生产力得到解放,广大农民生产的积极性提高,与之相应,农民治山治水的积极性也得到了提高。当时国家主要通过合作化的道路开始对农业进行社会改造,把个体农民引上集体化道路,改变农民的个体所有制为集体所有制,农民的土地、牲畜等生产资料一律归公,由合作社统一安排生产,这被称为"合作化运动"。水土保持工作被列入合作化的主要内容。合作化运动为水土保持提供了群众基础,黄土高原地区水土流失防治工作迎来了新机遇。这一时段,随着农业合作化的发展,黄河流域水土保持全面展开,由过去一家一户分散地单项治理,发展为一村一组合作开展的全沟整坡集中连片治理,出现了一些集体治理典型。群众采取的主要措施有:坡耕地培地埂,搞沟垄种植和掏钵种植等保土耕作法,塬面缓坡上修软埝,荒山荒坡造林种草,支毛沟修小型淤地坝并在陕北、陇东等地较大沟壑中,修建大型淤地坝进行试验和探索。例如,位于黄土丘陵沟壑区第一副区的王家沟小流域在1955年合作化时期被选为晋西水土保持综合治理示范点,在 1955~1957 年间,人们在总结传统治理经验基础上,引进国外先进治理措施,主要措施有坡耕地地埂、陡坡营造刺槐林、种植优良牧草草木樨、垄作区田耕作法、打淤地坝、谷坊等。

1958~1960 年:这一时段黄土高原水土保持工作群众运动进入高潮,由过去的村组小联合,发展到乡、县大联合或者跨县大联合,如甘肃省定西、通渭、会宁、静宁四县联合治理华家岭。在水土保持具体做法上也有许多发展,如从过去的修坡式梯田发展为一次修平梯田,并很快得到推广。同时水土保持工作中出现了一些问题,如"一平二调""大兵团作战"、高指标、浮夸风等,例如,全国第三次水土保持会议对黄河流域水土保持进度提出"三年突击、二年扫尾、五年基本控制"的过高要求。但总体来说,这一时段可称为以农田高产稳产为目标,工程措施为主的高速发展时期,现存老梯田和老坝地绝大部分都是这一时期修建的。据统计,截至 1960 年底,黄河流域已初步形成了试验网,从中华人民共和国成立时 2 处试验站,发展到 50 多处,科技人员和职工 500 多人,开展水利化及水土保持措施对黄河洪水、泥沙和年径流影响的研究。

1960~1962 年:这三年自然灾害期间,国家整体经济困难,黄河流域许多省(区)的水土保持机构被撤销,人员下放,水土流失防治工作多陷于停顿,同时各地出现毁坏植被、陡坡开垦、破坏梯田等不良情况,水土流失防治基本无进展。

总体来说,20 世纪 50 年代至 60 年代中期,在黄河泥沙主要来自坡面的认识下,进行了修造梯田的坡面水土流失防治,以在控制坡耕地水土流失的同时发展农业生产,达到根治黄河和发展生产的双重目标。修建梯田同时也辅以植树造林、修建坝地。但实践证明,这一阶段黄河泥沙没有得到明显减少,其原因是修造梯田导致次生水土流失(陈怡平,2019)。

2.2.3　重点治理与缓慢发展阶段(1963~1978 年)

从 1963 年始,国民经济逐渐好转,党中央在水土保持工作中吸取"大跃进"中的教训,纠正"一平二调"、形式主义、高指标等不适宜做法,采取有力措施进行调整,黄土高原水土流失防治工作开始逐步恢复。

2.2.3.1　水土流失防治方针政策

1963 年 1 月,国务院水土保持委员会在北京召开黄河中游水土流失重点区治理规划会议。会议提出新的水土保持方针是:"水土保持必须与当地群众的生产和生活相结合,以治理坡耕地为主;坡耕地、荒坡、风沙、沟壑治理相结合,荒坡、沟壑、风沙的治理,以造林种草和封山育林、育草为主"。

1964 年,黄河中游水土保持委员会成立,随后编写了《1965~1980 年黄河中游水土保持规划》,把原来 42 个重点县扩大到 100 个,在 42 个县和 100 个县的规划中体现了:在水土保持方针上,进一步强调结合群众生产,为生产服务;在治理措施上,强调以坡耕地治理为主的思想;在政策上响应毛主席"农业学大寨"号召,强调"艰苦奋斗,自力更生"的精神。

1964 年 8 月 29 日至 9 月 10 日,黄河中游黄土高原水土流失重点区第三次会议在西安召开。会议提出水土保持7条方针:"①依靠群众,自力更生;②从生产出发,为生产服务;③从实际出发,因地制宜;④全面规划,综合治理;⑤以农为主,农林牧结合;⑥修管并重,防治结合;⑦集中精力,抓好重点。"会议强调这7条方针必须全面贯彻执行,否则就会在方向上发生错误。本次会议同时根据谭震林副总理指示,提出1965年水土保持工作的具体方针为:巩固提高,广泛地总结经验,条件具备的地方放手发展。

1966~1970年,受"文化大革命"影响,黄土高原水土保持工作基本处于停滞状态。直至1970年10月,北方地区农业会议召开,要求加快改变北方各省(区)农业生产面貌,加强农田基本建设工作。该次会议成为水土保持再度振兴的契机,至此之后,水土流失防治措施基本以农田建设为主。

1970年12月至1971年1月,举行黄河流域8省(区)治黄工作座谈会,提出今后的规划是在黄河流域上中游大搞水土保持,力争尽快改变面貌,重申水土保持为黄河服务和为生产服务的方针。该座谈会推动了梯田、坝地、小片水地的积极建设,同时也抓紧林草建设。1971年3月,水利水电部批转的《关于治黄工作座谈会的报告》中指出,水土保持必须坚持"自力更生、艰苦奋斗"的方针。

1973年4月,黄河治理领导小组、水电部、农林部在延安召开黄河地区水土保持工作会议,同年提出"以土为主,土水林综合治理,为农业生产服务"的方针。强调首先要解决群众吃饭问题,要搞好基本农田,改善农业生产基本条件。

1976年10月至1979年,贯彻党的三中全会精神,其间强调水土保持工作按劳记工,按工付酬。家庭联产承包责任制相继在农村实行,新旧体制出现不衔接现象,该制度下的水土流失防治工作如何开展并未有定论,防治进展缓慢。直至1978年,黄河水利委员会完成《关于1978年黄河中上游水土保持工作情况报告》和《黄河中游水土流失严重地区加速治理问题的报告》,指出水土保持工作存在工作进度慢、点面脱节、农业经营单一、片面强调"以粮为纲"等问题,建议确定黄土高原农业生产和水土保持方针:依靠群众,国家支援,狠抓以改土治水为中心的农田基本建设,大量植树种草,全面发展农林牧副各业,为水土保持、发展生产、增加收入、提高生活水平服务。水土流失防治以基本建设农田为主的工作方针进一步得到强化。

2.2.3.2　水土流失防治工作进展

1963年1月,国务院水土保持委员会在北京召开黄河中游水土流失重点区治理规划会议,会议部署了河口镇至龙门区间水土流失严重的42个县的水土保持工作,并开始着手编制水土保持规划。同年4月18日,国务院发布《黄河中游水土保持工作的决定》,对上述42个县开展重点治理的方针、原则和领导作了明确规定。同年11月,国务院水土保持委员会召开黄河中游水土流失重点区第二次水土保持会议,提出并讨论了《黄河中游42个水土流失重点县水土保持规划》,部署了下年度水土流失治理任务。至此,黄土高原水土流失防治工作开始恢复。

1964年,"农业学大寨"的号召使水土保持以基本农田建设为主的工作方针进一步得到强化,至此之后,各地区开始大力建设梯田、坝地、滩地、水地等高产稳产的基本农田,将"三跑田"变为"三保田"。以位于黄土丘陵沟壑区第一副区的王家沟为例,该沟在1965

年实行了"抗旱丰产沟"耕作法,该方法可比普通耕作增产 16.7%。1970 年,北方农业会议把无定河、泾河、渭河、延河、皇甫川、汾河、清水河 7 条支流作为重点治理区域之后,其他各省(区)积极传达会议精神,群众建设基本农田的积极性更高了,各地兴修梯田、坝地、小片水地等。为了加快水土流失防治进程,在政府大力扶持、科研单位协力攻关、农民群众热情参与下,黄土高原陕西、山西、内蒙古等省(自治区)积极推广水坠法筑坝、机械修梯田和飞播造林、种草技术。与前一阶段相比,这个时期的水土流失防治措施在技术上有了突破性进展。

　　总的来说,1963~1965 年,黄土高原水土流失治理工作呈现出扎实、切合实际的特征;1966~1970 年,受"文化大革命"影响,水土流失治理工作受到重创,尤其 1969 年黄河中游水土保持委员会及西北林建兵团遭到撤销后,科研及水土流失防治工作基本处于停滞状态;1970~1978 年,水土流失防治工作在农田基本建设背景下再次发展起来,这一时期农田基本建设速度快、淤地坝发展迅速、水保措施技术提高,以水土保持工程措施为主的治理成效显著。据统计,截至 1978 年底,黄土高原地区共修建各种形式的淤地坝数万座,大、中型水库百余座,建成水平梯田、坝地、条田等基本建设农田近 3 000 万亩,造林面积近 3 500 万亩,种草 800 多万亩,整个黄土高原地区约有 17% 的水土流失面积得到了治理。这个阶段黄土高原在削减洪水和泥沙方面已经取得了一定的成效。

2.2.4　小流域综合治理阶段(1979~1990 年)

　　凭借改革开放及全国科学大会的强劲东风,全国尤其是黄土高原地区水土流失防治工作得以恢复并加强,水土流失防治措施也由基本农田建设为主(单项治理、分散治理)转入以小流域为单元进行综合治理的道路。八片国家水土流失重点治理工程等重点工程的实施、"户包治理小流域"的发生发展、水土保持管理机构逐步恢复完善、科技教育兴起等,全面推动了小流域综合治理进程。20 世纪 80 年代以来,水利部布置在黄土高原的小流域治理点有 100 余条,各省布置的重点治理小流域数千条,国家"七五"和"八五"科技攻关项目建立的定位试验区有 11 条小流域。这些小流域的治理把人口、资源、环境统一起来,把生态效益、经济效益、社会效益统一起来,为黄土高原的可持续发展和经济振兴做出了巨大贡献。黄土高原水土保持工作迎来了高速发展期。

2.2.4.1　水土流失防治思路——小流域综合治理的提出

　　小流域综合治理是在试验、实践的基础上逐步成熟起来的。以流域为单元的综合治理思想在 20 世纪 50 年代已经形成,在 1957 年农业部、林业部、农垦部、水利部发出的《关于农、林、牧、水密切配合做好水土保持工作,争取 1957 年的大丰收的联合通知》就明确指出:开展工作时要以集水区为单位,从分水岭到坡脚,从毛沟到干沟,由上而下,由小而大,成沟成坡集中治理,以达到理一坡,成一坡;治一沟,成一沟。陇东西峰南小河沟(面积 36.20 km²)、甘肃天水吕二沟(面积 12.01 km²)、陕北绥德韭园沟(面积 70.70 km²)和晋西离石王家沟(面积 9.10 km²)等,都是当时按照小流域治理理念的示范典型,取得了一些成效,为小流域综合治理的提出奠定了基础。到了 20 世纪六七十年代,水土保持工作转入以基本农田建设为主时期,由于没有以小流域为单元进行综合措施配置,单纯进行整地等建设,并未能形成综合防治体系,水土流失防治成效并不理想。总结经验,逐步认识到以小流域为单元综合治理的优势。于是,1980 年 4 月,水利部在山西省吉县召开了 13 省水土保持小流域治理座谈会(历时 8 d),会议在总结过去经验的基础上,明确提出了我国水土保持要以小流域为单元进行综合治理,认为这是水土保持工作的新发展,符合水土流失规律,能够把治坡与治沟、植物措施与工程措施有机结合起来,更加有效地控制水土流失;能够更加有效地开发利用水土资源,按照自然特点合理安排农林牧业生产,改变农业生产结构,最大限度地提高土地利用率和劳动生产率,加速农业经济的发展,使农民尽快富裕起来;有利于解决上下游、左右岸的矛盾,正确处理当前与长远、局部与全局的关系,充分调动群众的积极性,团结一致,加快水土保持工作的步伐,便于组织农林牧水农机和科技等各方面的力量打总体战,能使小流域治理速见成效;同时认为进行小流域治理,流域面积在 30 km² 以下为宜,最多不超过 50 km²。随后,水利部颁发了《水土保持治理办法》,将小流域综合治理作为重要内容包含在内,从此在全国尤其是黄土高原地区广泛开展小流域综合治理工作。

1982 年,国务院颁发了《水土保持工作条例》。该条例是继 1957 年《中华人民共和国水土保持暂行刚要》之后的又一部水土保持重要法规,它提出了水土保持工作的新方针,即"防治并重,治管结合,因地制宜,全面规划,综合治理,除害兴利"。这一工作方针的特点是:①突出了水土保持的地位,水土保持工作不再是单纯依靠群众发展生产的基础上开展,而是被列入各级政府的国民经济年度计划,安排专门经费;②突出预防各项工作,对25°以上的陡坡地,禁止开荒种植农作物,禁止在黄土高原地区的黄土丘陵沟壑区、黄土高塬沟壑区开荒和严禁毁林开荒、烧山开荒以及在牧坡牧场开荒;③突出重点治理,国家援助向重点地区倾斜;④以小流域为单元,实行全面规划、综合治理、集中治理、连续治理。《水土保持工作条例》的发布对推动 20 世纪 80 年代黄土高原水土流失治理工作发挥了非常重要的作用。

之后,朱显谟总结了 40 多年来土壤研究和考察实践,结合黄土高原的具体特点和当地群众的生产经验,提出了以"迅速恢复植被"为中心的黄土高原国土整治"28 字方略",即"全部降水就地入渗拦蓄,米粮下川上塬(含三田及一切平地)、林果下沟上岔(含四旁绿化)、草灌上坡下坬(含一切侵蚀劣地)",方略的核心是"全部降水就地入渗拦蓄"。该方略为黄土高原小流域综合治理奠定了总基调。在此后长期的水土保持工作实践中,小流域综合治理逐步发展完善,并最终成为我国水土保持的一条基本技术路线。

2.2.4.2　水土流失防治工作进展

1. 行政管理机构逐步恢复完善,科技教育兴起,监管工作在探索中起步

十一届三中全会后,相关水土保持领导和组织管理机构很快得到恢复。1980 年 5 月,国家农委恢复黄河中游水土保持委员会,组建了黄河水利委员会黄河中游治理局(机关设在西安),负责组织协调上中游 7 省(区)的水土保持事宜(于 1992 年更名为现在的黄河中上游管理局)。1982 年 5 月,为加强对全国水土保持工作的领导,国务院决定成立"全国水土保持工作协调小组",1988 年,进一步将"全国水土保持工作协调小组"改为"全国水资源与水土保持工作领导小组"(1993 年因机构改革被撤销)。1986 年,水利部设立农村水利水土保持司。从1982年开始,上中游7省(区)相继重建省、地水土保持委员会及水保局(处),恢复并新建各自所属的水保试验研究站(所),地方各级水土保持行政管理机构和组织领导机构得到迅速恢复和完善。至此,黄土高原地区水土流失治理及科研工作体系基本完备。

1984年开始,水利部科技司、农水司、遥感中心联合有关流域机构、大专院校开展了全国水土流失遥感普查,落实国家计委下达的"应用遥感技术调查我国水土流失现状编制全国土壤侵蚀图"的工作,这是我国首次利用遥感技术普查全国水土流失情况,对摸清全国水土流失状况、促进新技术在水土保持领域的应用都起到了积极作用。1985年,黄土高原综合治理项目被列为"七五"重点科技项目,经过几年的攻关获得了一批科研成果。教育事业方面,北京林业大学成立了水土保持系,西北农业大学、山西农业大学、甘肃农业大学等一批院校增设了水土保持专业;一批水土保持中等技术学校如山西省水土保持学校、天水水保站水土保持学校等也在这一时期成立,逐步改变了过去靠开办短期训练班的水土保持教育培养方式,初步形成了水土保持学科教育体系。同期,《中国水土保持》等一批有影响的水土保持刊物创刊,《中国水土保持概论》等一批专著也出版发行。1985年3月,中国水土保持学会经国家体改委和中国科学技术协会批准正式成立,一些省(区)也先后成立了省(区)水土保持学会,进一步加强了学术交流、科学技术培训和科普宣传工作。

改革开放后,随着我国经济快速发展,生产建设活动造成的人为水土流失愈来愈严重,开展水土保持监管工作成为经济社会发展的必需。1985年8月,全国水土保持工作协调小组发出通知,要求开矿、修路、建厂和其他基本建设必须做好水土保持工作,水土保持部门要加强督促检查。陕西省人民政府颁布法令,对生产建设单位应承担的义务和水土保持监督执法作了较为详细的规定。水土保持监督管理工作在探索中起步。80年代中期,晋陕蒙接壤地区被列为国家开发重点区,由于没有采取有效的保护性措施,大规模的煤田开发和与之同步进行的公路、铁路修建造成了大量人为水土流失。为此,1988年10月,经国务院批准,国家计委、水利部联合发布了《开发建设晋陕蒙接壤地区水土保持规定》,以加强这一地区开发建设中的水土保持工作,促进该地区经济建设的发展和生态环境的保护。为贯彻落实这一规定,国家计委和水利部于1989年3月联合召开会议成立了晋陕蒙接壤地区水土保持工作协调小组(协调小组设在黄河中游治理局,1992年9月成立晋陕蒙接壤地区水土保持监督局,1998年3月正式组建机构),山西、陕西、内蒙古制定了一系列的配套法规,并相继成立了水土保持监督处。晋陕蒙接壤地区水土保持工作协调小组成立后多次召开会议,开展水保监督执法,有效地遏制了这一地区的人为水土流失。1988年《开发建设晋陕蒙接壤地区水土保持规定》的颁布实施及这一地区监督执法工作的开展,为20世纪90年代水土保持法的制定实施做了必要的探索和实践。

2.“户包治理小流域”模式兴起

"户包治理小流域"模式是家庭联产承包责任制政策在水土流失防治领域的体现和延伸,这种形式责、权、利统一,治、管、用结合,既适应黄土高原小流域多而分散的自然特点,又适应广大农户小规模分散经营的生产方式,把群众的治穷致富的强烈愿望和切实的经济利益与开发利用山区土地资源、治理江河、水土保持紧密结合起来,调动了千家万户治理水土流失的积极性,推动和促进了农民脱贫致富和农村经济的发展。

1981年,山西省河曲县旧县乡小五村率先把农村实行的承包经营责任制引入水土保持工作中,一位农民与公社大队签订了承包合同,承包新尧沟小流域治理,期限3年,结果他当年就完成治理面积11.7 hm²,当时忻州地区总结了这一经验,并称之为"户包治理小流域"。此举开创了水土保持治管体制改革的新路,"户包治理小流域"模式在山西忻州地区首先应运而生。与之前集体统一组织的"大兵团"水土保持工作模式相比,户包治理小流域模式实现了治山治水者责权利的统一,解决了治管用相脱节的矛盾,确实有很大的优越性。1983年,黄河水利委员会在山西省召开"黄河流域水土保持责任制经验交流会议",进一步论证了户包治理小流域的可行性、科学性和发展的必然性,并对该治理模式的发展前景以及如何加强科学指导等问题进行了探讨。会议要求坚持实行"谁治理,谁管护,谁受益,允许继承"的政策,承包小流域的治理要服从整个流域的统一规划等,以进一步推动户包治理小流域健康、快速发展。这次会议为黄河流域进一步推广户包治理小流域指明了方向。随后,山西省人民政府发布了《关于户包治理小流域的几项政策规定》,进一步鼓励山区农民积极承包治理小流域。全国水土保持工作协调小组对《山西省户包治理小流域政策技术经济讨论会纪要》《黄河流域水土保持责任制经验交流会议纪要》向各省(区、市)做了转发。此后,以户承包治理水土流失责任制在全国特别是黄河流域得到大力推广发展。

3.小流域试点、国家重点治理、治沟骨干等工程启动,加快治理速度

水土保持小流域综合治理试点工程:1980年,水利部在陕北、晋西和内蒙古的伊克昭盟三地部署了第一批36条水土保持试点小流域,拨专款支援。这批试点小流域主要分布在黄土丘陵沟壑区第一副区的皇甫川、无定河、三川河流域,试点前流域内生产结构都是以农为主,单一经营粮食,忽视林草建设,土地生产率逐年下降,生态环境和经济结构日益恶化。经过探索研究,在这批小流域依据地形特征实施了以"治沟、固坡"为中心的水土流失防治措施体系。在梁、峁(现代侵蚀沟沿线以上)结合水土保持进行整地、植树种草、兴修梯田,形成第一道防线;其中内蒙古的小流域,由于人口密度小,该道防线以种草措施为主,布设灌草结合的混交林带,水平梯田为辅,而陕西、山西的小流域则以水平梯田为主,既保持了水土,又解决了粮食问题。在沟坡上,以灌草为主,选择耐干旱、耐瘠薄、根系发达、固土能力强的草树种,稳定沟坡、控制沟沿发展,形成第二道防线。在沟底以工程措施为主,支毛沟修筑谷坊坝,栽植杨、柳等耐水湿的速生树种,成为沟底防冲林;主沟道修筑淤地坝、小水库等工程措施,发展基本农田,控制沟道下切,形成第三道防线(王正呆和马慕铎,1987)。试点小流域经过6年治理,取得了非常大的水土保持、经济和社会效益。据统计,6年来共治理66 442 km²,其中营造水土保持林678.74万亩,种草234.77万亩,新建基本农田80.20万亩,大小淤地坝2 076座;土地利用率由42.8%提高到61.5%;无定河流域从年输沙量1.62亿t减少至0.44亿t;无定河重点小流域总产值由9 927.9万元增至17 936.9万元,增长80%(郭志贤和陈谦,1989)。小流域试点为大规模开展小流域综合治理提供了成功经验,随后数批小流域综合治理工程开展。

全国八片水土保持重点治理工程：1982年，全国第四次水土保持工作会议研究确定，开展面上治理的同时，选择重点治理区域，以小流域为单元进行综合、集中、连续治理，以重点推动面上工作。而后一年，经国务院批准，选定无定河、皇甫川、定西县、三川河、永定河、柳河、兴国县、葛洲坝库区共8个水土流失严重、群众贫困、对国民经济发展影响较大的区域开展以小流域为单元的重点治理，由财政部每年安排3 000万元进行治理，这项工程就是全国八片水土保持重点治理工程。它是我国第一个国家专列款、有规划、有步骤、集中连片大规模开展水土流失综合治理的国家生态建设工程。1992年底，八片国家水土流失重点治理工程顺利结束并通过国家验收，基本实现了"五年初见成效、十年基本治理"的目标。黄土高原无定河、皇甫川、定西县、三川河地区水土流失防治成效明显。如：皇甫川流域的内蒙古重点治理区，经过验收的九条小流域年均减少洪水径流72%，减少泥沙78.5%；三川河流域经过九年治理，减沙率为58.8%，入黄泥沙大为减少；三川河流域在"咬住基本农田不放，抓住经济林大上"的思想指导下，人均基本农田达到0.12 hm²，在1991年遇到大旱的情况下，机修梯田的粮食每公顷仍达3 000 kg，沟坝地的粮食每公顷可达6 000 kg，是坡耕地的14倍；陕西省榆林地区无定河流域的林草覆盖率由1982年的16%提高到47.4%；以干旱出名的甘肃省定西县的植被覆盖率由1982年的8.2%提高到38%，九年翻了两番多（水利部农村水利水土保持司，1992）。在重点治理的示范推动下，小流域治理在全国蓬勃开展。

治沟骨干工程：1983年3月，国家计委要求位于黄土高原的7个省（区）组织编制《西北黄土高原水土保持专项治理规划》，通过将近3年的调查研究和典型规划工作，于1985年完成了规划报告。1985年8月，《西北黄土高原水土保持专项治理规划》中的水土保持治沟骨干工程被列入国家基建计划，按基建程序列入"七五"计划，作为小型项目管理。次年开始，经国家计委、水利部批准，黄河中游地区治沟骨干工程开始了专项建设。相对于一般淤地坝而言，治沟骨干工程建设规模大、防洪标准高，在小流域中起着"上拦下保、骨干控制"作用，成为黄土高原地区治理水土流失的重要工程措施，为减少入黄泥沙、加快黄河流域水土流失治理、促进区域经济的发展发挥了巨大作用（水利部等，2004）。

此外，还有"三北"防护林建设工程等在此阶段展开，水土流失防治取得重要进展。

4.风沙丘陵区"带—网—片"小流域综合治理模式逐步发展

黄土高原山西、陕西、内蒙古接壤区气候干旱、风力大、风期长，多沙丘，生态脆弱，环境恶劣。该区的水土保持措施主要以治理风沙危害、防治土地沙漠化、保证农业正常持续发展为主。经过长期探索实践，逐渐在该区发展起来"带—网—片"治理模式，其中"带"指防风林带，"网"指护田林网，"片"指成大面积呈片状的防风固沙林（灌），"带—网—片"配置模式构成了"若干林带分割包围，农田林网综合交错，片林、草、灌星罗棋布"的防风固沙体系。以位于黄土高原地区无定河二级支流的芹河流域为例，该区地貌由河谷风沙地和河源湖盆风沙滩地组成，流域内生态环境恶劣。1983年以来，芹河流域根据当地实际情况，充分考虑防风固沙、蓄水减沙、经济高效、长短结合，按照"带—网—片"模式从湖盆沙滩、河谷阶地布设起三道立体防线，开展大规模小流域综合治理。综合治理模式由三部分构成，第一部分是建设大面积灌、草、乔结合的固沙片林，第二部分是环沙滩、沿河岸的乔、灌结合阻沙林,第三部分是渠、路、田配合的农田防护林网。三层防护体系固定大片流沙的起沙源、阻滞飞来沙尘,使地面20~25 m高度范围内的小环境向良性方向转化。经过8年多的连续治理,芹河流域土地利用结构发生明显变化,农、林、牧地比例近1:7:1.2,初步建立起沙地良性生态循环的雏形,取得显著的水土保持效益、生态效益和经济效益(蒋定生,1997)。

5.丘陵沟壑区"梯层结构"小流域综合治理模式逐步成熟

丘陵沟壑区主要指黄土高原东起吕梁山、西至甘肃黄河之间的区域,辖山西、陕西、宁夏、甘肃四省(区)约12.57万km²。20世纪50年代黄土高原丘陵沟壑区曾推广过"坡地修田埂""山顶戴帽子(种植被)"等单项水土流失防治模式,但因山高坡陡、地形复杂、设计单一等因素,治理效果一般。经过几十年的探索和发展,该区逐渐形成了"山顶戴帽子(草、灌木),坡上挂果子,山腰系带子(基本农田),山下穿裙子(造林),沟里穿靴子(打淤地坝和建柳谷坊)"的"梯层结构"小流域综合治理模式,它体现了节节拦蓄径流泥沙,合理利用土地和自然资源的原则。具体地,在山顶修筑隔坡水平阶,自上而下种植一定宽度的沙打旺、柠条等当地优势多年生草、灌木,此举既可保持水土,也可为发展畜牧业提供部分饲料;在坡中修建水平梯田,栽种苹果树等经济作物林发展商品性果树,在较短期内增加农民经济收入,为水土流失治理增添后劲;在坡腰上进行基本农田建设,提高粮食单产;在坡脚,因环境阴湿、土质条件较差,可植树造林发展用材林;在挖捞圳地,因水分条件好、养分相对富集,可修成捻窝种粮或造林;在沟道中,为进一步拦截坡面未能全部拦蓄的径流和泥沙,以及防止沟床继续下切和沟岸扩张,可营造沟底防冲林;在支沟溪线上建造编柳谷坊;在主沟上选择有利地势,配置淤地坝,拦泥造地,扩大耕地面积。陕西杏子河流域、绥德小石沟等小流域均采用了这种治理模式,收到了非常好的效果(蒋定生,1997)。

6.黄土高塬沟壑区"生态农业+水土保持"小流综合治理模式逐步成熟

黄土高塬沟壑区的范围包括晋陕黄河峡谷黄土高塬沟壑区、渭北旱塬黄土高塬沟壑区和陇东黄土高塬沟壑区,面积6.945 3万km²,区域特点是土层深厚,塬中心平坦、塬边陡。该区的水土流失防治措施除继续推行"固沟保塬"外,在改革开放背景下以及国家"七五"和"八五"科技攻关期间,水土流失防治措施的体系进一步得到完善。"七五"和"八五"期间,国家在本区先后建立了长武王东沟、淳化泥河沟、乾县枣子沟和隰县河沟四个综合治理试验区,进行了试点和重点小流域治理。在思考、构建小流域综合治理模式时,首先考虑修建部分基本农田(条田、梯田),以保水(防径流下塬)、保土(保塬面土地资源)、保粮食(粮食高产、稳产);其次把让当地农民致富的产业——苹果种植作为主导产业来抓;最后,考虑到高塬沟壑区地下水埋藏深,在水保措施体系配置中考虑拦蓄雨水的水窖、涝池等。经过探索实践,在黄土高塬沟壑区形成了"庭院经济开发区""塬面农田治理开发区""沟坡土地整治开发区"和"沟道治理开发区"四种形式的"生态农业+水土保持"有机结合的小流域综合治理模式(蒋定生,1997)。

2.2.5　法制建设、预防为主与重点治理阶段(1991~1999年)

随着以小流域为单元进行综合治理水土流失防治工作成规模、成体系开展,以及经济飞速发展背景下生产建设项目水土流失现象日益严峻,建立健全法律法规体系、系统规范水土保持工作逐步成为亟待解决的事情。与此同时,在20世纪80年代水土流失治理已取得显著成效背景下,90年代水土保持工作模式逐步从以"治理为主、防治并重"转为"以防为主、防治结合",水土保持重点工程也得到进一步加强。

2.2.5.1　水土流失防治方针政策

1991年6月,第七届全国人大常委会第二十次会议审议通过施行了《中华人民共和国水土保持法》(简称《水土保持法》),它标志着我国水土保持工作由此进入法制化轨道,是我国水土保持史上的一个重要里程碑。《水土保持法》共分为总则、预防、治理、监督、法律责任、附则六章,在第一章第四条指出"国家对水土保持工作实行预防为主,全面规划,综合防治,因地制宜,加强管理,注重效益的方针",将原来的"治理为主、防治并重"改为"预防为主"。《水土保持法》明确了水土保持工作的主管部门,即"国务院水行政主管部门主管全国的水土保持工作。县级以上地方人民政府水行政主管部门,主管本辖区的水土保持工作";水土保持要"谁开发、谁保护,谁造成水土流失谁负责治理";规定了水土保持方案制度,即"在建设项目环境影响报告书中,必须有水行政主管部门同意的水土保持方案",同时规定"建设项目中的水土保持设施,必须与主体工程同时设计、同时施工、同时投产使用"的"三同时"制度。此外,还提出了"国家对农业集体经济组织和农民治理水土流失实行扶持政策","水土流失治理实行谁承包、谁治理、谁受益的原则"等规定。

1992年8月,在全国第五次水土保持工作会议上,全国水资源与水土保持工作领导小组组长、国务院副总理田纪云在总结过去10年来水土保持取得的成就和经验的基础上,提出了水土保持工作下一步目标,即贯彻《水土保持法》,建立健全水土保持预防监督体系,建立领导"任期内水土保持目标考核制",多渠道增加投入和制定优惠政策,抓好重点治理,以点带面,逐步推进。该次会议对推动20世纪90年代全国水土保持工作发挥了重要作用。

1993年1月,国务院发出了《关于加强水土保持工作的通知》(国发〔1993〕5号文),从认识、领导、机构、法规、政策、投入等各方面对水土保持工作作了明确规定。文件强调各级人民政府和有关部门必须从战略高度认识到水土保持是我们必须长期坚持的一项基本国策;要求建立政府水土保持工作报告制度、政府领导任期内水土保持目标考核制;建立水土保持方案报告制度;建立健全水土保持预防监督体系;规定了预防、监督和管护资金来源;提出了生态补偿机制等。该文件对水土保持工作起到了重要的指导性作用。

在国家政策指引下,水土保持责任制进入新发展阶段,市场机制也逐渐被引入水土流失治理工作中,国内尤其是黄土高原地区水土保持形成了以承包、拍卖使用权为主,租赁经营、股份合作制等多种治理组织形式共存的新格局,防治范围扩展到"四荒"(荒山、荒坡、荒沟、荒滩)资源。1996年国务院办公厅下发关于治理开发农村"四荒"资源,进一步加强水土保持工作的通知,在通知中规定了四条治理开发"四荒"资源基本原则,即:①坚持合理规划;②坚持治理与开发相结合;③坚持以小流域为单元综合治理;④坚持多种方式并举,促进了"四荒"治理开发工作。

总的来说,这一时期,水土流失治理理念从"小流域综合治理"进入"预防、治理、发展一体化";治理组织形式从"户包治理"和"国家重点治理"转为"市场经济体制下的租赁经营、股份合作制等多种治理形式"新格局;治理管理体制进入法制化阶段。

2.2.5.2　水土流失防治工作进展

1.水土保持法律法规相继建立,基本形成较完备的法律法律体系

《水土保持法》自 1991 年 6 月 29 日正式颁布实施后,一系列配套法律法规也随之建立。1993 年 8 月,《水土保持法》最重要的一个配套法规——《中华人民共和国水土保持法实施条例》(简称《条例》)由国务院正式颁布实施。随后,《开发建设项目水土保持方案管理办法》《开发建设项目水土保持方案报批管理规定》等配套法规和行政规章也陆续出台颁布。各省(区、市)也依据《水土保持法》和《条例》等的思想,结合当地水土保持实际情况,制定颁布了相应的水土保持法实施办法和条例。据统计,截至 2000 年,全国已有28 个省(区、市)1 000 多个市、县依法制定了本区域的水土保持法实施办法。与此同时,有 26 个省(区、市)颁布实施了水土保持补偿费、水土流失防治费征收使用、管理办法等。水土保持监督执法体系也逐步建立起来。我国基本形成了较完备的水土保持法律法规体系。

2."四荒"拍卖加快水土流失防治步伐

"四荒"拍卖指拍卖"四荒"地使用权,它实则是前期"户包治理小流域"的水土流失防治责任体系的进一步完善和深化。"四荒"拍卖的出现是水土保持产业投资机制和经营管理机制的一次重大变革,也是水土流失区非耕地领域土地使用制度的一项重大改革。

早在 1983 年,山西省吕梁地区柳林县龙门垣乡中垣村农民李马才,以 1 750 元的价格,一次性购买了本村总面积为 10.67 hm^2 的 3 条小流域土地使用权,开创拍卖"四荒"地使用权之先河。随后,"四荒"拍卖逐渐在黄土高原地区尤其是山西省流行起来。1992年,山西省吕梁地区向全区发出了《关于拍卖荒山、荒坡、荒沟、荒滩使用权,加速小流域治理的意见》,率先推出拍卖"四荒"使用权的办法。自此,"四荒"拍卖很快在山西、陕西、甘肃等黄土高原地区推广。1994 年,江泽民总书记在吕梁视察时高度赞扬了这一做法,并指出拍卖"四荒""卖掉的是使用权,得到的是农民治山治水的积极性"。随后,水利部发布了《拍卖"五荒"(未治理小流域)使用权,加快水土流失防治管理办法》,这次会议进一步推动了"四荒"拍卖治理在全国的蓬勃发展。1996 年 6 月,国务院办公厅发布《关于治理开发农村"四荒"资源、进一步加强水土保持工作的通知》,对治理开发"四荒"资源的重要意义、基本原则、具体政策、规范管理、组织领导等进行了明确规定,进一步稳定和调动了广大群众投入治理"四荒"的积极性。此后,水利部分别于 1997 年在山西吕梁和1998 年在河北怀来召开全国第二次和第三次治理开发"四荒"资源现场经验交流会,进一步贯彻落实了《关于治理开发农村"四荒"资源、进一步加强水土保持工作的通知》文件要求。

"四荒"拍卖是我国农村实行家庭联产承包责任制的延续和发展,与户包治理小流域一脉相承,它极大地调动了社会力量治理水土流失的积极性,加快了水土流失治理步伐,以拍卖"四荒"使用权为主,个体承包、联户承包、股份合作、租赁等多种形式并存的社会力量参与治理水土流失的机制逐步建立起来。

3.水土流失防治投资渠道多元化

随着社会经济发展以及水土保持体制改革,水土流失防治投资渠道逐渐多元化。这个时期最为典型的一项投资是,我国政府利用世界银行贷款进行黄土高原水土流失综合治理,开展"黄土高原水土保持世界银行贷款项目(简称世行项目)"。世行项目利用世界银行贷款 1.5 亿美元,加上国内配套,总投资 21.64 亿元人民币,从 1990 年 9 月开始论证,随后通过评估,并于 1994 年 5 月正式实施,涉及陕西、山西、甘肃、内蒙古 4 省(区)的 7 个地(市)22 个县(旗)。项目执行过程中逐渐形成了一套统一协调的管理体系,建立了一支素质较高的管理队伍,一套科学、统一、完善的规划体系,以及严格的投资监管体制和财务管理制度等,为我国其他水土流失防治项目提供了极大的经验。据统计,截至 2001 年底,项目累计完成治理总面积达 4 868 km²,取得了显著的经济、生态和社会效益。该项目被世界银行称为农业项目的"旗帜工程"。

4.水土保持重点工程得到进一步加强

国家重点治理二期工程:国家重点八片国家水土流失重点治理工程自 1982 年开始至 1992 年底顺利结束,十年时间水土流失治理取得了巨大成效,得到了国家及人民群众的一直认同。因此,国家又从 1993 年开始开展了八片二期治理。二期治理共分为两个阶段实施,第一阶段从 1993 年开始至 1997 年结束,由中央财政每年投资 4 000 万元;第二阶段从 1998 年开始至 2002 年结束,中央财政每年投资 5 000 万元。黄土高原地区重点治理范围进一步扩大。以位于甘肃中部、黄土丘陵沟壑区第五副区的定西县为例,该县在 1993 年继续被列入国家水土保持重点治理二期工程进行连续治理。在第二期治理中,该县实现了由过去单一治理型向治理开发型的战略转变,逐步形成了集干旱山区造林对位配置技术、梯田优化技术、集雨节灌技术以及淤地坝建设技术的小流域综合治理开发模式。在流域内发展水土保持产业中,以"梯田建设、地膜粮食、雨水集蓄、洋芋种植"的四大工程建设为主,即以梯田建设为基础,以地膜覆盖为科学技术手段,以集雨节灌为关键,以合理调整作物结构为途径,实现定西县乃至干旱区农业高产、优质、高效。据统计,截至 1997 年 7 月,全县累计治理水土流失面积 1 980 km²,占全县总面积的 54.4%,梯坝地累计达到 7.867 万 hm²,人均 0.207 hm²,人工林保存 7.667 万 km²,人均 0.233 km²,多年生牧草保存 4.267 万 km²;建成水保治沟骨干工程 37 项,小塘坝 34 座,总库容 2 950 万 m³,打谷坊 13.66 万座,沟头防护 1.24 万道,修涝池 1 414 座,打水窖 13.5 万眼,4.95 万户建成"121 雨水集流工程",集雨抗旱节灌示范点 276 个,蓄水池 1.27 万座,容积 4.5 万 m³,发展节水补灌面积 0.347 万 hm²(赵克荣,1998)。

"三北"防护林建设工程:1978 年由党中央、国务院决定执行的在我国西北、华北北部、东北西部地区建设三北防护林体系共分 3 个阶段 8 期工程进行。工程总规划:1978~2000 年为第一建设阶段,2001~2020 年为第二建设阶段,2021~2050 年为第三建设阶段,其中每一阶段又分为四期。通过第一阶段共四期的工程建设,黄土高原地区水土流失防治取得了重大进展。以陕西省为例,通过第一阶段以水土流失治理为重点,以山系、流域为基本单元,采取工程造林等生物措施为主、多种措施相结合的手段,通过集中连片综合治理,陕西省"三片、三带"大型生态经济型防护林体系格局基本形成,即北部建成防风固沙林一大片,渭北黄土高原建成经济林、防护林一大片,西部保护和发展天然次生林、水源涵养林一大片,东部建成黄河沿岸防护林一条带,中部西包公路沿线护路林一条带初见雏形,渭北旱腰带基本建成复合式经济林一条带;黄土丘陵区 60 万 hm² 荒山荒坡植被得到恢复;榆林风沙区沙化土地治理度达到 68.4%,年沙尘暴由最初的 60 多天减少至 20 余天(康华和吕复扬,2001)。

此外,该阶段还有农业部"三西"农业建设工程,即在宁夏回族自治区西吉、海原、固原地区和甘肃省以定西为代表的 18 个干旱县和河西地区,投资兴修梯田、坝地、小片水地和造林种草;陕西陕北建设委员会 1980 年利用老区扶贫款,开展小流域综合治理和农田基本建设;联合国粮食计划署和世界银行等国际组织,先后在宁夏西吉县、陕西米脂县、甘肃定西县等地,专款支援大面积造林和水土保持综合治理。

5.小流域治理与市场经济有机结合,水土保持优势产业大力发展

随着社会主义市场经济的逐步确立并完善,水土保持在治理思路上开始探索和实践如何适应市场经济。1992 年,山西省政府召开全省小流域治理会议。会议提出"要将小流域治理推向商品经济的大道"。水利部水土保持司颁发了新的《水土保持小流域综合治理开发标准》,文件中提到:"小流域经济初具规模,土地产出增长率 50%以上,商品率达 50%以上。"发展小流域经济是水土保持在适应市场经济过程中的一种治理思路,它由过去单纯的防护性治理转到治理与开发相结合,将小流域治理同区域经济发展相结合,突出小流域治理的经济效益,将小流域治理并入市场经济发展轨道之中(水利部等,2010)。黄土高原地区试点小流域也逐步由以前"主要探索不同水土流失类型区治理模式",转到"主要探索发展小流域经济的对位配置"等,水土保持思路发生转变。例如,位于黄土高原地区东部的山西省阳高县,在 20 世纪 90 年代结合当地自然条件,在充分了解市场需求的基础上,大力发展水土保持经济林——杏树。在陕西渭北旱腰带、泾洛渭流域、黄河沿岸、白于山区等地,建成了苹果、花椒、柿子、核桃、梨、红枣、山杏等八大经济林基地,经济林面积发展到 70 多万 hm²,年产值 50 多亿元,成为一些县(区)财政收入的主要来源。如韩城市仅花椒一项面积就发展到 2 万多 hm²,年产椒 500 多万 kg,收入近 8 000 多万元,农民人均收入增加 300 多元(康华和吕复扬,2001)。在黄河沿岸以营造红枣为主的县(区),红枣面积发展到了 9.3 万 hm²,仅红枣年人均收入可达 500 多元,有相当一部分贫困地区靠红枣脱了贫,枣树被当地人称为"脆弱生态地区的生态树,贫困地区农民的摇钱树"(贺宏年和陈锦屏,2001)。位于甘肃中部、黄土丘陵沟壑区第五副区的定西县发挥气候、土地优势,大力发展马铃薯产业。

2.2.6 以生态修复为主的规模治理阶段(1999~2011 年)

1997 年 8 月,江泽民总书记做出"再造一个山川秀美的西北地区"的批示,随后国务院总理李鹏提出治理黄土高原朱水土流失规划"争取十五年初见成效,三十年大见成效,为根治黄河做出应有的贡献",1999 年,国家生态环境保护和建设作为实施西部大开发的切入点,其中又以长江上游和黄河上中游水土流失的治理和林草植被建设为重点。至此开始,一大批生态环境建设与保护工程启动实施,以生态修复为主的治理阶段开启,黄土

高原水土流失防治工作转入一个全新的发展时期。

2.2.6.1　水土流失防治方针政策

1997年,江泽民总书记在《关于陕北地区治理水土流失建设生态农业的调查报告》的批示中对水土流失问题指出:历史上遗留下来的这种恶劣的生态环境,要靠我们发挥社会主义制度的优越性,发扬艰苦创业精神,齐心协力地大抓植树造林,绿化荒漠,建设生态农业,去加以根本的改观。经过一代一代人长期地持续地奋斗,再造一个山川秀美的西北地区,应该是可以实现的。随后,李鹏总理要求有关部门提出一个治理黄土高原水土流失的工程规划,"争取十五年初见成效,三十年大见成效,为根治黄河做出应有的贡献"。1999年6月,江泽民总书记在黄河治理开发座谈会上强调"必须把水土保持作为改善农业生产条件、生态环境和治理黄河的一项根本措施,持之以恒地抓紧抓好","采取工程、生物和耕作措施,进行综合治理"。随后,朱镕基总理进一步提出,治理水土流失,要采取"退耕还林(草)、封山绿化、以粮代赈、个体承包"的政策实施。"水土保持生态环境建设"新名词自此出现,水土保持进入一个全新发展阶段。

1998年特大洪灾给国人敲响警钟。为此,国务院于1999年8月做出了退耕还林还草工程的决定,按照"退耕还林(草)、封山绿化、以粮代赈、个体承包"政策实施,在四川、陕西、甘肃三省率先开展退耕还林还草试点。2000年在中西部地区17个省(区、市)和新疆建设兵团开展试点,2002年在全国范围内全面启动。自工程试点开始后,退耕还林(草)有关政策相继出台,如国家对退耕还林还草实行省级人民政府负责制,国家无偿向退耕农户提供粮食、生活费补助等。

1999年底,"西部大开发"国家重大战略全面实施,提出将生态环境保护和建设作为西部大开发的切入点。在此背景下,国务院正式批发了《全国水土保持生态环境建设规划》《全国生态环境保护纲要》,对新世纪水土保持生态环境建设做出全面部署,并将水土保持生态建设确立为21世纪经济和社会发展的一项重要的基础工程。两份文件明确了生态环境建设工程要严格执行国家基本建设程序,实行"六制"。

随着人们对"人与自然和谐共处"的进一步深刻认识和理解,生态修复措施被提出并逐步实施。2000年11月,全国政协副主席钱正英在考察黄河中游水土保持工作时提到:"黄土高原地区生态建设中最大的问题是植被恢复问题,大面积植被恢复要靠退耕、禁牧、飞播等措施",自此提出了生态修复思路。2001年11月,水利部发出《关于加强封育保护,充分发挥生态自然修复能力,加快水土流失防治步伐的通知》,"开展水土保持生态修复"第一次以文件形式被正式提出。文件要求各单位进一步调整工作思路,因地制宜,为生态修复创造条件,采取措施,加大封育保护工作的力度。同年,黄河水利委员会黄河上中游地区启动实施了水土保持生态修复试点工程,探索水土保持生态修复模式和措施。2003年6月,水利部发布了《关于进一步加强水土保持生态修复工作的通知》,进一步对水土保持生态修复从认识、规划、政策、监管等方面进行了部署。同年,汪恕诚部长对水利部编制的《全国水土保持生态修复规划》(2004~2015年)做出批示:"生态自我修复和小流域综合治理一样,都是水土保持工作的重大举措,国家同样要给予资金和政策支持。生态自我修复这件事,要像退耕还林、退田还湖、退牧还草一样,研究制定出具体的实施办法,在各级政府领导下,有计划地组织实施"。黄土高原地区以生态修复为主的规模治理开启。

2010年12月,第十一届全国人民代表大会常务委员会第十八次会议通过了修订后的《中华人民共和国水土保持法》,文件总则第三条指出:水土保持工作实行预防为主、保护优先、全面规划、综合治理、因地制宜、突出重点、科学管理、注重效益的方针。水利部水土保持监测中心姜德文(2011)对新《中华人民共和国水土保持法》水土保持工作方针进行了进一步解读,即:"预防为主、保护优先"为第一个层次,体现了预防保护的地位和作用;"全面规划、综合治理"为第二个层次,体现了水土保持工作的全局性、综合性、长期性和重要性;"因地制宜、突出重点"为第三个层次,体现了水土保持措施要因地制宜,防治工作要突出重点;"科学管理、注重效益"为第四个层次,体现了对水土保持管理手段和水土保持工作效果的要求。

总的来说,相较于上一阶段,该阶段的水土保持政策做了两大调整:一是贯彻科学发展观,高度重视生态建设与生态修复工作;二是逐步把水土保持工程纳入国家基本建设程序管理(水利部等,2010);三是对水土保持工作的综合性、全面性和效益要求有所提高。

2.2.6.2　水土流失防治工作进展

1.水土保持法律法规体系进一步完善,水土保持监督管理实现规范化建设

1999年国家"退耕还林还草"工程开始实施后,一系列相关政策法规相继出台。2002年12月,经国务院第66次常务会议审议通过颁布《退耕还林条例》,规定了退耕还林实施规划、原则、资金和粮食补助、法律责任等。《国务院关于进一步做好退耕还林还草试点工作的若干意见》《国务院关于进一步完善退耕还林政策措施的若干意见》《国务院办公厅关于完善退耕还林粮食补助办法的通知》《国务院办公厅关于切实搞好"五个结合"进一步巩固退耕还林成果的通知》《国务院关于完善退耕还林政策的通知》等也先后出台。

2003年,随着淤地坝工程的加强开展,为强化水土保持工程建设管理,促进生态建设健康发展,根据国家基本建设规定,国家发改委、水利部联合发布了《水土保持工程建设管理办法》,对水土保持工程的项目投资、实施及管理等做了明确规定。同年,经水利部批准,《水土保持治沟骨干工程技术规范》《黄土高原适生灌木栽植规程》等行业标准正式颁发施行。2004年,国家进一步强化水土保持制度建设,提高重点建设项目管理水平,出台了《关于黄土高原地区淤地坝建设管理的指导意见》和《黄土高原地区水土保持淤地坝工程建设暂定管理办法》,两个文件明确了淤地坝建设原则、建设重点、运行管护等,提出黄土高原淤地坝建设应以黄河中游多沙粗沙区为重点,按小流域坝系组织实施,并加强和规范了淤地坝工程的建设管理。

这个阶段国家经济发展迅速,生产建设造成的水土流失加重,边治理边破坏、先治理后破坏的现象普遍存在。为遏制该现象,水利部又印发了《全国水土保持监测网络和信息系统建设项目管理办法》《水土保持重点工程公示制管理暂行规定》《关于进一步加强土地及矿产资源开发水土保持工作的通知》《关于加强大型开发建设项目水土保持监督检查工作的通知》等,进一步加大了对开发建设项目中水土流失防治工作的监督执法力度。

2010 年 12 月 25 日,第十一届全国人民代表大会常务委员会第十八次会议通过了修订后的《中华人民共和国水土保持法》,修订后的《水土保持法》在充分保留原有重要规定的基础上,适应新时期和今后一个时期我国经济社会发展和水土保持生态建设的新形势,对水土保持工作做出了更加全面和细致的规定,强化了 6 个方面的重点内容:一是强化了地方政府水土保持主体责任,二是强化了水土保持规划的法律地位,三是强化了水土保持预防保护制度,四是强化了水土保持方案管理制度,五是强化了水土保持补偿制度,六是强化了水土保持法律责任。至 2014 年底,全国已有 21 个省(区、市)依照新水土保持法出台了省级水土保持法实施办法(条例)。

2."退耕还林还草""封山禁牧"等生态修复工程启动,淤地坝建设工程加强开展

"退耕还林还草"生态修复工程启动背景及发展:1999 年 6 月,党中央指出改善生态环境,是西部地区开发建设必须首先研究和解决的一个重大课题,如果不努力使生态环境有一个明显的改善,在西部地区实现可持续发展的战略就会落空。1999 年 8 ~ 10 月,国务院主要领导先后视察陕西、云南、四川、甘肃、青海、宁夏 6 省(区),统筹考虑加快山区生态环境建设、实现可持续发展和解决粮食库存积压等多种目标,提出"退耕还林(草)、封山绿化、以粮代赈、个体承包"的政策措施。至此,通过退耕还林还草改善和保护生态环境的政策思路基本成熟。与此同时,20 世纪 90 年代中后期,我国综合国力明显提高,粮食供应出现阶段性、结构性供大于求,良好的形势为集中一部分财力、物力实施退耕还林还草奠定了坚实的经济基础。因而,党中央国务院于 1999 年在四川、陕西、甘肃 3 省率先开展试点,拉开中国退耕还林还草工程建设序幕。该工程分为 1999 ~ 2013 年的第一轮退耕还林还草和 2014 ~ 2019 年的第二轮退耕还林还草。据统计,1999 ~ 2010 年间,黄土高原退耕还林还草总面积达 11.80 万 km^2,占黄土高原总面积的 18.44%。其中,乔木林治理面积 4.45 万 km^2,主要分布在黄土高原中部、东部和南部地区;灌木林治理面积 4.25 万 km^2,主要分布在黄土高原西北部风蚀区和黄土丘陵沟壑区;经济林 1.44 万 km^2,主要分布在延安及以南地区;草地治理面积 1.66 万 km^2,主要分布在水蚀风蚀交错区沿线一带。

"封山禁牧"生态修复工程启动:漫山放牧、超载放牧是阻碍生态环境建设的重要因素。为了进一步加强和推进水土保持生态修复工作,保护和巩固退耕还林还草成果,全国尤其是黄土高原地区多省(区)于 21 世纪起逐步发布了封山禁牧的决定。如宁夏自治区于 2002 年 8 月在盐池县召开全区中部干旱带生态建设工作会议,做出了 2003 年 5 月 1 日前实现全区封山禁牧的战略决策;陕西省人民政府于 2003 年 3 月 10 日发布《关于实行封山禁牧的命令》,将榆林市、延安市、铜川市、咸阳市各县(区)的全部行政区域以及其他市(县)部分区域划分为封山禁牧管制区域。封山禁牧取得了良好的效果。李天跃和许立宏(2007)通过对宁夏盐池县、灵武市封山禁牧区进行连续调查分析,发现封山禁牧区 3 年后,样地植被覆盖率增加 28.3% ~ 42.3%,并呈现出随封育年限延长灌草密度和覆盖度稳步增加的趋势,天然草原逐步达到优良草原标准。

淤地坝建设工程加强开展:与淤地坝等工程措施相比,植被措施虽然有更好的水土保持效益和生态效益,但在黄土高原气候条件下要维持高植被覆盖度极为困难,且要考虑植

物需水与流域可供给平衡,因而在流域生态恢复前期,工程措施能为植物生长提供先行水保功能,创造植物生长环境,保障其正常发挥水土保持作用(卫伟等,2013;袁和第等,2021)。2003年11月,黄土高原淤地坝工程启动会暨黄河中游水土保持委员会第七次会议在太原市召开,水利部副部长鄂竟平出席会议并作了题为《搞好黄土高原淤地坝建设为全面建设小康社会提供保障》的讲话。随后,淤地坝被列为水利建设的重点工程,并根据2002年国务院批复的《黄河近期重点治理开发规划》组织编制完成了《黄土高原地区水土保持淤地坝规划》。根据规划,从2003~2010年期间,建设淤地坝6万座,建设完整的小流域坝系1 000条;2015年建设淤地坝10.7万座;2020年建设淤地坝16.3万座。建设范围涉及陕西、山西、内蒙古、甘肃、宁夏、青海、河南7省(区)的39条入黄支流(片)。这标志着黄土高原淤地坝建设进入了新的发展阶段。

3.小流域综合治理模式多元化、生态化、规模化

经过前阶段将近10年的发展期,以及中央政府1999年来通过退耕还林还草、淤地坝等工程建设的大力支持投资,小流域综合治理进入了前所未有的快速发展时期,水土保持工作形成了规模化防治格局。该阶段水土流失治理模式开始大量出现,变得多元而又极具个体特色,下面列举三个典型治理模式。

黄土高塬沟壑区基于径流调控利用的水土流失多元治理模式:黄土高塬沟壑区水土流失治理模式从20世纪50年代"三道防线"模式经90年代"生态农业+水土保持"的生态和经济耦合模式后,逐渐发展为基于径流调控利用的多元治理模式。该模式以区域水土流失规律和设计经济为出发点,以塬面的径流调控和高效利用为核心,以坡面的径流和泥沙调控为支撑,以沟道的径流调控为补充,最终构建从坡道沟完善的径流泥沙调控和利用体系,达到区域生态安全、粮食安全和可持续协调发展的水土流失综合治理目标(李怀有,2008;蔡强国等,2012)。

李怀有(2008)根据黄土高塬沟壑区塬、坡、沟、川四大地貌单元特点,总结出数个径流调控综合治理模式范式,分述如下:

针对黄土高塬沟壑区农业发展主战场——塬面提出了6种塬面径流调控利用模式,即:①村庄土路—砂石化—道路集雨—涝池蓄水—低压管灌系统,该模式主要结合村店砂石道路建设进行;②塬面集流槽或缓坡地—水平梯田—地埂栽黄花菜—保水保土耕作,该模式主要适宜专门从事农作物生产的农户;③庭院硬化—集雨—水窖蓄水—果园滴灌系统,该模式主要适宜果树专业户;④庭院硬化—集雨—水窖蓄水—暖棚养畜—沼气池—果园滴灌系统,该模式主要适宜既养畜又经营果园的农户;⑤庭院硬化—集雨—水窖蓄水—暖棚养畜—沼气池,该模式主要适宜种草养畜的农户;⑥胡同改道—封堵胡同—利用塬面低凹地、废弃机井、地坑院和胡同复垦地作为径流调蓄区—沟头修建涝池、沟边埝—修改汇水通道—杜绝塬面径流从沟头处下沟,该模式主要是在塬面划定径流调蓄区,阻断塬面汇水通道(李怀有,2008)。

针对陡峭、泻溜等重力侵蚀比较活跃的塬坡提出了5种径流泥沙调控利用模式,即:①坡面集雨—鱼鳞坑或水平阶整地—喜湿乔木纯林(如油松),该模式主要适宜阴坡;②坡面集雨—鱼鳞坑或水平阶整地—喜湿乔灌混交林(如油松和沙棘混交),该模式主要

适宜半阴坡;③坡面集雨—鱼鳞坑整地—抗旱灌木林(如狼牙刺),该模式主要适宜阳坡;④坡面集雨—鱼鳞坑或集蓄槽整地—抗旱乔灌混交林(侧柏和狼牙刺混交),该模式主要适宜半阳坡;⑤坡面集雨—水平阶整地—种植禾本科牧草,该模式主要适宜立地条件比较差的天然草地改良(李怀有,2008)。

针对水沙汇集地的沟道提出了 6 种径流泥沙调控利用模式,即:①泉水—小高抽提水—塬面水塔调蓄—管道输水—人畜饮水,该模式主要适宜流域中下游无机井地区解决人畜饮水难题;②泉水和坝库水—小高抽提水—塬面水塔调蓄—管道输水—果园节水灌溉系统,该模式主要适宜流域上中游果园补充灌溉问题;③柳谷坊—淤地坝—塘坝—养鱼或提水上塬灌溉菜园或果园,该模式主要适宜城市郊区的小流域;④柳谷坊—淤地坝—治沟骨干工程—沟坡防护林—沟床护岸林,该模式是适宜该区域的主要拦沙措施;⑤红土泻溜面—鱼鳞坑整地—灌木林(如沙棘),该模式主要针对沟谷红土泻溜面的治理措施(李怀有,2008)。

针对土地生产力较高的川道提出了 3 中径流泥沙调控利用模式,即:①川台地—水平梯田—移动管灌或喷灌设备—地膜覆盖—等高种植瓜菜,这是川道经济效益比较高的一种模式;②泉水或河川径流—小高抽提水—高位蓄水池—管道输水—人畜饮水,该模式主要解决人畜用水问题;③冲沟—修建淤地坝—坝顶做路—村庄道路砂石化—河沟建桥—道路边修建硬化排水沟,该模式主要解决冲沟侵蚀、道路侵蚀和交通困难问题(李怀有,2008)。

该模式在黄河水土保持生态工程齐家川示范区建设中得到了很好的推广应用。据统计,齐家川经过 6 年治理后,综合治理度由 46.53% 提高至 77.0%,林草覆盖率由 12.52% 提高至 35.56%;水土流失明显减轻,沟头前进和沟岸扩张得到根本控制;地表水利用率提高了 16%,地下水利用率提高了 19%;增加粮食产量 1.3 万 kg,2007 年人均收入由治理前的 1 716 元提高至 2 502 元,基本实现了人与自然和谐相处、生态社会经济协调发展的目标(蔡强国等,2012)。

黄土高原丘陵沟壑区(第一副区)基于泥沙拦蓄的水土流失综合治理模式:黄土高塬丘陵沟壑区主要治理目标是减少入黄泥沙,在此基础上发展新型产业,实现农、林、牧、副、渔全面发展。该区水土流失治理模式从 20 世纪“山顶戴帽子,坡上挂果子,山腰系带子,山下穿裙子,沟里穿靴子”的“梯层结构”模式,进一步发展为基于泥沙拦蓄的水土流失综合治理模式,两种模式均体现了节节拦蓄径流泥沙,合理利用土地和自然资源的原则,后者在生态修复方面更有所重视。具体地,在既是径流泥沙发源地又是优势农、牧业生产基地的沟间地,构建包括梯田化耕地(利用梯田集流节水农业技术,包括土壤培肥、雨水利用、农艺管理)、水保整地(鱼鳞坑、水平阶)、杏树沙棘柠条混交林及牧草防护带的体系,实现拦截径流、保持水土,把沟间地变成农业和果品生产基地;在坡度陡、水蚀和重力侵蚀严重的沟坡带,以造林(防护林带、经济林)发展径流林业、径流林草业,同时结合封禁,改善生态环境,拦截沟间地防护体系的剩余径流,固土护坡;在沟底本着“因地制宜、因害设防、变害为利”原则,从上游到下游,从支沟到毛沟逐节防护,即以淤地坝和骨干坝建设组成的拦沙蓄水防护工程体系,抬高侵蚀基准面,实现泥沙流而不失,再淤泥造田,发展基本农田(高产高效种植模式),提高单产,增加塘坝蓄水灌溉、养殖、解决生产用水,解决温饱和生活问题以促进梁峁坡治理措施的顺利开展(蔡强国等,2012)。

黄土高塬丘陵沟壑区(第三副区)基于资源承载力的生态经济多元发展型水土流失综合治理模式:该区主要特点是人口密度大(位于黄土高原丘陵沟壑区所有副区之首)、坡耕地面积大、水资源需求大,进而造成人地矛盾大。治理模式核心是优化土地利用格局、高效利用坡面径流,通过调水减沙获得生态效益、利用特色产业获得经济效益,最终达到区域生态安全、粮食安全和区域可持续协调发展(见图2-1;蔡强国等,2012)。

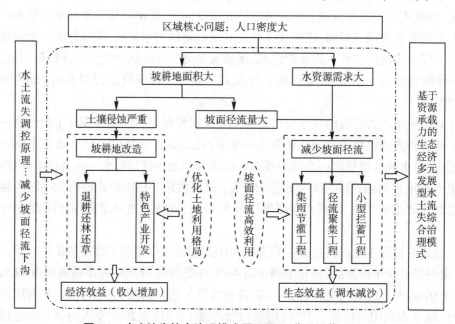

图 2-1　水土流失综合治理模式原理图 0(蔡强国等,2012)

以位于甘肃天水的罗玉沟流域为例,该流域实行工程措施、生物措施、管护措施一起抓,水利与水保相结合,从山顶到沟底层层设防、节节拦蓄,把治沟工程、基本农田、防护林、经果林建设和农耕措施有机融合,走综合利用水资源、保护生态环境和产业化经营的可持续发展之路。在治理中主要进行了"四大工程",即:通过连片修筑梯田建设以基本农田为主的"口粮"工程,缓解流域内粮食供应紧张问题;通过围绕"一沟两路"营造樱桃、酥梨、苹果等果品产业基地,建造以经果林为主的"产业"工程,提高经济收入;通过围绕"两带一片"实施乔灌草结合、植种和禁封结合的"生态防护工程",改善区域生态环境;通过地埂种植紫花苜蓿、红豆草等优质多年生牧草的"地埂经济"工程,提高土地利用率、增加经济收益(郑晓风和李海红,2009)。

2.2.7　基于国家生态文明建设的新时代(2012年至今)

退耕还林(草)等一系列生态修复工程以及淤地坝等沟道拦蓄工程的实施,使得黄土高原在控制水土流失、减少入黄泥沙等方面取得很大成效,然而植被水土保持功能低而不稳、生态产业发展不均衡、技术辐射与推广方式简单等新的问题也随之出现。

在此背景下,随着中国共产党第十八次全国代表大会(简称党的十八大)把生态文明建设作为统筹推进"五位一体"总体布局和协调推进"四个全面"战略布局的重要内容,"绿水青山就是金山银山""尊重自然、顺应自然、保护自然"等生态文明建设理念相继提出,黄河流域生态保护和高质量发展上升到国家重大战略,国家对黄土高原水土保持工作提出了更新、更高的要求,黄土高原水土保持工作迈上了一个全新的台阶。总体而言,黄土高原水土流失治理重心从上阶段的遏制面积扩张转向以生态功能提升为主(史志华等,2018)。

2.2.7.1　水土流失防治方针政策

现阶段我国水土保持工作方针以 2011 年修订颁布的《水土保持法》提出的"预防为主、保护优先、全面规划、综合治理、因地制宜、突出重点、科学管理、注重效益"为准。

2012 年 11 月,党的十八大提出大力推进生态文明建设,明确指出:"建设生态文明,是关系人民福祉、关乎民族未来的长远大计。面对资源约束趋紧、环境污染严重、生态系统退化的严峻形势,必须树立尊重自然、顺应自然、保护自然的生态文明理念,把生态文明建设放在突出地位,融入经济建设、政治建设、文化建设、社会建设各方面和全过程,努力建设美丽中国,实现中华民族永续发展"。生态文明建设被作为统筹推进"五位一体"总体布局和协调推进"四个全面"战略布局的重要内容。水土保持作为生态文明建设的重要内容之一,进一步得到了党和国家的高度重视。

2015 年 4 月,中共中央、国务院印发了《关于加快推进生态文明建设的意见》,指出要充分认识加快推进生态文明建设的极端重要性和紧迫性,切实增强责任感和使命感,牢固树立尊重自然、顺应自然、保护自然的理念,坚持绿水青山就是金山银山,加快形成人与自然和谐发展的现代化建设新格局,开创社会主义生态文明新时代。明确提出要保护和修复自然生态系统,加强水土保持,因地制宜推进小流域综合治理。

2015 年 10 月,国务院在同意《全国水土保持规划(2015—2030 年)》的批复中指出,要以全国水土保持区划为基础,全面实施预防保护,重点加强江河源头区、重要水源地和水蚀风蚀交错区水土流失预防,充分发挥自然修复作用;以小流域为单元开展综合治理,加强重点区域、坡耕地和侵蚀沟水土流失治理;要强化水土保持监督管理,完善水土保持监测体系,推进信息化建设,进一步提升科技水平,不断提高水土流失防治效果;要将水土保持知识纳入国民教育体系,强化宣传引导,加强社会监督,增强全民水土保持意识,有效控制人为水土流失。随后,水利部水土保持司司长刘震在解读《全国水土保持规划(2015—2030 年)》时进一步指出:西北黄土高原区重点是实施小流域综合治理,建设以梯田和淤地坝为核心的拦沙减沙体系,保障黄河下游安全。同时,发展农业特色产业,促进大面积生态自然修复,巩固退耕还林还草成果,保护和建设林草植被,防风固沙,控制沙漠南移。

2019 年 9 月,习近平总书记在河南郑州主持召开黄河流域生态保护和高质量发展座谈会上提出,要更加注重保护和治理的系统性、整体性、协同性;坚持山水林田湖草综合治理、系统治理、源头治理;坚持绿水青山就是金山银山的理念,坚持生态优先、绿色发展,以水而定、量水而行,因地制宜、分类施策。黄河流域生态保护和高质量发展上升为国家重大战略,习近平总书记的讲话为黄土高原水土流失防治指出了新路子、提出了新要求。

2.2.7.2　水土流失防治工作进展

1.新一轮退耕还林还草工程开启

按照退耕还林还草规划,2014年起实施新一轮退耕还林还草工程。2014年8月,经国务院同意,国家发展改革委、财政部、国家林业局、农业部、国土资源部联合印发《关于印发新一轮退耕还林还草总体方案的通知》。2015年12月,财政部等8部门联合下发《关于扩大新一轮退耕还林还草规模的通知》,要求将确需退耕还林还草的陡坡耕地基本农田调整为非基本农田,并认真研究在陡坡耕地梯田、重要水源地15°~25°坡耕地以及严重污染耕地退耕还林还草的需求。2018年印发《中共中央 国务院关于打赢脱贫攻坚战三年行动的指导意见》,文件要求加大贫困地区新一轮退耕还林还草支持力度。2019年国务院又批准扩大山西等11个省(区、市)贫困地区陡坡耕地、陡坡梯田、重要水源地15°~25°坡耕地、严重沙化耕地、严重污染耕地退耕还林还草规模2070万亩。新一轮退耕还林还草采取"自下而上、上下结合"的方式实施,即在农民自愿申报退耕还林还草任务基础上,中央核定各省总规模,并划拨补助资金到省,省级人民政府对退耕还林还草负总责。坚持四项原则:①农民自愿,政府引导;②尊重规律,因地制宜;③严格范围,稳步推进;④加强监管,确保质量。新一轮退耕还林还草的总规模已超过1亿亩。据统计,2014~2019年全国共实施新一轮退耕还林6150.6万亩,还草533.2万亩、宜林荒山荒地造林100万亩(国家林业和草原局,2020)。

2.小流域综合治理模式进一步强调生态系统韧性,保障生态-经济-社会可持续发展

黄土高原地区自1999年开始实施"退耕还林(草),绿化荒山,个体承包,以粮代赈"的生态退耕战略以来,水土流失防治成效取得重要进展。然而,该战略不可避免地对区域粮食生产产生了明显的负面影响。如何平衡退耕还林还草、粮食生产和城镇化快速发展的时空关系成为亟待解决的现实问题(刘彦随和李裕瑞,2017)。再者,随着我国经济社会的快速发展和综合国力的增强,国家对生态环境建设的重视程度也不断提升。在这种背景下,黄土高原水土流失防治模式在原有基础上进一步发展改进,更加强调生态系统韧性,在不同类型区逐步形成兼顾生态功能提升与民生改善的区域综合治理模式,促进生态-经济-社会可持续发展。下面列举三种典型治理模式。

黄土高原丘陵沟壑区"治沟造地"模式:在梁峁坡面多已退耕还林草、水土流失状况明显改善状况下,为满足粮食生产和城镇发展用地需求,进一步巩固退耕还林草成果,延安等地区率先开展了以闸沟造地为特点的沟道土地综合整治工程实践,简称"治沟造地"(周怀龙等,2012)。该工程以"增良田、保生态、惠民生"为主题,以"景观协调、结构稳固、利用持续、功能高效"为理念,以"山上退耕还林、山下治沟造地"为总布局,系统开展农地工程建设,实现退耕、林、田、坝、渠、路、排水、产业综合开发。在工程要素层面强调"干-支-毛"分层防控、"渠-堤-坝"系统配套、"乔-灌-草"科学搭配,在利用要素层面强调"坡-沟-川"协同推进,"田-林-路"科学布设,"人-地-业"综合考量。具体地,梁顶上以耐旱的灌木和乔木种如柠条、沙棘、侧柏等构建防护林,为保证造林存活率选择搭配鱼鳞坑、水平阶等整地措施。坡面治理以全坡面生态恢复为主,构建植被防护体系,在陡峭、破

碎的坡面规模种植草灌以加固坡面;在坡度较缓、连贯的坡面开展水平阶造林,充分发挥乔木保水固土能力。沟道中构建"干-支-毛"坝地系统,层层拦蓄防控。主沟道两侧以及特殊陡峭部位采取分级削坡填沟以稳固边坡和增加耕地面积。同时,通过在沟道中修建排洪渠、溢洪道、边坡修建截排水沟等构建防洪系统,增强区域的抗洪能力,协调提升流域治理措施拦、蓄、排、灌的能力,实现坝地农业的高产稳产(刘彦随和李裕瑞,2017;袁和第等,2021)。

袁和第等(2021)总结到,该模式主要以解决生态修复中出现的人地矛盾为核心,模式中既包含对生态建设成果的保护,又保证了耕地面积,同时平阔肥沃的坝地有极大的耕作便利性,是"两山精神"的体现,也是新时代脱贫攻坚和生态建设等要求指导下的成功经验。模式对拥有良好前期治理基础、以农业开发为主的流域较为适用。

黄土高原丘陵沟壑区"水土保持+特色农业"模式:以位于黄土高原丘陵沟壑区第三副区的甘肃省天水市罗玉沟流域为例,该区沟深坡陡,属典型的黄土梁状地貌,区内人口密度较大,人地矛盾严峻,治理前期基本是掠夺式经营。在几十年的治理过程中,该区积极利用当地优势条件协调发展与生态建设的关系,逐步形成以梯田利用为主的特色果业开发模式,使流域内低值林草农向高值果蔬类转移,促进区域内人口、资源、环境协调发展。水土流失治理方针为"护梁、保坡、固沟",梁峁地采用保护性拦蓄措施,山腰坡地采用治理侵蚀的蓄、引、拦措施,沟道采用提高抗蚀能力的固岸、固底、固坡的导、拦、引固沟措施。具体地,梁上,在梁峁顶布设刺槐+油松、油松+沙棘、刺槐+沙棘混交等防护林带,防风固沙;顶部梁坡修建水平梯田,进行基本农田建设;梁边处结合道路及村庄情况布设防冲滞流林带,防治水沙下泄,为梁峁坡上果园等产业的发展创造良好的生态环境。梁峁坡上,根据"因地制宜,因害设防,综合利用,为农业生产服务"思路,把保持水土同合理开发利用土地、提高效益、改善生态环境统一起来,兴建"坡改梯"工程(梯田化面积为43.4 km²,占流域总面积的58.35%),加强降雨就地入渗,并在梯田上将经济林果措施作为建设的主导产业和重点内容。流域气候适中、光照时间长,是黄土高原最适合发展果树种植的区域之一,多年来通过营造梯田种植体系,构建了大樱桃、苹果、核桃等特色林果基地。种植措施上利用起垄覆膜、果实套袋、合理间作套种、抗旱保墙、病虫害综合防控、改良土壤等高新技术,提高产果质量和经济收入。以坡改梯为主的温饱工程和以经济林果为主的富民工程已成为罗玉沟流域的支柱产业,为农民持续增收奠定了基础。流域沟道比降大、深切狭窄,在沟道治理上选择防治效果较好、工程量较小的中小型拦蓄工程,同时在沟头、沟道两侧、沟底种植沟道防护林,结合植物措施控制沟头前进、沟岸扩张和沟道下切。模式有效地改善了流域经济收入,为解决流域人口、资源、环境矛盾,提供了开发和治理思路(张琳玲,2012;安乐平等,2021;袁和第等,2021)。

黄土高原水蚀风蚀交错带煤矿产业发达区"水土保持+生态经济"模式:以位于晋陕蒙风蚀水蚀交错带的陕西省神木市六道沟流域为例,该区草地沙化、土壤退化严重,属典型的盖沙黄土丘陵地貌。该区因煤矿产业丰富,当地居民经济条件较好,对耕地面积需求不是很强烈。在经历过"三北防护林""退耕还林还草"等工程之后,一些研究者提出该区应进一步优化植被结构,宜多植草灌,减少高耗水的乔木种植数量(王力等,2009)。在此情势下,六道沟小流域逐渐形成了"植草灌防蚀固沙、留优田高产稳产,绿化法制协力推动矿区生态环境建设"的综合治理模式。具体地,在盖沙黄土区,于地势平坦、水分条件较好处构建防风固沙林,于坡度较陡、水分较差处采取沙障防蚀固沙;坡面植被防护体系构建上,于撂荒和退化草地上设水平沟种植草灌,主要采用灌、草间作增加草被覆盖度,于坡度较缓的长坡面上兴修梯田,但仅保留条件较好、离村庄较近的梯田作为农用耕地,其余皆用作生态恢复;煤矿开发区治理主要以矿区修复和园区绿化为主,重点是加强对工矿生态化开发的法制管理;沟道治理主要是建设塘坝和淤地坝,合理搭配沟道防护林,同时坝地作为农田,满足当地基本粮食需求。由于六道沟小流域依靠天然煤矿资源优势发展了高红利的煤矿业,所以当地农民普遍拥有良好的经济基础,对精细化的果树管理、梯田种植、措施维护和后续配套保障体系实施的热情和投入较少,农田经营多粗放化。因而该流域的农田建设在布设上应少而精,多设在地势平坦的坡面或坝地上,实现高效农业的构建。通过多年的生产实践,该区目前耕地占比3.22%,果园占比0.94%,乔木占比19.55%,灌木占比28.85%,草地占比36.84%,建设用地及道路占比6.68%,水库、塘坝等水域及水利措施用地占比3.92%,形成了以治理促发展、以发展保治理的流域发展方向(袁和第等,2021)。

此外,刘国彬等(2016)根据长期实践,同样认为"考虑自然–经济–社会协调发展才是脆弱区生态恢复的可持续性的坚实保障"。以有效防治水土流失的植被群落构建为核心,以生态产业发展为突破口,围绕群落优化–综合防治生态产业–资源与产业耦合主线,根据黄土高原生态环境格局和生态衍生产业发展潜力,建立了具有区域特色的水土保持和生态产业协同发展耦合模式。具体地,针对不同类型区水土流失特点和植被结构不合理等问题,提出了以区域资源承载力为核心的林草植被建设以及退化植被改造的技术标准和调控途径;针对不同类型区生态产业技术薄弱等问题,提出了以水土保持–经济协调发展为目标的水土资源管理和提质增效技术;以流域生态经济系统协同发展和流域生态服务功能提升为核心,提出了流域设计原则和方法,明确不同类型区景观格局优化配置技术;以水土保持技术综合化、系统化和可持续性为核心,提出了不同类型区水土流失综合治理技术与模式,促进了区域生态功能的全面提升。

2.3　黄土高原水土流失防治成效

百年来,在党和国家的领导和大力支持下,广大人民群众在黄土高原开展了一系列开创性的水土保持工作,为全国水土保持全面开展进行了积极、有益的探索,积累了丰富的经验,黄土高原水土流失防治取得了举世瞩目的成效。

2.3.1　林草植被覆盖逐步增加,区域主色调由"黄"变"绿"

20世纪20年代至今近100年来,"披上绿衣裳"一直是黄土高原地区水土流失防治的重要内容。在中华人民共和国成立前,因大多农业广种薄收、人们对水土保持认识不足,乱垦滥伐现象严重,植被建设取得效益不高;中华人民共和国成立后,基本农

田建设保证了农民的整体生产和增产增收,为植被建设奠定了基础;1999 年以来,随着
"三北"防护林工程、退耕还林(草)、生态修复工程等一大批水土保持生态建设重点工
程的实施,梯田、造林、种草面积显著增加。尤其是 2001 年以后,黄土高原各省(区)结
合国家退耕还林还草工程的实施,又先后下达了更为严格的封山禁牧、育林育草的政
府令,全面推行设施养羊的养殖模式与技术,对提高黄土高原地区植被覆盖率起到了
很大作用。以陕西省为例,自 1978 年启动"三北"防护林建设、1999 年起开展退耕还林
(草)等工程以来,该省植被持续上升,据相关报道,陕西省的绿色版图与 1977 年相比
向北推进了 400 多 km。

　　总体而言,黄土高原林草覆盖度在 20 世纪 80 年代总体不到 20%,到 20 世纪末(1999
年)增加至 32%,截至 2018 年增加到 63%,主色调渐次由"黄"变绿,生态环境呈现出"总
体改善,局部好转"的向好趋势。

2.3.2　土壤侵蚀强度显著降低,水土流失面积减少

　　根据黄土高原各类型区在不同治理阶段(1955~1969 年、1970~1989 年、1990~2009
年)年侵蚀强度统计(见表 2-1),全流域 1955~1969 年侵蚀强度为 7 013.1 t/(km^2·a),
1970~1989 年侵蚀强度降至 4 327.6 t/(km^2·a),较前一阶段减少了 38.3%;1990~2009
年侵蚀强度为 2 666.2 t/(km^2·a),较 1955~1969 年少了 62.0%,其中退耕还林(草)后的
2000—2009 年侵蚀强度为 1 598.2 t/(km^2·a),较 1955~1969 年少了 77.2%。总体来看,
全流域经过几十年治理,黄土高原各类型区土壤侵蚀强度均发生明显降低,其中黄土山麓
丘陵沟壑区减幅最大(王万忠和焦菊英,2018)。

表 2-1　黄土高原各类型区不同治理阶段年均侵蚀强度变化(王万忠和焦菊英,2018)

类型区	面积/ km²	不同治理阶段年均侵蚀 强度/[t/(km²·a)]				较 1955~1969 年 阶段减幅/%		
		1955~ 1969 年	1970~ 1989 年	1990~ 2009 年	2000~ 2009 年	1970~ 1989 年	1990~ 2009 年	2000~ 2009 年
黄土平岗丘陵沟壑区	26 191.1	6 258.6	4 160.0	1 284.4	631.3	36.3	80.3	90.3
黄土峁状丘陵沟壑区	41 054.6	13 670.1	6 561.8	5 146.1	2 876.0	52.0	62.4	79.0
黄土梁状丘陵沟壑区	25 240.1	8 610.5	5 672.5	2 225.6	1 552.7	34.1	74.2	82.0
黄土山麓丘陵沟壑区	4 573.9	6 892.6	2 838.8	1 043.0	1 126.7	58.8	84.9	83.7
干旱黄土丘陵沟壑区	35 626.8	9 777.6	6 932.8	5 122.6	3 023.3	29.1	47.6	69.1
风沙黄土丘陵沟壑区	10 544.4	6 347.3	3 443.3	1 312.3	648.1	45.8	79.3	89.8
森林黄土丘陵沟壑区	15 527.9	345.0	292.7	325.5	220.0	15.1	5.7	36.2
黄土高塬沟壑区	26 297.6	6 835.4	4 998.4	3 432.3	2 474.2	26.9	49.8	63.8

续表 2-1

类型区	面积/km²	不同治理阶段年均侵蚀强度/[t/(km²·a)]				较 1955~1969 年阶段减幅/%		
		1955~1969 年	1970~1989 年	1990~2009 年	2000~2009 年	1970~1989 年	1990~2009 年	2000~2009 年
黄土残塬沟壑区	4 205.6	13 384.9	6 472.8	6 945.8	3 795.4	51.6	48.1	71.6
黄土阶地区	10 832.0	2 822.2	2 171.2	1 613.3	1 247.5	23.1	42.8	55.8
风沙草原区	23 024.1	2 871.8	2 705.4	740.6	151.9	5.8	74.2	94.7
高原土石山区	26 285.5	557.1	474.3	140.3	138.2	14.9	74.8	75.2
合计	249 403.6	7 013.1	4 327.6	2 666.2	1 598.2	38.3	62.0	77.2

强度侵蚀区面积的变化是衡量水土流失治理效果的一个重要的指标。根据黄土高原各类型区在不同治理阶段(1955~1969 年、1970~1989 年、1990~2009 年)年侵蚀强度和强度以上侵蚀[≥5 000 t/(km²·a)]统计,全流域 1955~1969 年强度侵蚀面积为 13.03 万 km²,1970~1989 年强度侵蚀面积降至约 9.17 万 km²,较前一阶段减少了 43.1%;1990~2009 年强度侵蚀面积约为 4.92 km²,较 1955~1969 年少了 62.2%,其中退耕还林(草)后的 2000~2009 年强度侵蚀面积为 1.04 km²,较 1955~1969 年少了 92.0%。由此得出,50 多年来黄土高原各类型区强度侵蚀面积急剧降低,尤其是 2000 年退耕还林(草)等工程实施后,有 5 个类型区内实现强度侵蚀面积为 0(王万忠和焦菊英,2018)。

黄土高原地区水土流失面积也逐渐减小。根据 20 世纪 90 年代中期(1995~1996 年)全国第二次土壤侵蚀遥感普查结果、2011 年第一次全国水利普查结果和 2019 年全国水土流失动态监测结果,黄土高原水土流失面积从 20 世纪 90 年代的 42.16 万 km² 减至 26.62 万 km²,到 2019 年水土流失面积进一步降至 21.01 万 km²,20 多年时间里黄土高原地区水土流失面积降低了将近 50%。

2.3.3 蓄水保土效果日趋明显,洪涝灾害强度及风险降低

根据黄土高原潼关站 1919~2018 年的水沙实测资料,黄河年平均径流量从 1919~1959 年的 426.4 亿 m³/a(处于第一"萌芽起步"和第二"探索治理"阶段)减少到 1960~1986 年的 399.4 亿 m³/a(第三"重点治理与缓慢发展"阶段),再减至 1987~1999 年的 261.6 亿 m³/a(第四"小流域综合治理"和第五"法制建设和预防为主"阶段),现减至 2000~2018 年的 236.4 亿 m³/a(第六"生态修复"和第七"生态文明建设新时代"阶段),近 100 年年平均径流量减少约 45%。与此同时,黄河年输沙量从 1919~1959 年的 16.00 亿 t/a 减少到 1960~1986 年的 12.10 亿 t/a,再减至 1987~1999 年的 8.10 亿 t/a,现减至 2000~2018 年的 2.48 亿 t/a,近 100 年年输沙量减少约 84.5%(见图 2-2)。

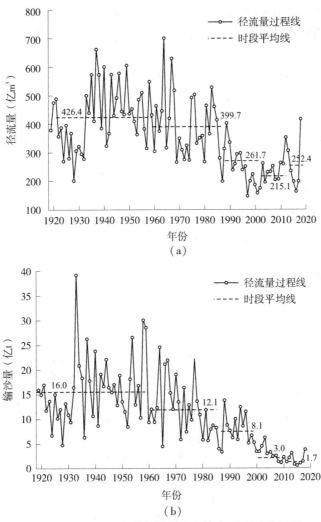

图 2-2　1919~2018 年黄河潼关水文站水、沙量变化过程
(胡春宏和张晓明,2019)

　　具体地,在 1960~1986 年期间,基本建设农田大力修建、中小型淤地坝等水土保持工程措施的逐步实施,提高了蓄水保土能力和减沙拦沙效果,水量和沙量相比 1919~1959 年分别减少 6% 与 24%。1987~1999 年期间,随着小流域综合治理的水土流失防治理念的提出、治沟骨干等重点工程的实施以及水土保持工作步入法制化轨道,该区蓄水保土、减沙拦沙效果进一步明显,水量和沙量比 1919~1959 年分别减少 39% 与 49%;2000~2018 年期间,退耕还林(草)、封山禁牧、淤地坝坝系工程和坡改梯等水土保持及生态建设推进力度大,水量和沙量锐减(胡春宏和张晓明,2020)。

　　与此同时,据统计,潼关站 2000~2018 年汛期日平均流量大于 2 000 m³/s 出现的年平均天数由 1960~1986 年的 58 d 减少为 14 d 左右,相应水量占汛期水量的比例由 1960~1986 年的 71% 减少为 30%。自 20 世纪 80 年代末期以来,中游中常洪水发生次数明显减少,潼关站水量在 3 000 m³/s 和 6 000 m³/s 以上发生的次数由 1987 年以前的年均 5.5 次和 1.3 次减少为 1987~1999 年的年均 2.8 次和 0.3 次,2000 年以来水量 3 000 m³/s 以上仅年均 1.2

次,中游及下游地区洪涝风险降低。此外,2000年后花园口站以下下游河道由累积淤积泥沙48.2亿t变为累积冲刷泥沙29.4亿t,下游平滩流量由1960年代初的约8 000 m³/s下降到1999年的2 000 m³/s,通过2002年以来小浪底水库的调水调沙,下游河道平滩流量恢复到4 300 m³/s左右。2000年以后,由于黄土高原地区水土保持建设成效显著,特别是小浪底水库直接拦沙约45亿t,使下游河道由淤积转为冲刷,过流能力加大、洪水位下降、游荡性变弱,下游河势总体向好,洪涝风险降低(胡春宏和张晓明,2020)。

2.3.4　促进农村经济结构调整,区域社会经济效益提高

百年来,黄土高原地区开展实施了一系列如基本农田建设、淤地坝建设、治理与开发相结合的小流域综合治理、"三北"防护林工程、退耕还林(草)工程等,这些工程的实施不仅起到了保水保土效果,更是促进了高产稳产基本农田、经济园林和水土保持林草建设,为发展优质高效农林产业结构调整奠定了基础,使过去单一的粮食生产经济结构,转变为农、林、牧、副多种经营,发展了农村经济,增加了农民收入,保证了粮食的自给甚至对外销售(水利部等,2010)。

以素有"苦瘠甲天下"之称的甘肃定西为例,在被列为全国水土保持重点治理区后,定西从改变农业生产基础条件和生态环境入手,以小流域为单元,开展连片综合治理,逐步走出一条旱作高效生态循环农业的发展道路。据统计,截至目前,全区已累计治理水土流失面积2 600 km²,建成各类淤地坝156座,形成较为完整的小流域坝系6条,水土流失治理程度达到78.64%,不仅水土流失得到有效防治,而且打通了生产生活道路,改善了生产条件。通过"山顶戴帽子、山腰系带子、山坡穿裙子、山底穿靴子"的水土流失综合防治体系和水土资源利用体系建设,将导致水土流失的降雨径流变为调整产业结构的有效水资源,将低效劣质的侵蚀土地改造为高效优质的农、林、牧业用地,极大地提高了水土资源的利用率和土地产出率。据测算,全区现有梯田在正常年景每年的粮食增产可达到12.5万t,以每人每年350 kg口粮计算,可解决35.7万人一年的基本口粮。与此同时,安定区大规模推进水保生态建设为调整产业结构、培育特色产业、促进产业转型富民搭建平台。一是通过"梯田建设+深松深耕+黑膜覆盖+脱毒种薯+配方施肥+病虫害防治=增产增收"的生产模式种植马铃薯,实现了良种全覆盖、产加销一条龙、贸工农一体化的发展格局,极大推动了马铃薯产业转型增效发展,使马铃薯产业成为引领区域经济的战略性主导产业;二是依托退耕还林,以苜蓿和秸秆为草业资源,以草定畜、以畜促草,大力实施"规模养殖、母畜扩群、秸秆利用、畜禽良种、畜产品安全"五大工程,通过圈舍改建、良种引进、舍饲养殖、青贮氨化、农村沼气等配套实施,形成了种草养畜-建设沼气-沼渣肥田-增产增收-改善环境"的生态经济良性循环发展模式,最终实现畜草产业内生循环发展;三是打造"安定技工"劳务品牌,实现了由劳力型向技能型、分散型向组织输转型的转变,全区年输转劳动力稳定在11万人次以上,年创劳务收入15亿元以上,形成劳务资金-产业投资-改善环境-富裕劳动力-外出务工"的良性循环发展道路。黄土高原典型水土流失治理区——定西的成功实践证明,保水土、保生态就是保发展,水土流失治理是黄河流域干旱贫困山区乡村振兴的重要基础,也是实现生态经济系统良性循环的重要途径(燕星宇,2021)。黄土高原地区有千百个像定西这样的地方,在一代代领导人大力支持、科研单位协作攻关、老百姓全民参与下,实现了山川秀美、全民富裕。

第3章 黄土高原水土流失生态治理技术识别挖掘

3.1 生态治理技术识别挖掘的依据和原则

3.1.1 识别挖掘的依据

全球生态系统退化已是威胁人类生存与发展的主要环境问题,生态治理技术在治理与恢复生态系统健康方面发挥了至关重要的作用。在与生态系统退化漫长的斗争过程中,人类积累了大量的生态系统退化防治技术。对现有生态治理技术的识别和挖掘对未来生态治理工作是非常必要的。黄土高原历来水土流失严重,形成了众多有别于其他生态系统退化类型的防治水土流失的生态治理技术,对其系统梳理可为黄土高原生态环境保护和高质量发展提供技术支撑。黄土高原水土流失生态技术识别挖掘主要有以知网、万方、维普、Webof Science、Elsevier SD 及 Engineering Village 等中英文数据库为基础,通过相应的检索词,查找汇总识别各种在黄土高原水土流失治理过程中出现的生态治理技术,主要依据已发表的相关文献和书籍,生态环境治理相关技术标准、规范,农业、林业、国土等其他部门的相关规范标准,并查找相关重大研究成果的资料进行归类和汇总,明确措施类型的描述、技术应用条件、治理效益和适用范围。

3.1.2 识别挖掘的原则

在生态治理技术识别过程中,要坚持人与自然和谐共生,坚持绿水青山就是金山银山,坚持良好的生态环境是最普惠的民生福祉,坚持山水林田湖是生命共同体,坚持用最严格制度最严密法制保护生态环境,坚持共谋生态文明建设,生态治理技术可为生态环境保护和高质量发展提供支撑。

生态技术的识别以技术的成熟度、适应性、群众满意程度等来作为识别的生态技术的一个基本原则。水土流失综合治理以小流域(或片区)为单元,根据水土流失防治、生态建设及经济社会发展需求,统筹山、水、田、林、路、渠、村进行总体布置,做到坡面与沟道、上游与下游、治理与利用、植物与工程、生态与经济兼顾,使各类措施相互配合,发挥综合效益。

生态治理技术应具有独立性,各种生态治理技术应有明确的定位和功能,能够相互区分,定义清晰,功能明显,避免重叠、交差现象。生态治理技术应应具有可操作性,易于掌握,便于操作,生态效益或经济效益明显。生态治理技术应有一定的应用范围和效益,在某些区域内产生明显的作用,限制性较少,可推广性强。

3.2　黄土高原水土流失生态治理技术库

3.2.1　黄土高原生态治理技术类型

生态环境治理技术是指对自然因素和人为活动造成水土流失所采取的预防和治理措施,为防治水土流失,保护、改良与合理利用水土资源,改善生态环境所采取的工程、生物和耕作等技术措施与管理措施的总称。

根据黄土高原水土流失和土地退化类型,分析评价水土流失、退化生态系统等生态退化类型成因和特点,找出生态治理与恢复技术类型,分析这些技术配置的生态环境与经济社会背景,总结提炼出甄别、筛选生态技术群的技术和方法体系。根据黄土高原生态治理措施特性将生态技术分为:工程措施、生物措施(或称植物措施)和耕作措施三大类。治理中三类措施都要采用,称为综合措施。

3.2.1.1　工程措施

为防治水土流失危害,保护和合理利用水土资源而修筑的各项工程设施,包括治坡工程(各类梯田、台地、水平沟、鱼鳞坑等)、治沟工程(如淤地坝、拦沙坝、谷坊、沟头防护等)和小型水利工程(如水池、水窖、排水系统和灌溉系统等)。

主要有以坡改梯和坡面水系工程为主要形式的坡耕地治理措施、以谷坊和拦砂坝为主要形式的沟道治理工程措施,以沙障控制风沙流动的方向、速度、结构、改变蚀积状况的防风固沙措施,以防止沟头前进、沟岸扩张、沟床下切的沟头防护工程;为拦蓄地表径流,为雨水集蓄利用工程的"水源地"或"水源工程"的小型水利工程;以减少灌溉渠系(管道)输水过程中的水量蒸发与渗漏损失、提高农田灌溉水的利用率的节水灌溉技术,为防止山洪及泥石流冲刷与淤积灾害而修筑的山洪排导工程等。

3.2.1.2　生物措施

为防治水土流失,保护与合理利用水土资源,采取造林种草及管护的方法,增加植被覆盖率,维护和提高土地生产力的一种水土保持措施,又称植物措施。主要包括造林、种草和封山育林、育草,保土蓄水,改良土壤,提高土壤有机质含量,增强土壤抗蚀力等措施。

3.2.1.3　耕作措施

以改变坡面微小地形,增加植被覆盖度或增强土壤抗蚀力等方法,保土蓄水,改良土壤,以提高农业生产的技术措施。农业技术措施主要包括等高耕作、等高沟垄种植、格网式垄作、大横坡+小顺坡、边沟背沟、聚土免耕、间作套种、轮作、深耕密植、覆盖栽培、林下种植、粮经果复合垄作、免耕少耕、秸秆还田、抽槽聚肥等技术。

3.2.2　黄土高原生态技术库

在全国生态建设重点工程实施的基础上,结合黄土高原水土保持监测数据、水土流失普查数据、各种文献及统计分析等方法,通过典型考察和综合分析,总结提炼出黄土高原生态修复建设的生态治理技术。在海量资料的基础上,以具体措施功能为导向,以相关逻辑关系为线索,从小流域尺度到坡面工程,从大到小,依次递进,对已有的生态治理措施进行整合和分类,形成黄土高原的生态治理技术框架,构建较为全面、系统的黄土高原水土流失生态治理技术体系。生态治理技术框架具有 3 个一级分类、21 个二级分类、75 个三级分类、390 个四级分类,具体分类见表 3-1。

表 3-1　黄土高原生态治理技术库

一级	二级	三级	四级
水土保持工程措施	坡面工程	坡面固定工程	混凝土挡土墙
			钢筋混凝土挡土墙
			石砌挡土墙
			重力式挡土墙
			半重力式挡土墙
			抗滑挡土墙
			排水工程
			反压填土
			落石防护工程
		梯田	水平梯田
			坡式梯田
			反坡梯田
			复式梯田
			隔坡梯田
			植物坎梯田
			土坎梯田
			农用梯田
			果园梯田
			造林梯田
			人工梯田
			石坎梯田
		沟头防护工程	沟埂式
			池埂结合式
			排水式
			分段蓄水式
		坡面治理工程	地埂
			截水沟

续表 3-1

一级	二级	三级	四级
水土保持工程措施	坡面工程	坡面治理工程	水簸箕
			节水坑
			水平沟
			鱼鳞坑
			山边沟
			水柜
			水平阶
		坡面防护工程	种草
			平铺草皮
			造林
			坡面夯实
			干砌石防护
			浆砌石骨架护坡
			浆砌石护墙
			浆砌石防护
		斜坡防护工程	削坡开级
			综合护坡
			混凝土护坡
			砌石护坡
		滑坡防治	绕避滑坡
			削坡减重和反压
			排水
			抗滑桩
			坡面整平
			抗滑杆加固
			抗滑挡墙
			裂缝夯填
	沟道工程	支毛沟治理工程	堡带
			削坡
			秸秆填沟
			暗管排水

续表 3-1

一级	二级	三级	四级
水土保持工程措施	沟道工程	淤地坝	土坝
			碾压坝
			水坠坝
			心墙坝
			石坝
			土石混合坝
			干砌石坝
			浆砌石坝
			缓洪骨干坝
			拦泥生产坝
		谷坊工程	土谷坊
			石谷坊
			石笼谷坊
			干砌石谷坊
			枝梢(梢柴)谷坊
			插柳谷坊
			浆砌石谷坊
			混凝土谷坊
			钢料谷坊
			钢筋混凝土谷坊
		沟滩地改造	条田改造
			川台地改造
			水地改造
			沟滩地改造
		拦砂坝	浆砌石重力坝
			干砌石坝
			混凝土及浆砌石拱坝
			土坝
			钢筋混凝土板支墩坝
	小型水利工程	水库工程	坝系水库
			沟道水库

续表 3-1

一级	二级	三级	四级
水土保持工程措施	小型水利工程	集雨场	混凝土集雨场
			水泥机瓦集雨场
			青瓦屋面集雨场
			塑料薄膜集雨场
			三七灰土集雨场
			水泥土集雨场
			原土夯实集雨场
		水窖	井窖
			窑窖
			竖井式圆弧形混凝土水窖
			隧洞形浆砌石水窖
		沉沙池	水窖沉沙池
			道路沉沙池
			其他水利建筑物沉沙池
		蓄水池	土池
			三合土池
			钢筋混凝土池
			封闭式池
			开敞式池
			圆形蓄水池
			矩形蓄水池
			砖蓄水池
			浆砌石蓄水池
			混凝土蓄水池
		涝池	圆形涝池
			矩形涝池
			椭圆形涝池
	工程固沙	洪沙利用	渠首坝闸
			引洪渠
			输水渠
			田块围埝

续表 3-1

一级	二级	三级	四级
水土保持工程措施	工程固沙	洪沙利用	串联式淤灌农田
			并联式淤灌农田
			混合式淤灌农田
			治碱改土
		沙障工程	高立式沙障
			低立式沙障
			半隐蔽式沙障
			隐蔽式沙障
		引水拉沙造田	引水渠
			蓄水池
			冲沙壕
			围埝
			排水口
		引水拉沙治河造田	潜水堤
			非潜水堤
			引水放淤
		引水拉沙修渠	高沙畔地形修渠
			大沙梁地形修渠
			小沙湾地形修渠
		引水拉沙筑坝	水力充填坝
			泥浆坝
			拉沙坝
			均质土坝
		引水治沙	引洪灌溉
			引洪滞沙
	拦渣工程	拦渣坝	土坝
			干砌石坝
			浆砌石重力坝
		拦渣墙	浆砌石拦渣墙
			混凝土拦渣墙
			钢筋石拦渣墙

续表 3-1

一级	二级	三级	四级
水土保持工程措施	拦渣工程	拦渣墙	干砌石拦渣墙
		拦渣堤	浆砌石堤
			混凝土堤
			钢筋石笼堤
			干砌石堤
	河道工程	河道整治工程	弯曲形整治
			直线形整治
			绕山形整治
		改河造地工程	河道截弯造地
			束河造地
			堵叉造地
		改河造地建筑	明渠
			顺坝
			锁坝
			护底坝
			格坝
		垫土造地	人工垫土造地
			引洪漫淤垫土造地
			水力充填垫土造地
	节水灌溉		低压管灌
			滴灌
			喷灌
			微灌
			渗灌
			膜上灌
			膜下灌
			渠道防渗
	山洪排导工程		排水沟
			截水沟
			排洪渠
			排洪涵洞

续表 3-1

一级	二级	三级	四级
水土保持生物措施	林业措施	山洪排导工程	泥石流排导工程
			防洪堤
		水土保持林	分水岭防护林
			护坡林
			梯田地埂防护林
			侵蚀沟道防护林
			护岸护滩林
			石质山地沟道造林
			护坡薪炭林
			坡地果园
		水源涵养林	源区水源涵养林
			岸线水源涵养林
			库区水源涵养林
			饮用水源地保护林
		防风固沙林	紧密结构防风固沙林
			透风结构防风固沙林
			疏透结构防风固沙林
		农田防护林	紧密结构农田防护林
			透风结构农田防护林
			疏透结构农田防护林
		水土保持用材林	乔、灌带状混交
			乔、灌木行间混交
			结合农林间作
		薪炭林	矮林作业
			头木作业
			中林作业
			乔林作业
		坡面水土保持林	乔、灌带状混交
			乔、灌木行间混交
		护坡薪炭林	纯林
			混交林

续表 3-1

一级	二级	三级	四级
水土保持生物措施	林业措施	植物篱	灌木带
			宽草带
			乔灌草带
			灌木林网
		沟道防冲林	全面造林
			带状造林
		岸域水土保持林	河川护岸林
			河川护滩林
			水库防浪林
			水库防风林
			水库防蚀林
			渠道防护林
			坝头绿化林
			水库库岸防护林
			溢洪道周边绿化林
		经济林	果实种子类经济林
			树木浆液类经济林
			树皮类经济林
			树叶类经济林
			树木枝条经济林
		丘陵区水土保持林	梁峁顶防护林
			梁峁顶水土保持林
			梯田埂坎防护林
			沟边防护林
			沟头防护林
			沟坡水土保持林
			沟底防冲林
			水库防护林
		土质沟道防护林	沟边防护林
			沟头防护林
			沟坡水土保持林

续表 3-1

一级	二级	三级	四级
水土保持生物措施	林业措施	土质沟道防护林	沟底防护林
		石质沟道水土保持林	集水区水土保持林
			流过区水土保持林
			沉积区水土保持林
		地埂防护林	水平梯田地埂
			坡式梯田地埂
			隔坡梯田地埂
			坡地生物地坎
			坡地石埂地坎
	人工种草		刈割型
			放牧型
			放牧兼刈割型
			疏林地下林种草
	整地工程	全面整地	全垦加大穴整地
			全垦作梯加大穴整地
		局部整地	水平阶整地
			水平沟整地
			带状整地
			水平犁沟整地
			高垄整地
			撩壕整地
			鱼鳞坑
			大坑整地
	造林	植苗造林	人工植苗造林
			机械造林
		人工播种造林	块状播种
			缝播
			条播
			穴播
			撒播
		分殖造林	插条造林

续表 3-1

一级	二级	三级	四级
水土保持生物措施	造林	分殖造林	插干造林
			埋干造林
			压条造林
			分根造林
			分蘖造林
			地下茎造林
		飞播造林	飞播造林
			飞播营林
	生物结皮技术		细菌结皮
			真菌结皮
			藻类结皮
			地衣结皮
			苔藓结皮
	自然修复	封禁治理	封沙育林育草
			草原围栏封育
			封山育林育草
			沙地封禁保护
			全年封禁
			季节封禁
			轮封轮放
		舍饲养殖	小尾寒羊舍饲养殖
			山羊舍饲养殖
			滩羊舍饲养殖
			美国七彩山鸡舍饲养殖
			獭兔舍饲养殖
			珍珠鸡舍饲养殖
		生态移民	自发性生态移民
			政府主导生态移民
		退耕还林	坡耕地退耕还林
			宜林荒山荒地造林

续表 3-1

一级	二级	三级	四级
水土保持农业措施	耕作技术	等高耕作	厢式等高
			行式等高
		等高沟垄耕作	水平沟种植
			垄作区田
			平播起垄
			圳田
			水平防冲沟
			抽槽聚肥耕作
			聚水聚肥耕作
		坑田耕作	圆形坑田耕作
			月牙坑田耕作
			方块坑田耕作
			长方坑田耕作
		深翻耕	半翻耕
			全翻耕
			分层翻耕
		旋耕	传统旋耕
			深旋耕
			立式深旋松耕
		保墒技术	耙糖保墒
			镇压保墒
			中耕保墒
	保护性耕作	覆盖技术	地膜覆盖
			留茬覆盖
			秸秆覆盖
			砂田覆盖
			化学覆盖
		深松耕	全面深松耕
			局部深松耕
		少免耕	少耕深松
			少耕覆盖

续表 3-1

一级	二级	三级	四级
水土保持农业措施	保护性耕作	少免耕	搅垄耙茬
			硬茬播种
			垄作深松耙茬耕作
			免耕
	种植方式	复种轮作	复种
			轮作
		间套混种	间作
			套种
			混种
	土壤培肥		广开肥源
			使用有机肥
			发展绿肥牧草
			秸秆还田
			合理施用化肥
			改进施肥方法
	土壤改良	盐渍化防治	明渠排水
			竖井排水,灌排结合
			洗盐排水
			放淤改碱
			种稻改良
			耕作、施肥改良
		土地复垦	砖瓦窑取土坑复垦
			城市垃圾场复垦
			污染地复垦
			建筑物地基复垦
		土壤污染防治	工程修复
			客土法
			换土法
			深耕翻土法
			隔离包埋法
			改良剂

续表 3-1

一级	二级	三级	四级
水土保持农业措施	土壤改良	土壤污染防治	酸碱调节剂
			保水剂
			固土剂
			生物修复
			植物修复
			动物修复
			微生物修复
			菌根修复
	节水灌溉		滴灌
			喷灌
			微灌
			渗灌
			膜上灌
			膜下灌
	补灌农业	集水技术	集流场物理处理技术
			集流场化学处理技术
		补灌技术	膜下滴灌
			喷灌带灌溉
			微喷灌
			人工坐水种
			机械坐水种
			半固定膜下滴灌
			膜上灌

3.3　主要生态治理技术及效益

在黄土高原生态治理技术库中,识别和挖掘出示范点所适用的典型生态治理技术。黄土高原地区应用最为广泛的水土流失生态治理技术有 3 类 12 项,主要包括①工程类:梯田、水平沟和鱼鳞坑整地、淤地坝、谷坊、治沟造地、集雨水窖;②生物类:人工造林种草、天然封育和地埂植物带;③农业类:等高沟垄和保护性耕作。针对这 3 类 12 项技术做比较全面地介绍和效益分析。

3.3.1　黄土高原主要水土流失工程治理技术及效益

3.3.1.1　梯田

梯田是山丘区最常见的一种坡面水土保持工程措施,是沿山坡开辟的梯状田地,因此叫梯田。在坡地上分段沿等高线建造的阶梯式农田,是治理坡耕地水土流失的有效措施,蓄水、保土、增产作用十分显著。梯田的通风透光条件较好,有利于作物生长和营养物质的积累。

1.分类

根据田面坡度不同而分为水平梯田、坡式梯田、复式梯田、隔坡梯田等。按田坎建筑材料分类,可分为土坎梯田、石坎梯田、植物田坎梯田。按土地利用方向分类,有农田梯田、水稻梯田、果园梯田、林木梯田等。以灌溉与否可分为旱地梯田、灌溉梯田。按施工方法分类,有人工梯田、机修梯田。

2.治理效果

(1)梯田工程的建设改造了不利的地形地貌,增加了降雨入渗,减少了产流量,保存、保护耕地资源,并通过配合耕作措施和增施有机肥料,促进土壤快速熟化,稳定提高土地生产能力和作物产量。

(2)梯田工程的实施,不仅田面较宽,而且田间道路网络化,便于机械化作用,从根本上改善了农业生态环境和农业生产条件,使单位面积产量大幅度提高。大力推广先进适用的农业生产技术,发展高产稳产、高效优质生态农业,促进生态农业的快速发展。

(3)梯田的建设促进了土地利用结构和产业结构的调整,解决了土地合理利用和水土保持措施合理配置,达到了合理利用水资源,防治水土流失,发展具有地方特色和优势产业,培育了经济增长点,提高了农村生产力水平,推动了农村经济的快速健康发展。

3.效益分析

与坡耕地相比,梯田具有明显的生态效益和经济效益(见表3-2)。相关文献显示,梯田具有较强的拦截地面径流、减少泥沙流失量、蓄水、保土、保肥的功能,水平梯田水土保持效益显著,其经济效益也十分明显。水平梯田能够有效地改善土壤理化性质、拦蓄地表径流、提高农作物产量等,改善了土壤生态,为农作物提供了良好的生长环境。

表3-2　梯田生态效益和经济效益分析

区域	时间	效益		文献来源
		生态效益	经济效益	
隆化县	2013~2016年	与顺坡垄作相比,径流流失平均减少83.12%,土壤流失平均减少93.14%。顺坡垄作改水平梯田后,土壤孔隙度提高了7.33%,土壤含水量提高了21.86%	水平梯田农作物产量较传统顺坡垄作,玉米产量增产了1 918.35 kg/hm²	《隆化县水平梯田水土保持效益分析》

续表 3-2

区域	时间	效益		文献来源
		生态效益	经济效益	
红领巾小流域	2013~2015 年	相比坡耕地,径流量削减 34.7%;泥沙流失量减少 84.9%,平均每年多保土 12.9 t/hm²。梯田经过 2 年耕种培肥后,有机质、全氮、水解氮、全磷、速效磷、速效钾、代换量增幅分别为 25.8%、33.8%、28.8%、44.0%、13.6%、18.6%、5.8%。通过 2015 年 4 个月土壤含水率测定得出,水平梯田比坡耕地平均土壤含水率分别提高了 7.41%、6.77%、7.61%、8.38%	梯田产量都稳定在 10 500 kg/hm² 左右,比坡耕地平均增产 4 282.5 kg/hm²,增产幅度在 40.8%	《红领巾小流域水平梯田效益监测分析》
克山县粮食沟	2011~2014 年	4 a 平均拦蓄径流 83.88%,减少土壤流失量 93.14%。土壤容重比顺坡垄作平均减少了 9.38%,土壤孔隙度提高了 7.33%,土壤含水率提高了 21.90%	大豆产量增产 303.51 kg/hm²	《水平梯田水土保持效益分析》
西吉县腰巴庄	2015 年	新增治理水土流失面积 7.2 km²,林草覆盖度提高 27.89%,减少土壤侵蚀量 3.3 万 t,降低土壤侵蚀模数 1 400 t/(km²·a),提高水资源涵蓄量 20.92 万 m³	基本农田年新增总产值 151.27 万元,新增粮食生产能力 675.6 t,农民人均增收 236 元;减少贫困人口 768 人	《西吉县腰巴庄梯田建设项目区的选取原则及预期效益》

3.3.1.2　淤地坝

淤地坝是指在水土流失地区的支毛沟中兴建的滞洪、拦泥、淤地的坝工建筑物。其作用是:调节径流泥沙,控制沟床下切、沟岸扩张,减少沟谷重力侵蚀,防止沟道水土流失,减轻下游河道及水库泥沙淤积,变荒沟为良田,改善生态环境。

1.分类

淤地坝按照筑坝材料可分为均质土坝、心(墙)坝、石坝、土石混合坝等;根据坝的用途又可分为缓洪骨干坝、拦泥生产坝等;依据建筑材料和施工方法可分为夯碾坝、水力冲填坝、定向爆破坝、堆石坝、干砌石坝、浆砌石坝等。根据库容、坝高、淤地面积、控制流域面积等因素等分为大、中、小型淤地坝。其中,大型淤地坝也称骨干坝,可分为大(2)型、大(1)型。

2.治理效果

(1)稳定和抬高侵蚀基点,防止沟底下切和沟岸坍塌,控制沟头前进和沟壁扩张。

(2)蓄洪、拦泥、削峰,减少入河、入库泥沙,减轻下游洪沙灾害。

(3)拦泥、落淤、造地,变荒沟为良田,可为山区农林牧业发展创造有利条件。

3.效益分析

　　淤地坝作为流域综合治理体系中的一道防线,与其他水保措施相结合,通过其"拦""蓄""淤"的功能,既能将洪水泥沙就地拦蓄,有效防止水土流失,又能形成坝地,充分利用水土资源,使荒沟变成高产稳产的基本农田,改善了生态环境,有效地解决了黄土高原水土流失严重和干旱缺水两大问题,有着显著的生态效益、经济效益和社会效益(见表3-3),在治理水土流失、减少入黄泥沙、发展区域经济、提高群众生活水平、改善生态环境、建设和谐社会等方面具有不可替代的作用。

表3-3　淤地坝效益分析

区域	时间	效益		文献来源
		生态效益	经济效益	
王茂庄流域	1953~1994年	1953~1964年,流域坝系拦沙40.2万t,拦沙效益81.9%;1965~1979年坝系拦沙50.5万t,拦沙效益76.4%;1980~1986年坝系拦沙28.3万t,拦沙效益84.3%;1987~1994年坝系拦沙32.9万t,拦沙效益95.5%;1995~2004年坝系拦沙25.6万t,拦沙效益99.4%　据王茂沟流域1960~1996年试验观测,每增加1 hm² 坝地,在粮食生产不减少的情况下可退耕坡地8.39 hm²,退耕水平梯田2.96 hm²　据1984年取样分析,每吨土壤中氮、磷、钾、有机质含量分别为坡耕地的1.3倍、4倍、5.2倍和1.3倍。含水率比坡耕地高1.5倍,比梯田高1倍		《黄土高原丘陵沟壑区小流域淤地坝水土保持作用及效益研究》
	2017年	使洪峰减小65.34%,洪量减少58.67%;骨干坝、中型坝和小型坝的建设分别使洪峰流量减少27.28%、33.39%、40.13%,洪量分别减少2.18%、27.08%、44.89%。流域建设骨干、中型、小型坝后的输沙模数分别减少24.74%、47.11%、64.11%		《黄土高原丘陵沟壑区淤地坝的淤地拦沙效益分析》

续表 3-3

区域	时间	效益		文献来源
		生态效益	经济效益	
安塞区水土保持实验区畔坡山村	1986 年		坝地单位面积产粮和产值最大,劳动生产率达 4.11 元/工日,土地生产力为 57.2 元/亩	《建设基本农田促进林牧发展——安塞区水土保持实验区畔坡山村淤地坝效益调查》
韭园沟流域	1953~1997 年	淤地坝拦沙总量为 2 008.5 万 t,年均拦沙 45.65 万 t;263 座淤地坝沟道坝系年均减沙效益达 78.60%,流域输沙模数由治理前的 1.80 万 t/(km² · a)降到治理后的 2 060 t/(km² · a)		《黄河中游韭园沟流域坝系发展过程及拦沙作用分析》
树儿梁小流域	2006~2010 年	骨干坝的平均拦沙率为 66.08%,而中型坝为 27.91%,小型坝为 5.98%。同时,2006~2010 年坝地单位面积产量平均为 6 129.4 kg/hm²,5 a 的平均增产效益分别达到 36.4%(梯田)和 78.9%(坡耕地)		《小流域淤地坝建设的水土保持效益浅析》

3.3.1.3　谷坊工程

谷坊是修建于沟谷底部用以固定沟床、稳定沟坡、制止沟蚀的工程,是水土流失地区沟道治理的一种主要工程措施。谷坊工程必须在以小流域为单元的全面规划、综合治理中,与沟头防护、淤地坝等沟壑治理措施互相配合,以收到共同控制沟壑侵蚀的效果。一般布置在小支沟、冲沟或切沟上,起到稳定沟床、防止因沟床下切造成的岸坡崩塌、溯源侵蚀和以节流固床护坡为主的作用。

1.分类

谷坊可有多种分类,以建筑材料、使用年限、透水性等多种因素进行分类。

谷坊依据所用的建筑材料的不同,可分为:土谷坊、干砌石谷坊、枝梢(梢柴)谷坊、插柳谷坊(柳桩编篱)、浆砌石谷坊、竹笼装石谷坊、木料谷坊、混凝土谷坊、钢筋混凝土谷坊和钢料谷坊等。

按照使用年限不同,又可分为永久性谷坊和临时性谷坊。永久性谷坊一般为浆砌石谷坊、混凝土谷坊和钢筋混凝土谷坊等,其余都属于临时性谷坊。

根据谷坊的透水性,还可分为透水性谷坊与不透水性谷坊,不透水性谷坊一般有土谷坊、浆砌石谷坊、混凝土谷坊、钢筋混凝土谷坊等,透水性谷坊是只起拦沙挂淤作用的插柳谷坊等。

2.治理效果

(1)防止沟底下切,固定和抬高沟道侵蚀基准面。

(2)防止沟岸扩张及产生滑坡,稳定沟坡。

(3)防止沟头前进,降低沟道坡比,减缓径流速度,减轻洪水灾害;沟道逐步形成坝阶地,提高农林业生产的基本条件。

3.效益评价

谷坊工程能够有效拦蓄松散固体物质、稳固沟床和岸坡、降低沟道纵坡比降、降低泥石流流速和耗散流体能量、抬高沟道上游泥石流侵蚀基准面。有效治理沟道水土流失,改善区域生态环境,促进经济的持续发展,取得了良好的经济效益、生态效益和社会效益(见表3-4)。

表3-4　谷坊工程效益分析

区域	时间	效益		文献来源
		生态效益	经济效益	
新源县别斯哈勒马克沟	2012年	增加植被恢复面积 24 hm², 增加植被种植面积 82 hm², 植被覆盖率由初期的 25.3% 提高到 63%, 拦沙率达到 90% 以上, 保土拦沙 1.37 万 t	每座格宾网谷坊造价为 4 200 元, 共建 100 座, 需投资 42 万元; 每座植物谷坊造价为 2 800 元, 两种谷坊交替布置, 节约投资 21 万元	《格宾网谷坊结合植物谷坊快速控制沟壑侵蚀》
北川县化石板沟	2012年	共拦截固体物质 2.76 万 m³, 占流域物源总量 574.9 万 m³ 的 0.5%, 占近期可供给泥石流活动的物源量 85 万 m³ 的 3.3%; 稳固沟床松散物质 4.37 万 m³, 占流域物源总量的 0.76%, 占近期可供给泥石流活动的物源量的 5.2%; 稳固沟道两侧坡体松散物质 134.07 万 m³, 占流域物源总量的 23.3%; 回淤的沟道比降为原比降的 60%~75%, 泥石流输沙量减少 35%~57%; 上游泥石流支沟侵蚀基准面抬升 0.3~0.5 m		《泥石流沟谷坊坝群治理效应——以地震极重灾区北川县化石板沟为例》

区域	时间	效益		文献来源
		生态效益	经济效益	
辽东山区	2014 年	每处石柳谷坊可拦蓄泥沙量达 300~500 m³,抬高沟底 0.5 m,降低沟道水流流速 50%以上		《辽东山区沟蚀治理新技术——石柳谷坊》
吉林省泥石流受灾区	2018 年	实际谷坊冲击荷载峰值为 9.30 kPa,最大冲击荷载稳定在 8.63~8.64 kPa		《谷坊对稀性泥石流流场影响的细观研究》

3.3.1.4　水窖

水窖,是指修建于地面以下并具有一定容积的洞井等类的蓄水建筑物,主要用于拦蓄地表径流。因没有经常性的补给水源,故又叫旱井。窖址宜选择在集水场附近,地质、土质条件适宜的地方,避开填方或滑坡地段,水窖外壁和根系较发达的树木应相距 5 m以上。

1.分类

水窖可分为井窖、窑窖、竖井式圆弧形混凝土水窖和隧洞形(或马鞍形)浆砌石等形式。根据实际情况,可采用单窖、多窖串联或并联使用,以增加其利用效率。其防渗材料可以分为红黏土、混凝土、砂浆抹面和膜料等 4 种防渗形式。

2.治理效果

(1)水窖对解决干旱半干旱山区农村饮水、抗旱补灌、保苗增收、缓减当地用水紧缺矛盾是行之有效的。

(2)水窖具有拦蓄雨水和地表径流、减轻水土流失等效果。

3.效益评价

水窖极大地促进了山区农户庭院经济的发展,有效地拦蓄了村庄道路径流,减轻了水土流失危害。修建水窖对促进贫困山区农业经济多元化、专业化的形成具有重要作用,促进了农村经济的繁荣和产业结构的调整,加快了农民脱贫致富的步伐。水窖效益分析见表 3-5。

表 3-5　水窖效益分析

区域	时间	效益		文献来源
		生态效益	经济效益	
黄土高原地区	1997 年		一口容积为 20~30 m 的水窖可蓄集雨水 40~50 m³,若一方水按 1 元计算,一般水窖的投资仅用 15~20 年就可以收回	《雨水集流用水窖的主要类型及其效益》

续表 3-5

区域	时间	效益		文献来源
		生态效益	经济效益	
汾西县	1999 年	汾西县桑塬乡贯里村,6 月上旬和 9 月下旬的两次降雨,平均每个水窖蓄水 10 m³,总蓄水量 1 500 m³	汾西县麻姑头乡仁马庄马枝树家,建水窖前人畜年用水量 29.8 t,需支出水费 745 元,建水窖后年用水量 41.7 t(其中庭院菜园灌溉用水 4 t),水窖年折旧费和养护费计 83.6 元,年家庭节省水费 661.4 元	《临汾市西部山区水窖综合利用效益分析》
宾县三宝乡三岔村	2002 年	6 月和 8 月下旬的两次降雨,平均每个水窖蓄水 40 m³,总蓄水量为 4 000 m³	常安乡某制砖专业户共建了 7 眼水窖,总蓄水 400 m³,未建窖前,水价 10 元/t。建窖后水价 0.5 元/t,当年节省资金 4 800 元	《宾县东部山区水池—水窖综合利用效益分析》
会泽县	2005 年	蓄水总量为 219.9 万 m³,集流面积 10.47 km²;年拦截悬移质 20 940 t,推移质 6 980 t,年拦截泥沙 16 423.53 m³	所建地水窖年增产粮食 4 158.18 万 kg 以上(以玉米计算),年均节约抗旱劳力 62.37 万工日	《会泽县水窖建设现状及效益》

3.3.1.5　穴状整地工程

整地工程是营造水土保持林草前的一项重要工序,造林整地是在造林前人为地控制和改善立地条件,使它更适合林木生长的一种手段。

1.分类

穴状整地主要分为鱼鳞坑、大坑整地两种类型。鱼鳞坑整地适用于地形复杂或比较破碎的陡坡、沟坡以及水土流失较为严重的干旱山地和黄土丘陵地区。大坑整地适用于土层极薄的土石山区或丘陵地区的果树种植地,大坑形状一般分为圆形和方形两种,方法是在种植果树的坡面,取出坑内石砾或挖出坑内生土,然后将附近表土填入坑内。

2.治理效果

特别是在干旱、半干旱及水土流失地区,整地可以起到较好的水土保持作用。正确、细致及适时地进行整地,可以使土壤疏松,增加土壤水分和温度,改善土壤通气性,消灭杂草,进而提高林木幼苗成活率,促进幼林生长。

3.效益评价

鱼鳞坑有一定的容水深度,有较强的拦蓄地表径流的能力和增墒抗旱效应,因此坡地育林采用这种整地措施,有利于林木的成活和生长。鱼鳞坑内植树,既能拦蓄地表径流,保持水土,又有利于林木生长,是山区、丘陵区、漫川漫岗区整地育林极好的水土保持工程措施之一(见表 3-6)。

表 3-6　鱼鳞坑效益分析

区域	时间	效益		文献来源
		生态效益	经济效益	
太行山石灰岩低山区	1997 年	土壤最大耗水量为 47.9%,毛管持水量为 30.4%,田间持水量 22.3%,总孔隙度 58.9%,毛管孔隙度 48.5%。测定土层的渗透速度及渗透系数 K_1 及 K_{10}。以 K_{10}(mm/min)为指标比较上、下层的渗透能力:裸地分别为 1.43、0.93;翼式鱼鳞坑分别为 2.95、1.85		《翼式鱼鳞坑整地方法研究》
	1997~1999 年	鱼鳞坑土壤含水率是自然坡面的 170%~190%。3 a 土壤测定结果的总平均值为:翼式鱼鳞坑的含水率为 28.3%,自然坡面为 13.6%。	翼式鱼鳞坑数量为 1 111 个/hm²,投入劳动力为 101 个,常规鱼鳞坑相应的数量为 2 500 个,投入劳动力为 167 个。每公顷翼式鱼鳞坑整地比常规鱼鳞坑投入劳动力少 66 个,整地效率提高 65%	
黑龙江省青冈县幸福小流域	2003 年	没挖鱼鳞坑的落叶松单株材量为 0.03 m³,年均增长量为 0.001 m³/株;挖鱼鳞坑的落叶松单株材量为 0.38 m³,年均增长量为 0.013 m³/株,可提高林木增长率 12 倍。提高拦蓄地表径流能力 65%,提高拦蓄年径流量 14.11 m³/亩,提高树冠涵水能力 3 倍	没挖鱼鳞坑地年均增值量 0.80 元/株,年均亩增收 356.00 元/亩;挖鱼鳞坑地年均增值量 10.40 元/株,年均亩增收 4 628.00 元/亩,有鱼鳞坑育林比无鱼鳞坑育林提高经济增值率 12 倍,提高年亩增收 4 272 元	《鱼鳞坑整地育林效益分析》
陕西省榆林市榆阳区	2011 年	不整地土壤含水率为 12.14%,穴内储水量为 42.88 kg/穴,林地储水量为 23.84 t/hm²;鱼鳞坑整地土壤含水率为 14.14%,穴内储水量为 81.53 kg/穴,林地储水量为 45.33 t/hm²,鱼鳞坑整地的土壤含水率比不整地提高 2 个百分点,土壤储水量分别提高 16.45%		《鱼鳞坑整地改善土壤水分状况与造林效果分析》

3.3.1.6 水平沟

水平沟,是指在山坡上沿等高线每隔一定距离修建的截流、蓄水沟(槽)。沟(槽)内间隔一定距离设置一个土挡以间断水流。但在坡面不平、覆盖层较厚、坡度较大的丘陵坡地,沿等高线修筑用来横向拦截坡面径流、防止冲刷、蓄水保土的土挡,也视为水平沟。设计和修筑水平沟需依据坡面坡度、土层厚度、土质和设计雨量而定。在坡地上沿等高线开沟截水和植树种草以防止水土流失。

其原则是:水平沟的间距和断面大小,应以保证设计暴雨不致引起坡面水土流失。坡陡、土层薄、雨量大的区域,沟距应适当减小;相反,沟距应加大。水平沟在缓坡修筑时应浅而宽,在陡坡时应深而窄。一般沟距为3.0~5.0 m,沟口宽0.7~1.0 m,沟深0.5~1.0 m。

1.治理效果

水平沟耕作可以拦蓄径流,减少土壤冲刷,减少养分流失,提高水分利用率。

2.效益评价

水平沟是一种有效的田间蓄水工程措施,加上深翻后,土壤孔隙度增大,入渗能力增强,更进一步提高了蓄水保墒的效能。隔坡水平沟挂蓄泥沙的能力较强,其土壤水分和养分都相应提高。隔坡水平沟的树木生长明显高于其他整地方式,经济效益较高。杨树、泡桐、苹果等都可在隔坡水平沟内良好生长,与根食作物间种,土地生产力可以得到较大提高(见表3-7)。

表 3-7　水平沟效益分析

区域	时间	效益		文献来源
		生态效益	经济效益	
大宁县罗曲村	1986~1988年	15°坡度,3 a 淤积厚度和拦蓄泥沙量为9.6~12.3 cm 和4.74~6.27 m³;25°坡度,为15.3 cm 和7.8 m³;30°坡度,为 18.3~21.3 cm和10.98~12.78 m³。　1987 年 4~6 月,测定深度100 cm,隔坡水平沟平均土壤水分比水平阶整地提高11.2%,比坡耕地坡面平均提高16.9%,比鱼鳞坑整地提高11.2%。1986~1988 年,隔坡水平沟有机质平均为0.97%,N 含量为0.063%,速效磷8.58×10⁻⁶		《隔坡水平沟及其效益的研究》

续表 3-7

区域	时间	效益		文献来源
		生态效益	经济效益	
安塞水土保持综合试验站山坡地	1983~1991 年	水平沟较平播减少径流量 25.7%~62.1%，减少土壤侵蚀量 33.7%~88.9%。水平沟耕作，以径流形式流失的 N 素含量介于 12.83~28.99 kg/(km²·a)，以土壤侵蚀形式流失的 N 素含量介于 302~1 758 kg/(km²·a)；而平播地，以径流形式流失的 N 素介于 19.99~45.91 kg/(km²·a)，以土壤侵蚀形式流失的 N 素介于 1 171~2 380 kg/(km²·a)。水平沟耕作提高幅度介于 25.2%~92.2%	与平播相比，小麦平均增产 85.9%，谷子平均增产 35.2%。在小麦灌浆期，2 a 平均增产 514.5 kg/hm²	《黄土丘陵沟壑区水平沟耕作效益研究》
黄土高塬沟壑区	1993~1995 年		普通地产量为 4 048.7 kg/hm²，水平沟耕地玉米平均产量为 7 416.5 kg/hm²，增产 3 367.8kg/hm²，增产率为83.2%。普通地投入 1 681 元/hm²、产出 6 721 元/hm²、投入产出比 1：4.00、净效益 5 040 元/hm²，水平沟耕地投入 2 513 元/hm²、产出 12 311 元/hm²、投入产出比 1：4.90、净效益 9 798 元/hm²，增收 4 758元/hm²	《黄土丘陵沟壑区水平沟耕作效益研究》
围场县雷字村曹家沟阴坡	1986~1990 年		1986 年春，修建了隔坡水平沟，当年亩产 176.7 kg，比原来的产量提高了 2.93 倍。1986~1990 年，水平沟平均产量为 257 kg/亩。1990 年，隔坡水平沟农田 45 566 亩，平均亩产 295.8 kg，比修建隔坡水平沟前三年的平均产量 125.7 kg增产 170 kg，共增产粮食 775.08 万 kg	《隔坡水平沟的修建方法及效益》

3.3.1.7　治沟造地

治沟造地是指利用现代大型机械设备将沟谷地和沟间地进行整治平整,修筑梯田(地),辅以田间道路、小型水利措施等,将原来无法利用的沟壑区土地转换为大面积高质量的、适合现代规模农业的耕地的过程。治沟造地是延安市针对黄土高原丘陵沟壑区特殊地貌,集坝系建设、旧坝修复、盐碱地改造、荒沟闲置土地开发利用和生态建设为一体的一种沟道治理新模式,通过闸沟造地、打坝修渠、垫沟覆土等主要措施,实现小流域坝系工程提前利用受益,是增良田、保生态、惠民生的系统工程。

1.分类

1)黄土高原延安模式

延安治沟造地始于2011,是针对黄土高原丘陵沟壑区特殊地貌,利用现代机械快速填沟覆土,田坝渠路林综合建设的一种沟道土地整治新模式,具有造地速度快、整治土地可当年耕种、可有效解决沟道防洪等优势。其主要做法包括以下几个方面:①加高、维修现有淤地坝和新建淤地坝;②挖取沟道两岸坡地土地,填满坝库,快速造地、整地田块,修建道路,形成适合机械化作业的大块农田;③在坝库农田侧边,修建浆砌石的永久性排洪沟,将洪水导入淤地坝的泄、排水设施。

2)干热河谷元谋"平沟建园"模式

冲沟侵蚀是元谋干热河谷的典型地貌,局部小流域沟谷面积可占流域总面积的58.1%。为有效利用该区的光热资源,自2011年开始,元谋县开展了大量的"平沟建园"工程,即利用挖掘机、推土机等现代大型机械,开挖冲沟沟壁将其土体就近填入冲沟沟道中,再利用推土机等机械加以压实、平整形成斜坡长10 m左右、面积为500~100 m²的梯级台地,并在周围修筑道路、排水设施。利用干热河谷区充足的光热资源,种植早熟水果(如葡萄)、热带水果(如火龙果、芒果)以及各种蔬菜(如圣女果)等,亩产值可达20 000~50 000元,形成了独具特色的干热河谷元谋"平沟建园(果园、菜园)"模式。

2.治理效果

可有效解决水土流失的风险、缓解人地矛盾、利用壤中流、增加耕地面积、提高耕地质量、降低土壤侵蚀,改善生态环境,探索发展现代农业的新模式。

3.效益评价

治沟造地实施的灌溉与排水工程、田间道路工程,田间道路、沟渠等建设用地变为耕地,生产条件改善,种植生长良好,土壤植被覆盖度高,土层肥沃,有利于生物量的积累,有机碳储量提高。不仅使粮食增产、农民增收,而且改善了农业劳作方式,提高了劳动效率,对农村经济、社会持续发展和小康社会建设起到重要作用(见表3-8)。

表 3-8　治沟造地效益分析

区域	时间	效益		文献来源
		生态效益	经济效益	
南泥湾镇	2014 年	施工后水田、水浇地、旱地的电导率分别减小了 24.24%、41.37%、66.66%;水田的水溶性有机碳、有机碳、有效磷、速效钾和全氮分别增加了 13.48%、7.01%、36.74%、36.51%、24.75%;水浇地的水溶性有机碳、有机碳、有效磷、速效钾和全氮分别增加了 22.45%、22.81%、25.02%、26.75%、25.81%;旱地的水溶性有机碳、有机碳、有效磷、速效钾和全氮分别增加了 52.8%、52.70%、31.74%、24.16%、25.93%		《延安治沟造地工程对土壤水溶性有机碳的影响》
	2016 年	0~20 m、20~40 m、40~60 m、60~80 m、80~100 cm 水田有机碳对应的分别增加了 0.33%、0.28%、0.09%、0.23%、0.10%;水浇地有机碳分别增加了 0.89%、0.88%、0.49%、0.54%、0.33%;旱地有机碳分别增加了 1.34%、1.01%、0.60%、0.38%、0.87%		《延安治沟造地工程对土壤有机碳的影响》
延安	2015 年	已治理水土流失面积 1 800 多 km², 年减少入黄泥沙约 1 300 万 t	种植玉米亩均增产达 200 kg 以上,人均纯收入提高了 300 元	《延安治沟造地工程的现状、特点及作用》
子长县	2018 年		旱地玉米产量可达 300 kg/亩,玉米产值可达 600 元/亩。旱地升级为水浇地,玉米产量可达 550 kg/亩,产值可达 1 100 元/亩,产量将增加约 250 kg/亩,农民增加收入约 500 元/亩	《黄土高原丘陵沟壑区旱改水土地整治项目综合效益分析——以子长县治沟造地项目为例》

3.3.2　黄土高原水土流失生物治理措施及效益

3.3.2.1　人工造林种草

人工种草在调整农业产业结构、巩固畜牧业发展的物质基础、治理生态环境和保持水土等方面均有重要作用。发展种草养畜具有多方面的重要意义。人工种草指人工种植能作为畜禽饲料的草本植物，俗称饲草，是在坡面上播种适于放牧或刈割的牧草，以发展山丘区的畜牧业和山区经济。同时，牧草也具有一定的水土保持功能，特别是防治面蚀和细沟侵蚀的功能不逊于林木。

1.分类

根据利用和种植情况可以分为刈割型、放牧型、放牧兼刈割型、稀疏灌木林或疏林地下林种草等。

刈割型草地专门种植供舍饲的人工草地。这类草地应选择最好的立地条件，如退耕地、弃耕地或肥水条件很好的平缓荒草地，并进行全面的土地整理，修筑水平阶、条田、窄条梯田等，并施足底肥，耙糖保墒，然后播种。放牧型草地一般选择高覆盖度荒草地，采用封禁+人工补播的方法，促进和改良草坡，提高产草量和载畜量。放牧兼刈割型选择改得较高的荒草地，进行带状整地，带内种高产牧草，带间补种，增加草被覆盖度，提高载畜量。稀疏灌木林或疏林地下种草，在林下选择林间空地，有条件的在树木行间带状整地，然后播种；无条件的可采用有空即种的办法，进行块状整地，然后播种，特别需要注意草种的耐阴性。

2.治理效果

（1）优良的饲草营养价值高，适用于多种畜禽特别是草食畜禽饲用，是草食畜禽最主要的经济、安全型饲料，草原和农业区使用这些饲料，可以降低成本，提高畜禽产品的产量和质量，提高经济效益，增加农民收入。

（2）大力发展人工种草，结合舍饲养殖，严格实行草原生态补助奖励机制，草原生态环境得到了明显改善，区域环境气候得到有效调节，水土流失减少。集中生产能够很好地保护禁牧和休牧区，随着植被覆盖度的增加，土壤得到改良，增加了土壤有机质含量，防治了水土流失，减少了地面水分蒸发和流失，提高了空气含水量；形成区域小气候，有效地遏制草地退化、沙化程度，起到相应的防风固沙、涵养水源、增肥土壤的作用。同时为牲畜提供了丰富的饲草，减轻了天然草场压力，有助于地表植被的恢复，促进草原生态环境向良性循环方向发展，保证生态系统的能量利用效益。

（3）人工种草的实施，一方面可以促进牧业的发展壮大，增加牧民群众人均收入，另一方面能够提高牧民群众的劳动技能，酝酿其他产业的诞生，创造更多的就业机会，深层次地把放牧养殖转向舍饲养殖。

3.效益评价

人工造林种草增加了地表植被覆盖度，改善了地表微环境，提高了植被的生态服务功能，有效地控制了风蚀、水蚀危害，明显改善了生态环境。同时与畜牧产业发展相结合，增加了农牧收入，经济效益明显提高（见表3-9）。

表 3-9 人工造林种草效益

区域	时间	效益		文献来源
		生态效益	经济效益	
毛乌素沙地、库布齐沙漠	1978~1989 年	截至 1989 年,共飞播造林 3.74 万 hm²,其中 1978~1982 年飞播 1 591.3 hm²,3~5 年播区保存率为 36.2%~41.7%;至 1989 年推广面积达 3.58 万 hm²。在年降水量270 mm区域,当年成苗面积率达 20%~50%,3~5 年保存率为 30%~73.5%;在年降水量350~400 mm 区域,当年成苗率55.3%~80.4%,3~5 年保存面积率达 52.8%~99%。沙地结皮层厚度在 0.6~1.6 cm。地表粗糙度由播前的 0.028 3 cm 增到44.52 cm,土壤有机质可增加0.04%~0.35%	播后第 3 年每公顷可收干草 1 125~1 875 kg,可收杨柴种子 37.5 kg,籽篙种子148.5 kg,草木栖种子 184.5 kg。1978 年的播区,5 年后保存率扩大到 36.2%,平均每公顷产干草量为 2 632.5 kg,净收入达 637 万元	《内蒙古沙地飞机播种造林种草成绩显著》
巴林右旗	1979~1984 年	植被率由原来的 15%~25%提高到 30%~85%	平均亩产鲜草 252.4 kg,比天然草场亩产提高 3.9 倍	《内蒙古飞播造林种草的成就和展望》
辽西北风蚀水蚀区	1981~1992 年	造林种草面积达 36.8 万 hm²,其中,造林面积 28.6 万 hm²,种草面积 8.2 万 hm²,比 1980 年前的 30 年造林种草面积分别增加了 98.3%和 190.7%。林冠以上 1.5 m 空气湿度增加3.25%~8.02%,蒸发量减少 2.2~5.6 mm/日,林内风速降低 1.18~2.24 m/s,林上风速降低 0.41~1.3 m/s。林地比荒山土壤含水率提高 1.49%~5.35%;人工草地比荒坡土壤含水率提高 6.32%~6.97%	总产薪枝柴 80 150.25 万kg,获经济效益 4 809.02 万元,总产果实 1 051.05 万 kg,获经济效益 840.84 万元,蓄积木材量 47.39 万 m³,获经济效益 16 585.80 万元,合计造林纯收入 14 196.30 万元。总产干草 73 599.00 万 kg,可收获草籽 1 635.54 万 kg,人工种草合计总直接获纯经济效益为 1 069.37 万元	《辽西北风蚀水蚀区大面积造林种草改善生态环境效能的研究》

续表 3-9

区域	时间	效益		文献来源
		生态效益	经济效益	
三义号小流域	1982~1989 年	治理面积达 32 502 亩,森林覆盖率增加到 53%。经一次暴雨测得种草拦截径流效益达 67% 以上,拦截泥沙效益达 86% 以上。乔木纯林削减径流效益达 29.10%~34.25%,削减泥沙效益达 69.33%~89.33%;沙棘纯林和沙松混交林,削减径流效益达 98.68%~98.86%,削减泥沙效果达 99% 以上。总拦蓄径流 60%,拦截泥沙 55.60%	人均收入提高到 320.00 元,粮食单产达 200 多 kg	《三义号小流域造林种草蓄水保土效益测试报告》

3.3.2.2　地埂造林

地埂造林是在坡地和梯田的地埂上造林的技术,既可以保护埂坎,又可以增加农民收入,同时还可以改善田间小气候。

1.分类

根据梯田和坡地分为水平梯田地埂、坡式梯田地埂、隔坡梯田地埂、坡地生物地坎、坡地石埂地坎等造林。

2.治理效果

①地埂防护林不仅能固持埂坎,削弱强风危害,阻拦径流,减少雨水冲刷作用,同时也可以省去维修梯田埂坎所需要的费用,又能充分利用土地开展多种经营,增加收入。②地埂造林保护梯田,美化环境,改善田间小气候,提高土地利用率,实现坡地梯田多元化发展。

3.效益评价

地埂造林不但成活率高、生长量大,而且因农作物被围护,使其减免了羊牲畜践踏啃食,保存率相对较高,更易成林。地埂经济林,不仅具有防护效益,而且还能带来一定的经济效益(见表 3-10)。

表 3-10　地埂造林效益

区域	时间	效益		文献来源
		生态效益	经济效益	
彭阳县江河乡夏塬村	1989 年		农民在 5 亩旱坡地地梗栽植花椒 200 株,第 2 年年收入 5 000 多元,高出田里粮食作物收入 2 倍以上。	《固原地区农田地埂防护林调研》
红茹河川道区	1993 年		10 万亩农田地埂防护林 1993 年间伐出价橼材就达 130 万根,收入 1 000 余万元	
泾源县黄花乡胜利村	1998 年	栽植的华北落叶松,其成活率和生长量分别比荒山村对照提高 8% 和 13%,12 年生即有 80% 以上达到橼材标准,冠径 2~3 m	每亩农田上的地埂林平均同产值为 100 元	

3.3.2.3　天然封育(封禁)

封禁治理是指在生态修复区范围内禁止垦植、放牧、砍伐、垦荒、挖药材、取土、挖沙、开山炸石等人为破坏的行为,封育区边界设立标志或围栏等,并明确管护责任,落实到人。同时,结合相应的育林技术措施,逐步恢复森林植被。依靠生态修复能力恢复植被。尤其是当前城镇化建设中,农村大量空心村治理中突出对生态自我修复能力的利用,治理重点更明确,对水土资源综合利用的效益要求更高,其目标是实现人口、资源、环境和经济的协调发展。该项措施是生态文明建设中重要的建设内容。

1.分类

封禁治理可以分为封沙育林育草、草原围栏封育、封山育林育草、沙地封禁保护等。封禁方式上主要包括全年封禁、季节封禁和轮封轮放三种方式。

全年封禁适用于边远山区、江河上游、水库集水区等,这些地区往往人口较少,土层较薄,水土流失严重,植被恢复比较困难。在封禁期间,严禁人畜进入,禁止一切不有利于植被生长繁育的人为活动,以利于植被恢复,封禁年限一般为 3~5 a,有的地区可以达到 8~10 a。

季节封禁适用于水热条件相对较好、原有植被破坏较轻且植被恢复较快的地区。封禁期限一般为春、夏、秋植物生长季节,在不影响植被恢复的前提下,可以选择在晚秋和冬季开放,组织群众有计划地上山从事放牧、割草、修枝和砍柴等多种活动。

轮封轮放适用于封禁面积较大、要求保存植被较多、植被恢复较快和燃料、饲料缺乏的地区,在实行轮耕轮放期间,将封禁范围划分为几个区,在不影响林木生长和水土保持的情况下,允许群众在划出的一定范围内樵采、放牧,通过有计划、合理地安排封禁和开放的面积,既能满足林木生长和植被恢复的目的,又能够满足群众目前生产和生活的实际需要。一般每个区在封禁3~5 a 或 8~10 a 后可开放一次。

2.治理效果

(1)实践证明,实施封禁治理是投资少、见效快的一种水土保持技术措施,可以加快水土流失的治理步伐。

(2)通过封禁后,群众不进入封禁区,尤其是山羊不进入该区域,不仅可以恢复自然植被,同时对于以往的治理成果也是起到了保护的作用。

(3)实行封禁治理后,非但没有限制山区的畜牧业发展,而且促进了农民舍饲养殖的集约化畜牧业的发展。

3.效益评价

封山育林具有投资少、见效快、效果好的优点,在适宜地区大力进行封山育林,不仅可以节省大量的人力、物力、财力,而且能在短时间内发挥效益,起到事半功倍的效果。围栏封育可以有效恢复退化草地,可以增加草地植物群落莎草科和禾本科植物的生物量干鲜比,提高草地物种多样性和草地生态服务功能(见表3-11)。

表3-11　天然封育效益

区域	时间	生态效益	文献来源
山西省苛岚县	1978~2004 年	封育面积达 2.3 万 hm²,造林面积 1.4 万 hm²,全县天然次生林由原来的 7.2%增加到 22.5%,封育成林面积是同期人工造林成林面积的 3 倍多	《植树种草恢复植被是控制风沙危害和水土流失的必由之路》
海北藏族自治州祁连县	2010~2014 年	2014 年度的可食牧草鲜重为 96.00 g/m²,较 2010 年增加了 1.18 倍;2013 年度样地的垂穗披碱草鲜重为 48.60 g/m²,较 2010 年鲜重增加了 64.75%($P<0.05$);而 2012 年度样地的不可食牧草鲜重则达到最大值,为 125.60 g/m²	《围栏封育、人工补播措施对"黑土滩"退化草地生物量的影响》
祁连山中段西水林区	2011 年	围栏 20 a 后,地上生物量增幅达 40%以上;地下生物量增幅达 30%以上	《不同封育条件下天然草地生物量对比研究》
云雾山国家级自然保护区	2012 年	封育 5 a、9 a、15 a、22 a、25 a、30 a 的草地地上部分生物量分别为 226.04 g/m²、324.23 g/m²、424.12 g/m²、491.53 g/m²、475.688 g/m² 和 446.67 g/m²,较放牧草地提高了 90.48%~314.21%。封育 5 a、9 a、15 a、22 a、25 a、30 a 的草地凋落物生物量均值分别为 78.89 g/m²、122.79 g/m²、255.04 g/m²、268.39 g/m²、303.78 g/m² 和 289.15 g/m²,是放牧草地凋落物生物量的 3.79~13.88 倍	《黄土高原半干旱区不同封育年限草地生态系统碳密度》
云雾山草原	2016 年	放牧草地土壤 pH 变化范围为 8.54~9.26,封育 15 a、30 a 草地土壤 pH 变化范围分别为 8.56~8.97 和 8.12~8.74	《封育对黄土高原草地深层土壤 pH 的影响》

3.3.3　黄土高原水土流失耕作治理措施及效益

3.3.3.1　等高耕作

等高耕作,亦称横坡耕作,是指在坡耕地上沿等高线进行犁耕和种植作物,形成等高沟垄和作物条垄,进而保持水土、提高抗旱能力的保土耕作方法。等高耕作的目的是增强水分入渗与保蓄能力,调控径流及减少土壤冲蚀。沿等高线进行横坡耕作,在犁沟平行于等高线方向会形成许多"蓄水沟",能有效地拦蓄地表径流,增加土壤水分入渗率,减少水土流失,有利于作物生长发育,提高单位面积产量。

1.治理效果

等高耕作地表高低起伏,对坡面产流、产沙有很大影响。相比直线坡,等高耕作可以阻碍坡面径流产生,延缓坡面产流。并且随着坡度和降雨强度的增大,坡面产流时间逐渐提前。由于横垄拦截降雨,等高耕作坡面径流强度较小,坡面径流总量显著小于直线坡 ($P<0.05$)。并且随着坡度和降雨强度的增大,等高耕作拦截雨水能力减弱。当坡度较缓、降雨强度较小时,等高耕作削弱坡面产沙能力较大。

2.效益评价

等高耕作种植技术投资少、见效快、效益高,是传统农业与现代农业技术的有机结合。能够拦截地表径流、增加地表水入渗、减少土壤侵蚀、提高土壤肥力、增加作物产量,具有明显的生态效益和经济效益(见表 3-12)。

表 3-12　等高耕作效益

区域	时间	效益		文献来源
		生态效益	经济效益	
大豆铺自然村	1988 年、1990 年、1994 年		1998 年,坡梁旱地建设等高田 2 hm²,与对照田相比,当年增产 35%。1990 年,2 hm² 旱坡地,每亩产量由原来的 47.5 kg 增加到 112.5 kg,增产 137%。1994 年所建高产田 333.3 hm²,共增产粮食 9 万 kg,每亩增 18 kg,增产幅度达 34.5%	《推广等高耕作种植技术是改造坡梁旱地的有效途径》
浙江省兰溪市水土保持综合实验站	1999 年	较顺坡耕作等高耕作玉米、花生和青豆径流量分别减少 73.95%、6.92% 和 1.59%;土壤侵蚀量分别减少 87.92%、66.50% 和 71.71%	等高耕作玉米、花生和青豆比顺坡耕作,产量分别增加 7.27%、11.38% 和 9.17%	《坡耕地实行保土耕作的效益试验分析》

续表 3-12

区域	时间	效益		文献来源
		生态效益	经济效益	
响水滩流域	2010 年	雨强为 1.0 mm/min 时,顺坡径流量为 92.99 L、横坡径流量为 61.87 L,减少径流和产流强度分别为 31.12 L 和 0.52 L/min;雨强为 1.5 mm/min 时,横坡减少 27.88 L 和 0.93 L/min;雨强为 2.0 mm/min 时,横坡减少 19.93 L 和 1.00 L/min		《不同耕作措施下成熟期玉米对径流及侵蚀产沙的影响》
四川盆地中部丘陵区	2013 年	较顺坡耕作,土壤流失量减少 27.6%~28.5%,年径流量减少 28.05%~28.11%,每公顷侵蚀量为 8.71 t,比顺坡垄作减少 66.3%		《川中丘陵区坡耕地耕作技术效益分析》

3.3.3.2　保护性耕作

保护性耕作是指通过少耕、免耕、地表微地形改造技术及地表覆盖、合理种植等综合配套措施,从而减少农田土壤侵蚀,保护农田生态环境,并获得生态效益、经济效益及社会效益协调发展的可持续农业技术。其核心技术包括少耕、免耕、缓坡地等高耕作、沟垄耕作、残茬覆盖耕作、秸秆覆盖等农田土壤表面耕作技术及其配套的专用机具等,配套技术包括绿色覆盖种植、作物轮作、带状种植、多作种植、合理密植、沙化草地恢复以及农田防护林建设等。

保护性耕作具有许多传统耕作或强烈耕作无法比拟的效益。保护性耕作能有效保持氮和磷等土壤养分。不同处理间氮流失量规律基本与径流量保持一致,横坡垄作下的氮流失量显著小于顺坡平作,随着径流量的减小,氮流失得到有效控制。与顺坡平作相比,横坡垄作、秸秆覆盖、等高植物篱种植等保护性耕作能有效降低坡耕地地表径流、降低氮磷流失量,防治坡耕地水土流失,改善土壤肥力,提高作物产量,为稳定、持续增产奠定基础。

1. 治理效果

1)减少劳动量,节省时间

与两次甚至多次的土壤耕作相比,仅仅一次作业工序完成播种意味着拖拉机及劳动力作业时间的减少或者相同时间内完成更多的播种面积。例如,在 202.3 hm²(500 英亩)的土地上一年就可以节约 225 工作小时,按每周工作 60 h 计,节约 225 h 相当于节约近 4

个星期的劳动时间。

2)节省燃料

平均每公顷节约 13.25 L 燃油或者一个 202.3 hm² 的农场一年就可以节省 6 624.45 L 燃油。

3)减少机器磨损

工作次数的减少使得每公顷机器磨损减少约 12.36 美元,也就是说,一个 202.3 hm² 的农场年维修费用可以节省 2 500 美元。

4)改善土壤的可耕作性

连续免耕能够增强土壤微粒的聚合(成为团粒结构),这样可以使作物根系更容易发展。土壤耕作性能的提高也可以减少土壤压实。当然耕作行程的减少也是降低土壤压实的重要原因。

5)增加土壤有机质含量

研究表明,耕作越多,土壤中被释放到空气中的碳就越多,能够为将来作物构建有机质的碳就越少。有机质中有一半成分是碳。

6)锁住土壤水分,提高水分利用率

保持土壤残茬覆盖,提供遮阴,锁住土壤水分。残茬的遮阴减少了土壤水分蒸发。另外,残茬就像一个微小的水坝减慢水的流速,增加水分入渗的机会。另一个增加水分入渗的途径是通过由蚯蚓及前茬作物根系腐烂后形成的通路(大孔隙)。据统计,夏末连续的免耕可以为作物多提供 50.8 mm(2 英寸)的可利用水分。

7)减少土壤侵蚀

作物残茬覆盖在土壤表面可以减少土壤风蚀、水蚀。与没有保护的、经过强烈耕作的土地相比,残茬覆盖可以减少 90% 的土壤侵蚀。

8)改善水质

作物残茬帮助土壤保存肥料与杀虫剂,减少其流入地表水中的可能。据统计,残茬可以使杀虫剂的流失减少一半。而且,在富碳的土壤中生存的微生物能够很快地降解杀虫剂并充分利用肥料,从而保护了地下水的质量。另外,由于水蚀的减少,随水蚀流入河流中的泥沙量减少,也是提高下游水质的原因。

9)增加野生动植物

作物残茬为野生动植物提供掩蔽处和食物,例如猎鸟和一些小动物。

10)提高空气质量

保护性耕作减少风蚀,因此减少了空气中的灰尘量;减少拖拉机进地的行程,减少了矿物燃料的排放。

2.效益评价

保护性耕作不仅可以增加土壤中的肥力,还可以起到保护土壤、减少风蚀及水蚀、降低土壤水分无效蒸发的作用,进一步促进了天然降雨的利用率。例如,少耕包括深松即疏松深层土壤与表土耕作,基本上不破坏土壤结构和地面植被,可提高天然降雨入渗率,增加土壤含水量,生态效益和经济效益明显(见表 3-13)。

表 3-13　保护性耕作效益

区域	时间	效益		文献来源
		生态效益	经济效益	
濉溪县	2013 年	提高有机质含量 1.4%、全氮 0.1%、速效磷 15 mg/kg、速效钾 120 mg/kg 以上	小麦可增收 5.5%,玉米可增收 4.0%;可减少 3 道工序,节省柴油 37.5 L/hm²,综合节省成本 525 元/hm²	《濉溪县保护性耕作技术应用的可行性及效益分析》
甘肃省民勤县	2015 年	在 0~40 cm 土层范围内,较传统耕作,土壤含水率提高 1.2%	减少耕作生产工序 3~4 道,节约劳动力 3~4 个,小麦平均减少成本投入 2 400 元/hm²、玉米平均减少成本投入 3 375 元/hm²、茴香平均减少成本投入 2 775 元/hm²、棉花平均减少成本投入 2 775 元/hm²	《民勤县保护性耕作技术应用效益分析》
辽宁地区	2016 年	可以减少水蚀、风蚀 60%~90%,农田蓄水量增加 16%~19%,水分利用率提高 12%~16%	可降低作业成本近 30%,节省燃油消耗 5%~15%,增加产量 5%~15%,增收 50~100 元/亩	《保护性耕作技术及效益分析》
廊坊市	2016 年	减少径流(水分流失) 60%、侵蚀量(土壤流失量) 80% 左右;增加储水量 14%~15%	可降低作业成本 35 元/亩,按年减少浇 1 次水算,就可节省水费开支 15 元/亩	《保护性耕作节水技术效益分析与探讨》

第 4 章　黄土高原水土流失生态治理技术配置模式与评价

4.1　黄土高原水土流失生态治理技术配置原则

水土保持措施的配置是水土流失治理的核心,也是水土保持措施能否发挥最大效益的关键,在实际配置过程中,遵循以下几个原则:

(1)坚持以维护和提高水土保持功能为方向。水土资源的保护和合理利用与经济社会发展水平密切联系,不同社会发展阶段和经济发展水平对于水土保持的需求差异明显。水土保持设施在不同自然和经济社会条件下发挥着不同的功能,根据全国水土保持区划,水土保持基础功能包括水源涵养、土壤保持、蓄水保水、防风固沙、生态维护、防灾减灾、农田防护、水质维护、拦沙减沙和人居环境维护,水土流失综合治理应根据不同区域水土保持基础功能,本着维护和提高水土保持功能的原则,确定任务、总体布置和措施体系。

(2)坚持沟坡兼治。坡面以梯田、林草工程为主,沟道以淤地坝坝系、拦沙坝、塘坝、谷坊等工程为主。

(3)坚持生态与经济兼顾。梯田与林草工程布置根据其生产功能,加强降水资源的合理利用,在少雨缺水地区配置雨水集蓄利用工程,多雨地区配置蓄排结合的蓄水排水工程,使梯田与坡面水系工程相配套,经济林、果园、设施农业与节水节灌、补灌相配套。

(4)坚持封禁治理和人工治理相结合。在江河源头区、远山边山地区根据实际情况,充分利用自然修复能力,合理布置封育及其配套措施。

(5)坚持服务区域需求。重要水源地按生态清洁小流域进行布置,合理布置水源涵养林,并配置面源污染控制措施。在山洪灾害、泥石灾害、崩岗灾害严重的地区,应合理配置防灾减灾措施。在城郊地区要充分利用区域优势,注重生态与景观结合,措施配置应满足观光农业、生态旅游、科技示范、科普教育需求。

4.2　黄土高原典型区域水土流失生态治理技术配置模式

黄土高原生态恢复的主要目标是减少水土流失,拦沙减沙,保护和恢复植被,保障黄河下游安全;实施小流域综合治理,促进农村经济发展;改善能源重化工基地的生态环境。重点做好淤地坝和粗泥沙集中来源区拦沙工程建设;加强坡耕地改造和雨水集蓄利用,发展特色林果产业;加强现有森林资源的保护,提高水源涵养能力;做好西北部风沙地区植被恢复与草场管理;加强能源重化工基地的植被恢复与土地整治。

黄土高原区包括宁蒙覆沙黄土丘陵区、晋陕蒙丘陵沟壑区、汾渭及晋城丘陵阶地区、晋陕甘高塬沟壑区、甘宁青山地丘陵沟壑区等 5 个二级区,阴山山地丘陵区、鄂乌低山丘陵区、宁中北丘陵平原区、呼鄂丘陵沟壑区、晋西北黄土丘陵沟壑区、陕北黄土丘陵沟壑区、陕北盖沙丘陵沟壑拦沙防沙区、延安中部丘陵沟壑区、汾河中游丘陵沟壑区、晋南丘陵阶地区、秦岭北麓渭河阶地区、晋陕甘高塬沟壑区、宁南陇东丘陵沟壑区、陇中丘陵沟壑区、青东甘南丘陵沟壑区等 15 个三级区。这些三级区水土保持技术方案及典型配置模式如下。

4.2.1　宁蒙覆沙黄土丘陵区

4.2.1.1　阴山山地丘陵区水土保持技术方案及典型配置模式

(1)以小流域综合治理为主,沟坡兼治,建立"山坡沟田水"综合防治体系。加大坡耕地改造,建设水平梯田,提高土地生产力;开展沟滩地改造,发展水浇地,完善水源及田间灌排体系,建设高产稳产农田。

(2)在植被较好的区域实施封禁,加强生态保护,涵养水源。在山坡及丘陵中下部,营造水土保持林,提高植被覆盖,调节径流。在沟道开阔处,修筑防洪堤,导水归槽、治沟滩造田,减轻下游洪水危害。

(3)在平原地带,以农田防护为重点,建设带、片、网为主要形式的农田防护林体系,加强乌兰布和沙漠入黄段的水土流失区重点治理。

4.2.1.2　鄂乌低山丘陵区水土保持技术方案及典型配置模式

(1)黄土丘陵地带,以小流域综合治理为主,加大坡耕地和沟道治理,建设水平梯田、坡式梯田,提高作物产量;开展封山禁牧,封育治理,加强植被建设,实施生态修复。加强坝系防护体系建设,发展小型水利水保工程。在荒山荒坡和退耕的陡坡地上,营造水源涵养林、水土保持林,控制坡面土壤侵蚀,发展畜牧业,形成特色主导产业。

(2)库布齐沙漠和毛乌素沙地边缘的风沙地带,以植被恢复与建设为主,提高林草覆盖率、减少风沙危害,人工治理与生态修复相结合,积极采取围封、人工种植和飞播林草等措施,配置植物沙障和机械沙障,建立防风固沙阻沙体系;通过引洪滞沙、引水拉沙等改造沙区滩地,减少洪水泥沙危害。

(3)干旱草原地带,加强草原管理,严禁开垦草原;在荒坡实行封山禁牧、轮封轮牧、舍饲养畜等措施,加强植被建设,提高生态稳定性。

4.2.1.3　宁中北丘陵平原区水土保持技术方案及典型配置模式

(1)北部地区加强贺兰山自然保护区封禁治理,保护现有植被,维护生态,构建绿色生态屏障;沿黄经济热点地区和黄河灌区,加大盐碱地改良和湿地保护,营造农田防护林,搞好"四旁"绿化,减少人为水土流失;在山前丘陵沟壑地带以小流域治理和淤地坝建设为主,修建基本农田,提高土地生产力,发展特色农业。

(2)南部干旱草原地带,全面实施封山禁牧,保护天然草地,加大营造防风固沙林、草原防护林、农田防护林、小型水利工程的建设,在风沙地带加大中低产田改造,支毛沟修建谷坊,小块地种植农作物或造林,发展沟滩造田,促进荒山荒坡造林种草和退耕还林还草。

4.2.2　晋陕蒙丘陵沟壑区

4.2.2.1　呼鄂丘陵沟壑区水土保持技术方案及典型配置模式

(1)丘陵地带以沟道治理为主,沟坡兼治,减少入黄河粗泥沙;在沟头布设沟头防护,在支毛沟修建谷坊群、淤地坝;在主沟道修建以骨干坝为主体的沟道坝系工程,充分利用降水资源,大力发展坝系农业;在荒山荒坡和退耕的陡坡地上,建设水土保持林,积极开展封山禁牧,封育治理,恢复植被,巩固和扩大退耕还草成果,适度发展畜牧业;将生产条件较好的坡耕地改造为水平梯田,采取措施提高粮食产量;有条件的地方,发展设施农业和以枸杞、沙棘产品为主的特色产业。

(2)砒砂岩地带因地制宜,积极推进以沙棘生态林为主的林草植被建设,加大退耕还林还草工程,实行大面积封禁治理;建立以拦砂坝为主体的沟道坝系工程,拦截入黄泥沙。

(3)风沙地带建立以乔、灌、草相结合的带、片、网的防风固沙阻沙体系,减轻风蚀沙害;在库布齐沙漠和毛乌素沙地边缘的风沙区,以人工治理与生态修复相结合,采用围封、人工种植和飞播林草等措施,提高林草覆盖率,减轻风沙危害;在沙区滩地,兴建引洪滞沙、引水拉沙工程,实施防护林带,锁边治沙,减少洪水泥沙危害。

4.2.2.2　晋西北黄土丘陵沟壑区水土保持技术方案及典型配置模式

(1)丘陵地带建立以沟道淤地坝建设为主的拦沙工程体系,同时开展以小流域为单元的综合治理,重点是坡耕地整治及林草植被建设。梁峁顶部以灌草为主,防风固土;梁峁坡修建梯田,蓄水保土,适当发展经济林;沟缘线附近实施沟头防护;沟坡营造水土保持林;沟底建设淤地坝坝系工程,结合川台、沟台地平整,合理利用降水资源,建设高标准农田,狭窄沟道营造沟底防冲林。

(2)土石山地带以改造中低产田和恢复林草植被建设为主,在缓坡地修筑水平梯田,荒草地进行生态修复或封山育草,有条件的地方发展特色林业产业,加强局部地区天然次生林保护。

4.2.2.3　陕北盖沙丘陵沟壑拦沙防沙区水土保持技术方案及典型配置模式

(1)丘陵地带以沟道治理为主,沟坡兼治,减少入黄河粗泥沙。在沟头布设沟头防护,在支毛沟修建谷坊群、淤地坝等,在主沟道修建骨干坝等拦沙工程,形成以骨干坝为主的坝系防护体系;在荒山荒坡和退耕的陡坡地上,建设水土保持林,减轻坡面土壤侵蚀;积极开展退耕还林,封育治理,恢复植被;有条件的地方,利用光、热、水、土资源,发展畜牧业,逐步形成各具特色的主导产业;建立工程措施、生物措施和耕作措施有机结合沟坡综合防治体系。

(2)在毛乌素沙地边缘的风沙地带,以人工治理与生态修复相结合,建立以乔、灌、草相结合的带、片、网防风固沙阻沙体系,提高林草覆盖率,减少人为过度开垦,减轻风蚀沙害。改良低产农田和沙滩地,建设稳产、高产的基本农田;扩大人工草场,推广草田轮作,引进优良牧草品种,建立高产牧场,发展舍饲养畜,保护林草植被。

(3)加强北洛河上游白于山一带的天然次生林保护,加强封山禁牧,巩固退耕还林还草成果。

4.2.3　汾渭及晋城丘陵阶地区

4.2.3.1　汾河中游丘陵沟壑区水土保持技术方案及典型配置模式

(1)丘陵沟壑、残塬地带实施以小流域为单元的综合治理,加强坡改梯,淤地坝工程建设,大力营造坡面水土保持林。

(2)山前阶地地带实施坡改梯和平整土地,充分利用山丘水库和河川径流,实施节水节灌,扩大灌溉面积,建设山西省特色林果产品基地,发展近郊生态旅游农业,实施清洁小流域治理,减轻山洪灾害和控制面源污染。

(3)冲积平原和河谷盆地地带,平整土地,完善农田排灌设施,营造农田防护林,保护河岸植物带,控制滩岸侵蚀,与城市园林绿化相结合,推进城市水土保持工作,改善城市群人居环境。

(4)土石山地带加强天然林保护,抚育改造次生林和疏林地,提高水土保持和水源涵养能力。

4.2.3.2　晋南丘陵阶地区水土保持技术方案及典型配置模式

(1)土石山地带改造坡耕地,修筑石坎梯田,利用小泉小水,发展小型水浇地,开展退耕还林还草,荒山荒坡造林种草,封山育林,水热条件较好的地区发展特色林果产业;加强山洪灾害频发沟道的综合整治;河源区加强天然林保护,抚育改造次生林和疏林地,提高水土保持和水源涵养能力。

(2)丘陵阶地地带实施坡改梯和阶台地土地平整,修建梯田、条田和川台地,充分利用沟道径流和小泉小水,采取蓄、引、提工程建设,扩大灌溉面积;有条件的地区建设特色林果产品基地,提高土地产值;局部沟蚀严重地区,修建沟头、沟边围埝、沟底谷坊及淤地坝。

(3)冲积平原和山间盆地,平整土地,完善农田排灌设施,营造农田防护林,防治干热风灾害,保护河岸植物带,控制滩岸侵蚀。

4.2.3.3　秦岭北麓渭河阶地区水土保持技术方案及典型配置模式

(1)丘陵沟壑地带以小流域综合治理和淤地坝建设为主,发展径流集蓄和节水灌溉,实施以坡改梯、水土保持林、经济林和小型水利水保工程为主的综合防治体系,发展坝系农业,保障粮食生产。

(2)关中平原地带,开展土地平整,建设渠系及农田防护林网,实现田、林、路、渠配套的园田化,加强河岸植物保护带的建设,防治河岸崩塌。

(3)秦岭北麓,加强植被建设和保护,维护秦岭北麓绿色生态屏障;加大坡面植树造林,次生林封育,提高植被覆盖率,推进清洁小流域建设。

4.2.4　晋陕甘高塬沟壑区

（1）在高塬沟壑地带以保塬护坡固沟为基本原则，塬面修筑梯田埝地，充分利用地埂栽植经济植物；塬边修筑沟头防护工程；塬坡实行条田台田化，营造经济林；沟坡大力营造水土保持林；支毛沟修筑谷坊工程和防冲林，主沟道修建淤地坝，建设坝系工程，有条件的应拦蓄径流和小泉小水，通过引水解决人畜吃水问题；做好道路排水，防治道路侵蚀。

（2）子午岭与吕梁林区以保护天然次生林和人工林地为主，采取封山、封沟育林育草，结合次生林改造，提高林草覆盖率；在近村缓坡地上修建水平梯田，整治沟川台地，充分利用沟道径流和小泉小水，通过引提工程，发展灌溉农田，提高土地产值，促进植被恢复和建设。

4.2.5　甘宁青山地丘陵沟壑区

4.2.5.1　宁南陇东丘陵沟壑区水土保持技术方案及典型配置模式

（1）以小流域为单元的综合治理体系，采取工程措施、植物措施和聚流旱作农业耕作措施的同时，建立以坡面为主的径流调控体系，充分利用坡面径流，修建涝池、水窖、塘坝等小型蓄水工程，发展小片水地，解决人畜用水问题；在人口稀少地区的围庄周边和缓坡地带，大力修建水平梯田，改广种薄收为少种高产多收，偏远地区退耕还林还草，恢复生态植被，保持水土；在人多地少的地区，建设高标准基本农田，发展设施农业；在荒山荒坡和退耕的陡坡地上，建设水土保持林，减轻坡面土壤侵蚀；积极开展退耕还林，封育治理，恢复植被；有条件的地方，利用光、热、水、土资源，发展特色经济林产业。

（2）加强沟道治理，在沟头布设沟头防护，在支毛沟修建谷坊群、淤地坝等，营造固沟护坡防冲林；在主沟道修建骨干坝等拦沙工程，形成以骨干坝为主的坝系防护体系，有条件的地方，通过引提工程，发展灌溉农田，提高土地产值。

（3）推行封山禁牧，发展人工种草，推行舍饲养殖，巩固和扩大退耕还林还草成果，对已经恢复的林草植被加强抚育管理。

4.2.5.2　陇中丘陵沟壑区水土保持技术方案及典型配置模式

（1）南部地区以小流域为单元，在山水田林路综合规划的基础上，林草、工程、耕作措施相结合，进行综合治理；采取蓄、引、提、挖等多种形式广辟水源，拦蓄和利用地表径流，兴修涝池、水窖等小型蓄水工程，在泉眼和常流水的地方修建塘坝，发展小片水地，改善用水条件；大力营造水土保持林，经果林，增加植被，固坡保土；巩固和发展水平梯田，建设基本农田，提高粮食单产；在沟头布设沟头防护措施，在支毛沟修建柳谷坊、土谷坊等谷坊群，在主沟道修筑淤地坝等保土工程措施，形成沟道防护体系；在巩固水土保持成果现有的基础上，进一步保护和开发利用水土资源，提高土地生产附加值，发展旱作农业和设施农业，推进苹果、马铃薯等特色优势农产品基地建设。

（2）北部地区加强黄灌区的节水节灌，充分利用水资源，建设农田防护林，推广和发展砂田农业，防治风蚀；加强封育管理，促进生态植被恢复，巩固和扩大兰州南北两山绿化的成果，推广抗旱节水灌溉造林。

（3）在黄河两侧及城市周边地区，开展城郊水土保持，建设清洁型小流域，加强生态环境保护和污染治理，通过适当的生物措施和工程措施，维系河道周边生态系统，控制侵蚀，改善环境。

4.2.5.3　青东甘南丘陵沟壑区水土保持技术方案及典型配置模式

（1）湟水源头、大通河流域加强封山育林，恢复植被，提高水源涵养能力；丘陵沟壑地带加强坡面水土流失治理，实施坡改梯，发展地埂经济，建立坡面拦蓄系统，蓄水保土，大力建设护坡林和牧草基地，主沟道修建骨干坝，淤地造地，发展小片水浇地，支毛沟建设谷坊群和沟底防冲林。

（2）土石山地带实施退耕还林还草，荒山荒坡造林种草，封山育林，发展特色农业、畜牧业等多种产业结构；在缓坡耕地修筑水平梯田，支毛沟修建谷坊；小块地种植农作物和造林。

（3）河谷阶地地带兴修蓄、引、提工程，实施阶台地的土地平整，加强节水节灌，发展灌溉农业，田林路渠综合规划，建设窄林带小网格农田林网。

（4）高地草原地带加强封育管理，对已退化草场实施草原划管、轮封轮牧、补种牧草，建设围栏草场，以草定畜，舍饲养畜，推行人工种草，建设高产草饲料基地。

4.3　黄土高原主要治理阶段典型配置模式

4.3.1　探索与发展阶段典型治理模式

4.3.1.1　沟坡兼治模式

这一时期主要是将治沟与治坡结合起来，黄土高原沟壑区的特点是面积比重大、坡度陡，植被少，侵蚀、泻流、滑塌、崩塌现象严重。这个地区基本上是由坡沟组成的，都是水土流失的源地。同时，坡沟的变化是相互影响、相互转化的。事实证明，坡面流失促进了沟的发展，沟的发展又加剧了坡面侵蚀。因此，沟坡兼治完全符合当时的情况。坡沟兼治的具体措施如下：

（1）坡地变梯田：主要是耕地变梯田。

（2）沟地变川台地，是集中控制水土流失、变荒沟为良田的主要措施。一般是先支毛沟后干沟，先下游后上游，分节分段修筑谷坊、淤地坝等工程，使沟地逐渐变为川平台地。

（3）变荒山为绿山是全面控制水土流失、发展林牧业生产、巩固工程、发挥工程效益的主要措施。绿化山区应当根据不同地区、不同条件，采取封山育林，植树造林，草田轮作，种植牧草，恢复天然草场等控制水土流失，改变山区气候，为林牧业发展创造条件，增加农民收益。

（4）水利上山，山地水利化是战胜旱灾、提高农业生产的主要措施。

总之，在开展水土保持工作中，应该因地制宜地、有计划地采取农、林、牧、水相结合的措施，其中，坡沟兼治典型的配置模式如下：

（1）紧密结合农业增产，以田间工程为主进行坡面治理。

（2）配合工程措施加速荒山绿化，大力造林种果树和种植草木樨。

（3）在治坡治山的基础上，结合治沟用沟，向沟道争地，向沟壑要粮。

经过综合治理，大大减少了黄土高原的水害和旱灾，山区面貌也发生了不同程度的变化。好多地区出现了"农田地埂化，坡地台阶化，沟底川台化，荒山烂沟绿化"的崭新景象。

4.3.1.2　淤地坝工程治理模式

这一时期，各地以改土为中心的坡改梯技术得到发展，形成了从规划、设计到施工等一套治理技术与建设模式，同时期淤地坝建设也在黄土高原大规模开展试验和建设，形成了以水坠坝筑坝、爆破法筑坝、冲土水枪等技术为主体的淤地坝建设模式，并逐步认识到水土流失需要进行综合治理，开始探索小流域综合治理。总之，这一时期形成了以坡改梯为主的坡面水土流失工程治理模式、以沟道拦沙淤地为主的淤地坝工程治理模式及以坡面植树种草为主的坡面生物防治模式，沟垄种植法与坡地水平沟种植法的两法种植模式，即飞播种林草技术模式，粮草带状种植防蚀技术模式。在这一时期典型的坝系配置模式主要如下：

（1）上拦下种，淤种结合。这种形式主要适用于坡面治理较好，洪水来源少的沟道的淤地坝建设，建坝顺序采用由沟口到沟头，自下而上分期打坝，当下坝基本淤满能耕种时，再打上坝拦洪淤地逐个向上游发展，形成坝系。

（2）上坝生产，下坝拦淤。这类布设方式适用于坡面治理差、来水很多、劳力又少的情况。建坝顺序采取自上游到下游分期打坝，在上游淤地坝基本淤满可以种植利用时，再打下坝，滞洪拦淤。依次淤成一个，再打一个，由沟头直打到沟口，逐步形成坝系。

（3）轮蓄轮种，蓄种结合。这种布设方式适用于各种支沟，只要劳力充足，就可以同时打几座坝，分段拦洪淤地，待基本淤满可利用生产时，再在这些坝的上游打坝作为拦洪坝，形成隔坝拦蓄，所蓄洪水可灌溉下游坝地。

（4）支沟滞洪，干沟生产。在已成坝系的干支沟内，干沟以生产为主，支沟以滞洪为主，干支沟各坝按区间流域面积分组调节、控制洪水，使之形成拦、蓄、淤、排和生产有机协调的工程体系。

（5）统筹兼顾，蓄排结合。在形成完整坝系及坡面治理较好的沟道里，通过建立排水滞洪系统，把上坝多余的洪水引到坝地里，既保上坝安全，又促下坝增产。

（6）高线排洪，保库灌田。在坝地面积不多或者有小水库的沟道，为了充分利用好坝地或为减少水库淤积使其长期运用，可以绕过水库、坝地，在沟坡高处开渠，把上游洪水引到下游沟道或其他地方加以利用。

（7）坝库相间，清洪分治。就是在沟道条件有利的地方打淤地坝，在泉眼集中的地方修水库，因地制宜地布设淤地坝和小水库，合理利用清水和洪水资源。这种布设方式使洪水泥沙进入拦洪坝或淤地坝淤地肥田，而不使其进入水库，以免水库淤积；而将泉水蓄在水库，既能进行灌溉，又不使泉水淤埋在坝地内，造成盐碱化。

4.3.2　小流域综合治理阶段典型治理模式

4.3.2.1　梯层结构配置模式

这一时期形成了以小流域为单元的水土流失综合治理模式，并开始注重流域内水土流失治理与经济开发的结合,初步形成了较为系统的小流域综合治理理论及较为完整的从规划、设计到施工等一套治理技术与建设模式。因而,水土流失治理模式从单项治理工程,如单一治坡为主的坡耕地改造工程、坡面植树造林工程和治沟为主的淤地坝工程,发展成为沟坡兼治、生态建设与经济发展兼顾的小流域综合治理模式。在土地使用制度上出现了户包治理小流域,形成了多样化投入与治理的水土流失治理模式,这一时期的模式基本具备协调和支撑特定下垫面和特定生物气候类型区的小流域水土流失、产业布局与经济社会持续发展的综合性特点。

根据黄土丘陵沟壑区地形特点,水土保持措施配置宜分成平面水平配置和坡面立体配置各层次设计。

(1)平面三区结构配置模式:建立以居民点为中心的近、中、远三区结构配置模式。近村区,建立以水平梯田(或水地)为主体的粮食和经济林(如家庭果园)治理开发区。中区,以推广水平沟种植和草粮等高带状间作等水土保持耕作法为主体的治理开发区。远村区,退耕还林还草,建设以草灌为主体的生态保护治理开发区,形成对中区和近村区的生态保护屏障。

(2)坡面梯层结构配置模式:观测结果表明,坡面上水、肥、光、温等自然资源呈梯层分布,为此水土保持措施也应采取梯层结构配置模式:

①梁峁顶采用水平阶隔坡种植法,自上而下等高带状种植 20~30 m 宽多年生草带或防护林灌木带,为发展畜牧业提供饲料。

②梁峁坡兴修水平梯田,建成高产稳产基本农田。

③谷坡上陡坡地带(坡度大于 25°)土层薄,水分条件差,营造以水保生态效益为主体的乔灌混交林。

④谷坡下部缓坡地带,土层厚,水分条件良好,背风向阳,可作为商品性果树基地,栽植苹果、桃、梨、杏、花椒、柿子等经济树木。

⑤主干沟及两侧阶地、台地可以打坝淤地,引洪漫地建立高标准基本农田(水地、坝地),发展粮食生产,种植经济作物。

⑥支毛沟兴修土、柳谷坊群。营造乔灌木,抬高侵蚀基点,控制沟道下切和扩张。

上述立体配置模式可以形象地概括为:山顶林草戴帽,山坡梯田缠腰,沟道打坝穿靴。

4.3.2.2　防线模式

这类模式以黄土高原沟壑区"三道防线"和黄土高原丘陵沟壑区"五道防线"模式为代表。

高原沟壑区的"三道防线"由 3 个防护体系所构成,其具体配置模式如下:

(1)塬面防护体系——以保护塬面为目的,形成以道路为骨架,以条田埝地为中心的田、路、堤、林网,拦蓄工程相配套的塬面综合防护体系。

(2)沟坡防护体系——缓坡修梯田、陡坡整地造林种草,形成以营林种草为主、工程措施与植物措施相结合的坡面防护体系。

(3)沟道防护体系——从上游到下游,从支毛沟到干沟,以坝库工程为主,兼搞沟底防冲林,以抬高侵蚀基点,形成了坝库工程与植物措施相结合的沟道防护体系。

这三道防线形成从塬面到沟底,层层设防,节节拦蓄,比较完整的"保塬、护坡、固沟"防护体系。

丘陵沟壑区"五道防线"由五道防护体系构成:梁峁顶防护体系、梁峁坡防护体系、峁边线防护体系、沟坡防护体系、沟底防护体系。其具体配置模式如下:

(1)梁峁顶防护体系——主要是防风固土,保护梁峁顶及其附近地域;

(2)梁峁坡防护体系——主要是拦蓄降水,保持水土,把梁峁坡变成粮食和果品生产基地;

(3)峁边线防护体系——主要是拦截梁峁坡防护体系的剩余径流,稳定沟边,防止溯源侵蚀;

(4)沟坡防护体系——主要是进一步拦蓄上部剩余径流,固土护坡;

(5)沟底防护体系——通过修筑谷坊和小型坝库工程抬高侵蚀基准,营造沟道防护林拦蓄坡面未截留产沙产流,控制沟道发育。

这样从梁顶到沟底,层层设防,节节拦蓄,形成一整套完整的水土保持综合防护体系。防线模式强调的是"因地制宜,因害设防"的灾后治理。但这种模式着重强调防护效益,未把当地经济开发提到应有的地位。

4.3.3　生态修复为主阶段的典型治理模式

4.3.3.1　生态经济防护型模式

退耕还林中的生态经济型防护林营造模式是在长期生产实践中探索出来的治理模式,即"山顶沙棘、柠条戴帽,山坡两杏缠腰,河谷沟道种满刺槐、臭椿"的林业建设方针,既能从空间上有效地控制水土流失,又能使当地群众从根本上摆脱贫困走向小康。其具体措施主要有以下几点:

(1)整地。除25°以上陡坡及坡面破碎地带采取鱼鳞坑整地外,坡面整齐、坡度平缓地采用隔带水平沟整地或漏斗式集水坑整地。

(2)树草种选择。山脊梁峁选择保持水土能力强、耐干旱、耐瘠薄、抗寒的柠条、沙棘等灌木,山腰经济林选择抗旱、耐寒的山杏、仁用杏为主,阳坡中下部可选择核桃、花椒等干果经济林树种,草种选择紫花苜蓿、红豆草、沙打旺等,河谷沟道选择速生的刺槐、臭椿、河北杨、旱柳等用材林树种。

(3)配置方式。灌木采用沿等高线带状混交,"两杏"等经济林树种与优质牧草带状间作,用材林树种以乔木与乔木混交为主,在水肥条件较好的地方可营造纯林。

这一时期主要以下两个治理模式为典型代表:

生态防护与农业生产治理模式:针对区域复杂的地质和地形结构,按照因地制宜、因害设防的原则,以调整土地利用结构、发展农村经济、改善区域生态环境等为目标,走规模治理和综合开发之路。其配置模式为:

①根据区域自然状况和水土流失特点,在梁峁顶、谷坡等地面坡度相对较大、土壤肥

力低、受大风降温影响严重、农业生产开发潜力低的区域,布设耐寒、耐旱、耐贫瘠的乡土树种,采用燕尾式鱼鳞坑与丰产坑整地相结合的方式栽植生态防护林带。

②在新修的农路两侧栽植常绿树种,建立流域生态防护体系。

③沟坡中部、坡度较缓、水肥条件相对较好的区域,农业生产开发潜力大,适宜各种农作物种植,应采取高起点规划、高标准建设的思路,按照"大弯就势、小弯取直"的方式,修建高标准梯田,建立流域粮食生产体系。

④坡脚坡度较大、水肥条件相对较好的区域,按照水平台(阶)配合丰产坑整地的方式,栽植市场前景好、适应性强的苹果、梨、核桃等经济林果,建立流域农业经济体系。

黄土高原小流域"一坡三带"的退耕还林空间配置模式:配置依据地形部位的差异性、立地条件的差异性、防护目的和功能及农林牧三业协调发展这四个特点,建立不同的林带,即山顶水源涵养林,山腰水土保持林,山脚经济水土保持林。这一模式因害设防、因地制宜,使得生态效益与经济效益协调发展。

4.3.3.2　高效农业模式

可持续小流域综合治理原则应坚持以质量为中心,以机制创新为动力,水土流失治理与农业结构调整相结合,以建立高效水保生态农业为重点,工程、生物、耕作3大措施并举,进行山顶、坡面、沟道立体开发,拦、蓄、排、灌、节合理配套,山、水、田、林、路综合治理,强化防治面源污染,因地制宜、宜林则林、宜草则草、集中连片、注重规模,狠抓水土保持生态建设,达到社会效益、生态效益和经济效益的统一,有效保护水土资源、防治面源污染和改善当地生态环境。

以坝系建设为中心,山、水、田、林、路综合治理的防治模式是指在现有水保措施的基础上,形成以坝系建设为主体,配套工程、生物措施相结合的布置格局:梁峁顶主要种植灌木、人工牧草,形成生物防护带;梁峁坡兴修梯田和发展经济林果;沟谷坡以发展乔灌混交林为主;沟底以坝系建设为主,适地发展谷坊、沟头防护工程,因地制宜发展小型水土工程,实现沟道川台化,25°以上陡坡全部退耕还林还草,实施封育修复。同时注重道路建设,做好村与村、居民点与主要生产区道路规划。

在坡耕地改造治理中,因地制宜地实行"一村一品",集中打造特色产业示范园,首创了"坡面种植经果林、地埂配套中药材、山下发展猕猴桃"的立体生态治理模式。具体做法如下:

(1)在25°以下荒山、荒坡上进行坡耕地改造,治理修建5 m宽的泥结石生产路近15 km,溪沟整治2 150 m;在水系道路周围分层、成串布置4 m直径蓄水池25个,汛期蓄水,旱季抗旱;根据该区土壤特性,因地制宜实施坡改梯工程,治理后的梯田内栽植美国薄壳核桃,地埂配套金银花、龙须草10万余株,生产路两侧栽植塔柏6 000余棵。

(2)经果林主要布设在陡坡25°以上居民点、生产用地边,难以自然恢复植被的荒山荒坡上,实施退耕还林以涵养水源,促进了生态林建设。

(3)在已经治理过的沟道及坡改梯田耕地中建设千亩猕猴桃园区,栽植水泥杆4万余根,种植猕猴桃8万余株,又争取中央新增农资补贴完善了猕猴桃园水利配套。通过在该流域进行山水田林路园综合治理,变过去单一的治山整地为立体生态发展,变单纯的山区坡耕地改造为辐射带动基础设施建设和新农村建设一体化的系统工程。

黄土高原区"山顶戴帽子,山腰系带子,山底穿靴子"的治理模式,对于黄土高原区是适合的、成功的。

4.4 不同治理阶段典型配置模式评价

典型配置方案评价是判断配置措施是否根据当地自然条件、社会经济状况、水土流失现状及土地利用现状,结合当地社会经济产业结构调整情况,明确生产发展方向,合理利用土地;考虑水土保持措施优化配置、合理布局对水资源高效利用的影响,水土保持措施提质增效对生态功能、生态环境的提升改善作用,水土保持对生产生活条件改善和绿色发展的推动作用。

合理科学的水土保持配置方案对控制水土流失、改善生态环境、发展区域经济具有很好的推动作用。通过优化配置水土保持措施及其实施,可以改善农业生产条件,提高土地生产能力,促进土地利用与经济结构调整,增强抵御自然灾害的能力。配置方案应在自然条件优越的地方,坚持生态自我修复,实行小治理、大封禁,小开发、大保护。同时,宜林则林、宜灌则灌、宜草则草,工程措施、生物措施以及农耕措施多管齐下,实施综合治理。同时也应根据流域实际情况,全面考虑坡面、沟道,因害设防,层层拦蓄,突出重点,合理配置各项水土保持技术措施,发挥综合措施的群体防护功能。有效的水土保持措施配置可以达到提高经济效益、改善生态环境的目的,既可化解人与自然环境的矛盾,也可使当地农民安居乐业,有利于农村社会稳定,使水土流失综合治理的社会效益得到充分展现,促进生态、经济、社会持续发展。

4.4.1 评价指标体系构建

针对生态技术研究中缺乏科学、合理、全面的评价方法和模型的问题,本研究利用"十三五"重点研发"典型脆弱生态修复与保护研究"专项的"生态技术评价方法、指标体系及全球生态治理技术评价"项目的第二课题"生态技术评价方法、指标与评价模型开发"的研究成果,该课题在对常用评价模型梳理的基础上,构建能够揭示生态技术本身属性、生态技术的应用效果、技术本身属性与实施效果耦合关系的指标体系。通过综合考虑选择包括技术成熟度、技术应用难度、技术相宜性、技术效益、技术推广潜力等5个方面的一级指标,选取技术完整性、技术应用成本、技术可替代性等14个指标作为水土保持生态技术评估的二级指标,选取技术结构、创新度、气候条件适宜度、技术与产业关联度、法律配套程度等29个指标作为水土保持生态治理技术评估的三级指标。各级指标的解译及评分标准如表4-1和表4-2(赵晓翠等,2020)。

表 4-1　水土流失生态治理技术指标体系

一级指标	二级指标	三级指标	三级指标定义
技术成熟度	技术完整性	技术结构	构成技术的要素的完整性
		技术体系	各种技术之间相互作用、相互联系,按一定目的、一定结构方式组成的技术整体的完整性
	技术稳定性	技术弹性	劳动力技能人员改变后技术稳定性的改变程度
		可使用年限	同一背景下,技术在实际使用过程中能够稳定发挥功能的有效使用时间
	技术先进性	创新度	技术的创新程度
		领先度	技术处于的水平层次
技术应用难度	技能水平需求层次	劳动力文化程度	技术实施需要的劳动力的文化程度
		劳动力配合程度	技术实施需要的劳动力的配合程度
	技术应用成本	技术研发或购置费用	研发或购置此项技术所需费用
		机会成本	技术应用导致生产力的损失
技术相宜性	目标适宜性	生态目标的有效实现程度	满足生态治理技术设定的生态目标的实现程度
		经济目标的有效实现程度	满足生态治理技术设定的经济目标的实现程度
		社会目标的有效实现程度	满足生态治理技术设定的社会目标的实现程度
	立地适宜性	地形条件适宜度	生态治理技术使用需要的地形条件与实施区域地形条件的适合程度
		气候条件适宜度	生态治理技术使用的气候条件与实施区域气候条件的适合程度
	经济发展适宜性	技术与产业关联程度	生态治理技术与实施区域产业发展的关联程度
		技术经济发展耦合协调度	生态治理技术与实施区域经济发展的相互协调程度
	政策法律适宜性	政策配套程度	技术得到相应的政策支持的程度
		法律配套程度	技术得到相应的法律支持的程度

续表 4-1

一级指标	二级指标	三级指标	三级指标定义
技术效益	生态效益	土壤侵蚀模数	单位面积土壤及土壤母质在单位时间内侵蚀量的大小
		水土流失治理度	某区域范围某时段内,水土流失治理面积除以原水土流失面积
	经济效益	人均纯收入	当地居民当年从各个来源渠道得到的总收入,相应地扣除获得收入所发生的费用后的收入总和
		粮食单产	指的是粮食单位产出量,即在粮食作物实际占用的耕地面积上,平均每公顷耕地全年所生产的粮食数量
	社会效益	区域农户应用和发展理念	生态治理技术实施后农户在技术应用和生产经营理念方面的变化
		辐射带动程度	生态治理技术实施后农户在技术应用和生产经营理念方面的变化
技术推广潜力	技术与未来发展关联度	生态建设需求度	生态治理技术的实施带动周围乡村经济、文化、教育、科技发展的程度。可采取专家评判的方法获取数据
	技术可替代性	经济发展需求度	未来该区域的经济、社会发展对该项生态治理技术的需求程度
		优势度	该项生态治理技术相对其他技术的优势程度
		劳动力持续使用惯性	劳动力持续使用该项生态治理技术的惯性

表 4-2　水土流失生态治理技术指标体系量化标准

指标名称及符号	指标说明及量化标准
总指标(y)	水土保持技术适宜效果。 评分标准:1—技术不成熟、难应用、效益差、不适宜当地使用、难推广;2—技术成熟、难应用、效益差、适合当地使用、难推广;3—技术成熟、方便使用、效益差、适合当地使用、难推广;4—技术成熟、方便使用、效益较好、适合当地使用、容易推广;5—技术成熟、方便使用、效益好、适合当地使用、容易推广

续表 4-2

指标名称及符号	指标说明及量化标准
技术成熟度(x_1)	对技术体系完整性、稳定性和先进性的度量。 评分标准:1—较为简单的技术或技术集成,组成不完整,不稳定;2—较为简单的技术或技术集成,组成完整,不稳定;3—较为简单的技术或技术集成,组成完整,稳定发挥作用;4—国内领先技术或技术集成,组成完整,能够有效发挥作用;5—国际领先技术或技术集成,组成完整,能够长期稳定发挥作用
技术完整性(x_{11})	技术的体系、标准和工艺是否完整。 评分标准:1—技术组成不完整,不能有效发挥作用;2—技术要素较为齐全,不能有效发挥作用;3—技术要素较为齐全,能够发挥作用;4—技术要素齐全,配置较为合理,能够发挥作用;5—技术要素齐全,配置合理,能够有效发挥作用
技术结构(x_{111})	构成技术的要素的完整性。 评分标准:1—无主体技术;2—只有主体技术;3—有主体技术并且有配套技术;4—有主体技术并且配套技术较为齐全;5—有主体技术并且有完整的配套技术
技术体系(x_{112})	各种技术之间相互作用、相互联系,按一定目的、一定结构方式组成的技术整体的完整性。 评分标准:1—无主体技术或者有主体技术但无配套技术;2—主体技术和配套技术匹配不合理;3—主体技术和配套技术能够一起协作;4—主体技术和配套技术匹配合理;5—主体技术和配套技术的匹配度达到最佳
技术稳定性(x_{12})	技术是否可以长效发挥作用。 评分标准:1—不稳定;2—较不稳定;3——般;4—较稳定;5—稳定
技术弹性(x_{121})	劳动力技能人员改变后技术稳定性的改变程度。 评分标准:1—几乎都发生改变;2—少数不变;3—部分不变;4—大部分不变;5—不变
可使用年限(x_{122})	同一背景下,技术在实际使用过程中能够稳定发挥功能的有效使用时间。 评分标准:1——次性使用;2—规划时间的25%;3—规划时间的50%;4—规划时间的75%;5—达到规划时间,甚至超出规划时间
技术先进性(x_{13})	技术所处水平层次。 评分标准:1—简单集成;2—区域先进;3—国内先进;4—洲际先进;5—全球先进

续表 4-2

指标名称及符号	指标说明及量化标准
创新度(x_{131})	技术的创新程度 评分标准:1—几乎无创新;2—少数创新;3—部分创新;4—大部分创新;5—完全创新
领先度(x_{132})	技术的领先程度 评分标准:1—简单集成;2—区域领先;3—国内领先;4—洲际领先;5—全球领先
技术应用难度(x_2)	技术应用过程中对使用者技能素质的要求及技术应用的成本。 评分标准:1—技能要求高,应用成本高;2—技能要求高,应用成本适中;3—技能要求适中,应用成本适中;4—技能要求适中,应用成本低;5—技能要求低,应用成本低
技能水平需求层次(x_{21})	技术应用过程中对劳动力文化程度与能力的要求状况。 评分标准:1—技能要求高,协作要求高;2—技能要求高,协作要求适中;3—技能要求适中,协作要求适中;4—技能要求适中,可以独立完成;5—技能要求低,可以独立完成
劳动力文化程度(x_{211})	技术实施需要的劳动力的文化程度。 评分标准:1—大学及以上;2—高中;3—初中;4—小学;5—文盲
劳动力配合程度(x_{212})	技术实施需要的劳动力的配合程度。 评分标准:1—需要人员相互协作;2—多数人合作;3—少数人配合;4—2个人配合;5—可以独立完成
技术应用成本(x_{22})	技术研发或购置费用的高低和技术应用导致生产力损失的多少。 评分标准:1—完全不能接受;2—可以考虑;3—不完全接受;4—能接受;5—完全乐意
技术研发或购置费用(x_{221})	研发或购置此项技术所需费用。 评分标准:1—大于或等于 100 万元;2—大于或等于 10 万元并且小于 100 万元;3—大于或等于 5 万元并且小于 10 万元;4—大于或等于 1 万元并且小于 5 万元;5—小于 1 万元
机会成本(x_{222})	技术应用导致生产力的损失。 评分标准:1—大于或等于 1 万元;2—大于或等于 5 000 元并且小于 1 万元;3—大于或等于 3 000 元并且小于 5 000 元;4—大于或等于 500 元并且小于 3 000 元;5—500 元以下

续表 4-2

指标名称及符号	指标说明及量化标准
技术相宜性(x_3)	与实施区域发展目标、立地条件、经济需求、政策法律配套的一致程度。 评分标准:1—完全不适合;2—较不适合;3——般;4—较适合;5—非常适合
目标适宜性(x_{31})	满足水土保持技术设定的自然、经济、社会目标的实现程度。 评分标准:1—几乎未达到目标;2—少数目标达到;3—部分目标达到;4—基本目标达到;5—完全达到目标
生态目标的有效实现程度(x_{311})	满足水土保持技术设定的生态目标的实现程度。 评分标准:1—几乎未达到目标;2—少数目标达到;3—部分目标达到;4—基本目标达到;5—完全达到目标
经济目标的有效实现程度(x_{312})	满足水土保持技术设定的经济目标的实现程度。 评分标准:1—几乎未达到目标;2—少数目标达到;3—部分目标达到;4—基本目标达到;5—完全达到目标
社会目标的有效实现程度(x_{313})	满足水土保持技术设定的社会目标的实现程度。 评分标准:1—几乎未达到目标;2—少数目标达到;3—部分目标达到;4—基本目标达到;5—完全达到目标
立地适宜性(x_{32})	水土保持技术应用需要的立地条件与实施区域立地条件的适合程度。 评分标准:1—完全不适合;2—较不适合;3——般;4—较适合;5—非常适合
地形条件适宜度(x_{321})	水土保持技术使用需要的地形条件与实施区域地形条件的适合程度。 评分标准:1—完全不适合;2—较不适合;3——般;4—较适合;5—非常适合
气候条件适宜度(x_{322})	水土保持技术使用的气候条件与实施区域气候条件的适合程度。 评分标准:1—完全不适合;2—较不适合;3——般;4—较适合;5—非常适合
经济发展适宜性(x_{33})	水土保持技术应用可能带来的经济变化与实施区域经济发展需求的适合程度。 评分标准:1—完全不适合;2—较不适合;3——般;4—较适合;5—非常适合

续表 4-2

指标名称及符号	指标说明及量化标准
技术与产业关联程度(x_{331})	水土保持技术与实施区域产业发展的关联程度。 评分标准:1—无关联;2—关联度差;3—关联度一般;4—关联度好;5—促进产业迅速发展
技术经济发展耦合协调度(x_{332})	水土保持技术与实施区域经济发展的相互协调程度。 评分标准:1—阻碍经济发展;2—经济发展速度不变;3—减慢经济发展增速;4—加快经济发展增速;5—使得经济飞速发展。
政策法律适宜性(x_{34})	水土保持技术应用需要的政策法律条件与实施区域政策法律的配套程度。 评分标准:1—几乎不配套;2—少数配套;3—部分配套;4—基本配套;5—完全配套
政策配套程度(x_{341})	水土保持技术得到相应的政策支持的程度。 评分标准:1—几乎不配套;2—少数配套;3—部分配套;4—基本配套;5—完全配套
法律配套程度(x_{342})	水土保持技术得到相应的法律支持的程度。 评分标准:1—几乎不配套;2—少数配套;3—部分配套;4—基本配套;5—完全配套
技术效益(x_4)	水土保持技术实施后对生态、经济和社会带来的促进作用。 评分标准:1—效果不明显;2—效果一般;3—效果较好;4—效果良好;5—效果非常好
生态效益(x_{41})	水土保持技术实施对生态环境改善的贡献。 评分标准:1—效果不明显;2—效果一般;3—效果较好;4—效果良好;5—效果非常好
土壤侵蚀模数(x_{411})	单位面积土壤及土壤母质在单位时间内侵蚀量的大小[单位:$t/(km^2 \cdot a)$]。 评分标准:1—比使用该技术前减少程度介于$[0,20\%)$;2—比使用该技术前减少程度介于$[20\%,40\%)$;3—比使用该技术前减少程度介于$[40\%,60\%)$;4—比使用该技术前减少程度介于$[60\%,80\%)$;5—比使用该技术前减少程度介于$[80\%,100\%]$

续表 4-2

指标名称及符号	指标说明及量化标准
水土流失治理度(x_{412})	某区域范围某时段内,水土流失治理面积除以原水土流失面积。 或:水土流失治理度=治理后的水土流失量/治理前的水土流失量×100%。 评分标准:1—[0,20%);2—[20%,40%);3—[40%,60%);4—[60%,80%);5—[80%,100%]
经济效益(x_{42})	技术实施对经济增长的贡献。 评分标准:1—效果不明显;2—效果一般;3—效果较好;4—效果良好;5—效果非常好
人均纯收入(x_{421})	当地居民当年从各个来源渠道得到的总收入,相应地扣除获得收入所发生的费用后的收入总和(单位:元)。 评分标准:1—[0,3 000);2—[3 000,6 000);3—[6 000,9 000);4—[9 000,12 000);5—大于或等于12 000
粮食单产(x_{422})	在粮食作物实际占用的耕地面积上,平均每亩(或公顷)耕地全年所生产的粮食数量(单位:斤/亩)。 评分标准:1—[0,300);2—[300,600);3—[600,900);4—[900,1200);5—大于或等于1 200
社会效益(x_{43})	技术实施对社会公共利益和社会发展方面的贡献。 评分标准:1—效果不明显;2—效果一般;3—效果较好;4—效果良好;5—效果非常好
区域农户应用和发展理念(x_{431})	水土保持技术实施后农户在技术应用和生产经营理念方面的变化。 评分标准:1—基本无变化;2—部分发生变化;3—总体上有所变化;4—发生较大变化;5—发生很大变化
辐射带动程度(x_{432})	水土保持技术的实施带动周围乡村经济、文化、教育、科技发展的程度。 评分标准:1—小;2—较小;3—中等;4—较大;5—大

续表 4-2

指标名称及符号	指标说明及量化标准
技术推广潜力(x_5)	在未来发展过程中该项技术持续使用的可能性大小。 评分标准:1—小;2—较小;3—中等;4—较大;5—大
技术与未来发展 关联度(x_{51})	技术与未来发展趋势的相关程度。 评分标准:1—小;2—较小;3—中等;4—较大;5—大
生态建设需求度(x_{511})	未来该区域的生态建设对该项生态技术的需求程度。 评分标准:1—小;2—较小;3—中等;4—较大;5—大
经济/社会发展 需求度(x_{512})	未来该区域的经济/社会发展对该项生态技术的需求程度。 评分标准:1—小;2—较小;3—中等;4—较大;5—大
技术可替代性(x_{52})	技术是否可以被其他技术所替代。 评分标准:1—非常容易被替代;2—比较容易被替代;3—容易被替代;4—不容易被替代;5—不能被替代
优势度(x_{521})	该项水土保持技术相对其他技术的优势程度。 评分标准:1—低;2—较低;3—中等;4—较高;5—高
劳动力持续使 用惯性(x_{522})	劳动力持续使用该项水土保持技术的惯性。 评分标准:1—放弃;2—部分放弃;3—有放弃的念头;4—继续使用;5—动员其他人员使用

4.4.2　指标权重和模型确定

根据对生态技术认识程度的不同和掌握数据资料详略的不同,每个阶段通过建立不同情境下的层次分析模型,揭示不同指标系统下生态技术要素之间的关系,实现模块化评估思路,进而得到生态技术评价的综合值。通过建立的评价指标体系,利用"十三五"重点研发"典型脆弱生态修复与保护研究"专项的"生态技术评价方法、指标体系及全球生态治理技术评价"项目的第二课题"生态技术评价方法、指标与评价模型开发"的"生态技术评价方法与评价指标体系"的研究成果,基于一级、二级指标的水土保持技术评价模型为层次分析模型,基于三级指标的水土保持技术评价模型为 Logistic 回归模型(Hu 等,2019),基于黄土高原典型区域的问卷调查资料,确定了各级指标的权重。表 4-3 展示了项目课题二得到的一级指标和二级指标权重及黄土高原水土流失包含的三级指标。

表 4-3　各级指标权重

目标层	一级指标		二级指标		三级指标
	指标	权重	指标	权重	指标
生态技术适宜效果	技术成熟度	0.224 1	技术完整性	0.366 5	技术结构
					技术体系
			技术稳定性	0.394 4	技术弹性
					可使用年限
			技术先进性	0.239 1	创新度
					领先度
	技术应用难度	0.149 9	技能水平需求层次	0.481 8	劳动力文化程度
					劳动力配合程度
			技术应用成本	0.518 2	技术研发或购置费用
					机会成本
	技术相宜性	0.298 3	目标适宜性	0.282 1	生态目标的有效实现程度
					经济目标的有效实现程度
					社会目标的有效实现程度
			立地适宜性	0.364 9	地形条件适宜度
					气候条件适宜度
			经济发展适宜性	0.184 7	技术与产业关联程度
					技术经济发展耦合协调度
			政策法律适宜性	0.168 3	政策配套程度
					法律配套程度
	技术效益	0.229 2	生态效益	0.423 2	土壤侵蚀模数
					水土流失治理度
			经济效益	0.359 1	人均纯收入
					粮食单产
			社会效益	0.217 7	区域农户应用和发展理念
					辐射带动程度
	技术推广潜力	0.098 5	技术与未来发展关联度	0.657 8	生态建设需求度
					经济发展需求度
			技术可替代性	0.342 2	优势度
					劳动力持续使用惯性

4.4.3　典型配置模式评价

总指标和一、二级指标的评价使用层次分析法,该生态技术评价方法和模型,以客观指标数据为基础,可以减少人为主观因素的干扰,得到客观公允的评价结果,从而为生态技术的"引进来"和"走出去"提供科学依据。通过《黄土高原小流域水土保持技术配置模式评价调查问卷》对六种模式三级指标进行打分得出数据,然后根据层次分析法对三级指标进行计算。技术评价方法和模型,不仅可以对现有实施的生态技术进行评价,而且对新技术或已有技术的创新性使用也可以进行评价,只需将三级指标(全部为客观指标)值代入,就可以得出对二级指标、一级指标的全面评价,从而得到生态技术的最终评价的综合得分值。递推最终计算结果见表 4-4。

表 4-4　典型模式评价综合得分值

指标	估计值					
	沟坡兼治	淤地坝工程	梯层结构配置	防线模式	生态经济防护型	生态修复-高效农业
总指标(y)	3.499	3.604	3.731	3.720	3.819	3.919
技术成熟度(x_1)	3.882	4.008	3.994	3.988	3.928	4.048
技术完整性(x_{11})	4.000	4.266	4.188	4.188	4.000	4.047
技术稳定性(x_{12})	3.938	3.859	3.953	3.938	3.922	4.125
技术先进性(x_{13})	3.609	3.859	3.766	3.766	3.828	3.922
技术应用难度(x_2)	3.003	2.863	2.965	2.848	2.848	2.819
技能水平需求层次(x_{21})	2.703	2.531	2.625	2.516	2.516	2.406
技术应用成本(x_{22})	3.281	3.172	3.281	3.156	3.156	3.203
技术相宜性(x_3)	3.947	3.967	3.993	4.001	4.069	4.120
目标适宜性(x_{31})	3.746	3.819	3.850	3.892	3.965	3.986
立地适宜性(x_{32})	4.188	4.141	4.203	4.219	4.203	4.203
经济发展适宜性(x_{33})	3.828	3.891	4.016	3.922	4.156	4.313
政策法律适宜性(x_{34})	3.891	3.922	3.750	3.797	3.859	3.953
技术效益(x_4)	2.699	3.105	3.520	3.520	3.803	4.017
生态效益(x_{41})	3.000	3.000	3.500	3.500	4.000	4.000
经济效益(x_{42})	2.000	3.000	3.500	3.500	3.500	4.000
社会效益(x_{43})	3.266	3.484	3.594	3.594	3.922	4.078
技术推广潜力(x_5)	3.886	3.869	3.993	4.056	4.326	4.462
技术与未来发展关联度(x_{51})	3.875	3.891	4.047	4.109	4.406	4.516
技术可替代性(x_{52})	3.906	3.828	3.891	3.953	4.172	4.359

　　沟坡兼治模式的生态技术适宜效果总指标是3.499,这一模式主要是将治沟与治坡结合起来。黄土高原沟壑区的特点是坡面面积比重大,坡度陡,植被少,水力侵蚀、泻流、滑塌、崩塌现象严重,坡面水土流失促进了沟的发展,沟的发展又加剧了坡面侵蚀。因此,沟坡兼治完全符合当时的情况。综合治理,大大减少了黄土高原的水害和旱灾,山区面貌也起着不同程度的变化。坡地变梯田,主要是耕地变梯田。沟地变川台地是先支毛沟后干沟,先下游后上游,分节分段修筑谷坊、淤地坝等工程,使沟地逐渐变为川平台地。坡面治理要坚持生物措施和工程措施相结合,以生物措施为主。沟道治理要因地制宜,从上游到下游、从沟头到沟口、从支沟到主沟、从沟岸到沟底,层层设防,节节拦蓄,建立大中小型工程相结合的沟道工程防治体系。在沟道布设工程的基础上,造林种草,形成综合防治体系,达到控制水土流失目的。整体而言,本模式的技术成熟度相对较高(3.882),立地适应性好(4.188),但是效益较低(2.699),尤其是经济效益。

　　淤地坝工程治理模式总指标是3.604,主要有以坡改梯为主的坡面水土流失工程治理模式、以沟道拦沙淤地为主的淤地坝工程治理模式及以坡面植树种草为主的坡面生物防治模式。上拦下种,淤种结合,建坝顺序采用由沟口到沟头,自下而上分期打坝,当下坝基本淤满能耕种时,再打上坝拦洪淤地逐个向上游发展。上坝生产,下坝拦淤,建坝自上游到下游分期打坝,在上游淤地坝基本淤满可以种植利用时,再打下坝,滞洪拦淤。轮蓄轮种,蓄种结合,分段拦洪淤地,待基本淤满可利用生产时,再在这些坝的上游打坝作为拦洪坝,形成隔坝拦蓄。支沟滞洪,干沟生产,在已成坝系的干支沟内,干沟以生产为主,支沟以滞洪为主,干支沟各坝按区间流域面积分组调节、控制洪水,使之形成拦、蓄、淤、排和生产有机协调的工程体系。同时,统筹兼顾,蓄排结合,高线排洪,保库灌田,坝库相间,清洪分治。以小流域为单元,以大型骨干拦泥坝为骨架,大中小配套,拦蓄排相结合的路子,形成了完整的沟道群体防护体系。坝系总体布局是,主沟生产,支沟滞洪;上游滞洪,下游生产;大(型)小(型)结合,大拦(洪)小用(生产);坝库相间,蓄用配套。以上两种模式对促进经济和社会效益不太明显。

　　梯层结构模式最终得分3.731,综合了地貌单元土壤侵蚀特点,做到"因地制宜,因害设防",具有较明显的区域针对性。区域作为水土保持技术实施的载体,技术必须满足其载体及相互间作用对其的要求,在不同区域配置与之相宜的技术才能实现技术与载体之间的协同发展。根据黄土丘陵沟壑区地形特点,其配置宜分成平面水平配置和坡面立体配置各层次设计。平面三区结构配置模式是建立以居民点为中心的近、中、远三区结构配置模式。近村区,建立以水平梯田为主体的粮食和经济林治理开发区。中区,以推广水平沟种植和草粮等高带状间作等水土保持耕作法为主体的治理开发区。远村区,退耕还林还草,建设以草灌为主体的生态保护治理开发区,形成对中区和近村区的生态保护屏障。观测表明,坡面上水、肥、光、温等自然资源呈梯层分布,为此,水土保持措施也应采取梯层结构配置模式,即山顶林草戴帽,山坡梯田缠腰,沟道打坝穿靴。而且也以小流域为基本单元,紧密围绕"拦蓄降水,就地入渗,改善环境"这个中心,与地区生产发展方向及土地利用结构模式相配套,同时与当地经济开发和群众脱贫致富相结合,满足经济建设发展要求。

　　防线模式强调的是"因地制宜,因害设防"的灾后治理。高塬沟壑区的"三道防线":塬面防护体系是形成以道路为骨架,以条田埝地为中心的田、路、堤、林网,拦蓄工程相配套的塬面综合防护体系;沟坡防护体系是通过缓坡修梯田、陡坡整地造林种草,形成以营林种草为主,工程措施与植物措施相结合的坡面防护体系;沟道防护体系是从上游到下游,从支毛沟到干沟,以坝库工程为主,兼搞沟底防冲林,以抬高侵蚀基点,形成以坝库工程与植物措施相结合的沟道防护体系。而"五道防线"由五道防护体系构成:即梁峁顶防护体系、梁峁坡防护体系、峁边线防护体系、沟坡防护体系、沟底防护体系,保护梁峁顶及其附近地域,拦蓄降水,保持水土,拦截梁峁坡防护体系的剩余径流,稳定沟边,防止溯源侵蚀。但这种模式着重强调防护效益,未把当地经济开发提到应有的地位,所以总指标为3.720。这一时期形成了多样化投入与治理的水土流失治理模式,模式基本具备协调和支撑特定下垫面和特定生物气候类型区的小流域水土流失、产业布局与经济社会持续发展的综合性特点。

　　生态经济防护型模式,采用"一坡三带"治理模式,基于改变以往退耕还林过程中造林树种单一,生态系统不够稳定,尽可能建设物种多样性高、自我维持能力强、结构稳定、功能协调的稳定生态系统,真正达到治理水土流失的目的,总指标为3.819。针对区域复杂的地质和地形结构,按照因地制宜、因害设防的原则,以调整土地利用结构、发展农村经济、改善区域生态环境等为目标,走规模治理和综合开发之路。黄土高原小流域"一坡三带"的退耕还林空间配置模式配置依据地形部位的差异性、立地条件的差异性、防护目的和功能及农林牧三业协调发展这四个特点,建立不同的林带,即山顶水源涵养林,山腰水土保持林,山脚经济水土保持林。这一模式因害设防、因地制宜,使得生态效益与经济效益协调发展。

　　而生态修复-高效农业模式总指标为3.919,以质量为中心,以机制创新为动力,水土流失治理与农业结构调整相结合,以建立高效水保生态农业为重点,工程、生物、耕作3大措施并举,进行山顶、坡面、沟道立体开发,拦、蓄、排、灌、节合理配套,山水田林路综合治理。同时,强化防治面源污染,因地制宜、宜林则林、宜草则草、集中连片、注重规模,狠抓水土保持生态建设,达到社会效益、生态效益和经济效益的统一,有效地保护水土资源、防治面源污染和改善当地的生态与环境。经过配置治理后,小流域蓄水保土效益明显增强,提高了流域内防洪标准,削减了洪峰,调节了洪水径流,减轻了下游危害,水土流失得到有效控制。通过拦蓄水土,避免了土壤养分的流失,改善了农作物生长的土壤环境,有利于作物的生长发育,提高了作物的单产。同时改善了区域小气候,起到了调节湿度、增加降雨、降低风速、减少蒸发的作用,促进了生态环境的良性转化。

第 5 章 黄土高原典型小流域生态建设治理效果监测

5.1 典型小流域的选取原则

根据生态退化类型典型性、生态技术配置代表性、实施效果评价数据资料连续性的原则,选定示范点开展具体的生态治理技术配置和监测评价工作。

5.1.1 代表性原则

选择的示范点在区域上具有水土流失特征的代表性,其所处的地理位置具有水土流失地形分类的代表性,生态治理上具有典型的生态技术实施的代表性,且生态技术配置模式可以进行监测评价以反映一类治理模式的效益,能够反映该类生态退化系统治理的比较普遍适用的配置模式。

5.1.2 典型性原则

试验示范区所在位置比较典型,流域内梁峁交错,沟壑纵横,呈现支离破碎的地貌景观。能够具体反映黄土丘陵沟壑区生态退化系统和所处区域的生态特征。其水土流失程度较重,综合治理能够体现明显的治理效益,对于分析水土流失特点、生态治理技术效益具有典型性。

5.1.3 连续性原则

示范区实施了连续的生态治理,具有相对较长序列的监测资料,掌握的数据资料比较齐全,能够反映治理前后的差别,突出治理效果。

5.1.4 可实施性原则

根据示范区的地理位置和土壤情况,以及对示范区历史沿革的研究,探究生态治理措施的可实施性,以保证后期成果的有效性。

示范点的选取通过分析我国生态文明建设的生态技术需求,挖掘分析具有地域针对性的生态技术,并且依据生态学、水土保持学和植被生态学等多学科理论知识,兼顾对黄土高原退化类型的分析,基于现有的生态监测网络和示范点,找出针对水土流失防治等问题的生态技术;筛选黄土高原具有针对地域和退化问题的 1 个示范点,对其生态技术的配置和效果进行评价,推荐适宜的生态技术。采用高分辨率遥感影像等当前先进的生态监测技术采集相关指标,构建生态修复技术应用效果模型,筛选出较为成功的生态修复技术,在此基础上集成、凝练,提出基于生态文明建设需求的生态修复技术群,结合试点实证研究,提出生态文明建设需求和发展中国家生态治理与恢复的生态技术推荐指南。

　　基于上述选择原则和选取办法,综合评价,在黄土高原地区选择了丘陵沟壑第二副区,位于陕西省延安市南 30 km 处的安塞区高桥镇南沟村南沟小流域(109°17′13″~109°21′06″E,36°33′36″~36°37′58″N)为示范点。

5.2　安塞南沟小流域基本概况

5.2.1　自然概况

5.2.1.1　地理位置

　　研究区属典型的黄土丘陵沟壑区,是黄土高塬丘陵沟壑区第二副区,位于陕西省延安市南 30 km 处的安塞区高桥镇南沟村南沟小流域(109°17′13″~109°21′06″E,36°33′36″~36°37′58″N),是整个黄土高原最为中心的位置,且紧贴 303 省道与 G65W 延西高速交叉处的西南方向,流域总面积为 28.3 km²,平均海拔为 1 160 m,海拔最高可达 1 350 m。

5.2.1.2　地形地貌

　　安塞区南沟小流域属于黄土丘陵沟壑区第二副区,地貌由梁峁、沟坡、沟床等单元组成,以坡为主、沟壑纵横、梁峁林立、沟谷深切、地形破碎。境内沟壑纵横、川道狭长、梁峁遍布,由南向北呈梁、峁、塌、湾、坪、川等地貌。第二副区平均坡度稍小,耕垦指数较低,坡耕地有不少是轮荒地,有一小部分坡式梯田,水蚀都很强烈。其中,安塞区南沟小流域共有 123 条侵蚀沟道,总长 62.41 km,沟壑密度为 2.21 km/km²,沟蚀等级为中度。

5.2.1.3　气象水文

　　小流域属于暖温带半干旱气候区,春季干燥多风,夏秋季暴雨集中,冬季干冷雨雪少。多年平均降水量为 501 mm,年内分配不均,年内降水多集中在 6~9 月,且降水量占全年降水量的 70% 以上,年蒸发量大于 1 450 mm。年平均气温 8.8 ℃,年日照时数 2 300~2 400 h,年积温约为 3 878.1 ℃,年辐射总量为 493 kJ/cm²,无霜期约157 d。1970 年以来,南沟小流域的年平均气温的变化波动较大,但整体呈现出一个上升的趋势,1970~2018 年间全年降水量均在 800 mm 以下,其中有 8 年的年降水总量在400 mm 以下。

5.2.1.4　植被土壤

　　流域内主要有黄绵土、黑垆土、红土、潮土和灰褐土等。其中,地带性土壤为干润均腐土的黑垆土,由于土壤侵蚀造成其严重流失,土壤以钙质干润雏形土的黄绵土为主,其由黄土母质发育而来,质地疏松,通透性强,是黄土高原地区分布最广的土壤类型。

　　地带性植被属于由暖温带落叶阔叶林到荒漠草原过渡的森林草原区,主要有针阔叶混交林、灌丛、灌草等,包括刺槐、油松、酸枣、沙棘等,森林覆盖率达 65% 以上。

　　天然植被主要以白羊草、长芒草、狗尾草、披针薹草、铁杆蒿、茭蒿、茵陈蒿等为主,人工植被主要以刺槐、沙棘、苹果、苜蓿等为主。

5.2.2　经济状况

2018 年,安塞区完成生产总值 107.2 亿元。三产业构成比例为 11% : 63.4% : 25.6%。第一、二、三产业对经济增长的贡献率分别为 4.8%、71.5% 和 23.7%。第一、二、三产业对经济增长的拉动分别为 0.4 个百分点、5.9 个百分点和 2 个百分点。

(1)农业经济发展质量效益稳步提升。全区完成农林牧渔业总产值 22.1 亿元。其中农业产值 1.83 亿元,累计生产蔬菜及食用菌 23.1 万 t,比上年净增 1.6 万;水果产量 15.3 万 t,比上年净增 2.5 万 t;蔬菜产值 9.8 亿元,苹果产值 6.6 亿元,分别占农业产值比重为 53.8% 和 36.2%。林业产值 0.75 亿元,牧业产值 2.6 亿元,农林牧渔服务业产值 0.4 亿元。全年粮食播种面积 23.1 万亩,累计生产粮食 5.32 万 t。

(2)工业经济发展增势强劲。全区完成规模以上工业总产值 107.2 亿元。其中长庆原油产值 44.3 亿元,生产原油 130 万 t;长庆天然气产值 10.5 亿元,生产天然气 10.16 亿 m³;杏子川采油厂原油产值 20.8 亿元,生产原油 87.1 万 t;电力产值 4.4 亿元;园区产值 27.2 亿元。

(3)固定资产投资加快增长。全区完成固定资产投资 55.4 亿元。其中,地方项目完成投资 34.8 亿元,占总投资额的 62.8%;油气项目完成投资 20.6 亿元。

(4)消费市场更加活跃。完成社会消费品零售总额 15.3 亿元。从消费形态构成看,完成批零住餐销售额 53.25 亿元,其中批发业商品销售额 7.23 亿元;零售业商品销售额 30.67 亿元。

(5)城镇、农村居民收入稳定增加。城镇、农村居民两项收入分别为 33 197 元和 11 450 元,比上年分别增长 8.4% 和 9.6%。城镇、农村居民收入比为 2.9 : 1。

(6)经济结构性调整步伐放缓。从三次产业构成情况看,第一、二、三产业占比分别为 11%、63.4% 和 25.6%,第一、二产业占比提升 0.2 个百分点和 3.3 个百分点,第三产业占比回落 3.5 个百分点。

就安塞区高桥镇南沟村而言,现有果园 2 480 亩,人均 2.4 亩,人均纯收入 6 680 元。

5.2.3　社会状况

5.2.3.1　人口与劳动力

南沟村是安塞区高桥镇一个偏远的小村,属典型的黄土丘陵沟壑区,从 2015 年开始,南沟村按照规划逐期进行,目前已经完成投资 2.4 亿元。先后投资 8 000 多万元新建和改造民居 120 户 360 间,新建柏油道路 22 km,拓宽改造果园生产道路 18 km,硬化村内巷道 2.5 km,新建蓄水坝 5 座,水利设施配套完善,南沟村村民的生产生活条件得到极大改善。2017 年,农耕地有 4 000 亩,退耕还林 6 800 亩,荒山荒地 4 500 亩。全村 7 个村民小组 297 户 1 040 人,其中贫困户 51 户 139 人。多年来,南沟人靠种植玉米、小杂粮等维持生计,常年外出打工谋生的村民占到全村人口的 2/3,土地荒芜,村庄"空壳",是一个典型的贫困村。

安塞南沟生态农业示范园区是近几年黄土高原小流域生态治理取得显著成功的典型

代表,该园区遵循"以生态观光示范为核心"的指导思想,按照山水林田湖草综合治理、一二三产业融合发展的思路,着力打造集水土流失综合治理、现代农业、生态观光、乡村旅游为一体的综合性示范景区,并且生态效益正在逐步转化为促农增收的经济效益,具有十分重要的研究价值。

5.2.3.2　土地利用现状

通过对南沟小流域土地利用现状分析,得到南沟小流域 2018 年土地利用分布图,可以看出整个流域土地利用类型的分布情况。根据图 5-1,南沟小流域 2018 年土地利用类型主要为耕地、有林地、灌木林地、其他草地、农村建设用地、其他建设用地、其他交通用地、河湖库堰和裸土地。

各种类型土地的面积分布情况和所占比例如图 5-1 所示,南沟小流域有 97% 以上的土地是以有林地、灌木林地、其他草地、耕地为主。其中,耕地的占地面积约为 2.95 km²,占整个小流域面积的 10.42%;有林地面积约为 13.52 km²,占林地面积的 67.35%,占整个小流域总面积的 47.79%;灌木林地的面积约为 6.29 km²,占林地面积的 31.33%,小流域总面积的 22.23%;其他林地的面积约为 0.26 km²,占林地总面积的 1.32%,占小流域总面积的 0.94%;草地的占地面积约为 4.71 km²,占小流域总面积的 16.64%;住宅用地的占地面积约为 0.19 km²,占小流域总面积的 0.68%;水域的面积约为 0.18 km²,占小流域总面积的 0.64%。

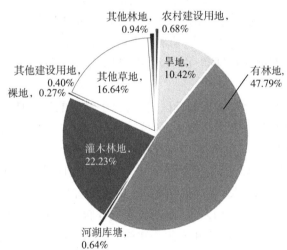

图 5-1　南沟小流域 2018 年土地利用类型的面积分布和所在比例

5.2.4　主要生态问题

5.2.4.1　水资源短缺

水资源不足成为区域生态建设和经济发展的限制因素,黄土丘陵沟壑区年降水量为 300~550 mm,由东南向西北递减,年内降水多集中在 7~9 月,占全年降水量的 70% 左右,且多为短历时小范围暴雨,年蒸发量为大于 1 450 mm。其次,土壤物理性质差造成土壤渗透性差,减少了降雨的入渗水量,大量雨以地表径流的形式流失,并引起强烈土壤侵蚀。

5.2.4.2　水土流失严重

黄土丘陵沟壑区因为坡陡沟深、土质疏松、植被缺乏,且暴雨集中,水土流失面积广、强度大,是黄土高原水土流失最严重的区域,也是黄河泥沙的主要来源区。退耕工程实施前,黄土高原每年冲向黄河的 16 亿 t 泥沙中,其中 90% 以上来自该区域,年侵蚀模数达 10 000~30 000 t/km²,安塞区南沟示范区所属的第二副区年侵蚀模数也达到了 5 000~15 000 t/km²,由于坡陡沟深、植被稀疏,土壤侵蚀以面蚀、沟蚀为主且均很严重,面蚀主要发生在坡耕地,其次是荒地,沟蚀主要发生在坡面切沟和冲沟。示范区以水力侵蚀为主并伴有部分滑坡、崩塌等重力侵蚀,重力侵蚀占比小但危害极大,造成水土流失的原因主要有如下两个:

(1)自然原因。山高坡陡,地形切割大,坡度在 25° 以上的面积占 50% 以上;多年平均降水量 501 mm,年内分配不均,6~9 月降水量占全年降水量的 70% 以上,且多以暴雨、冰雹等灾害性降雨形式出现;土壤以黄绵土为主,结构疏松、黏着力小,抗蚀力差。

(2)人为因素。陡坡垦种,粗放式种植管理,开垦荒山荒坡。据对 2003 年遥感卫星影像解译分析,2003 年,示范区坡耕地占比 24.9%,荒地面积占比 28%。

5.2.4.3　植被稀疏,林分质量低

陕西黄土高原地区的植被分区和植被覆盖程度有明显差别。北部地区植被属草原化森林草原带,北端趋草原化,植被覆盖为中度(30%~60%)。由于人为活动频繁,极度开垦,北部地区天然植被破坏严重。南部地区植被属森林草原带,植被较好,植被覆盖高(大于 60%),现全区以栽培植被为主,森林破坏殆尽,植被主要为一些灌丛和草本植物。天然植被仅在西部和北部残存栎类、山杨、白桦、侧柏等次生林。

5.2.4.4　灾害频发

陕西黄土高原是我国干旱多灾的地区之一,由于特殊的地形地貌、土壤和气候特征,这一地区的旱涝灾害频繁且常交替发生,滑坡、泥石流等地质灾害连年发生。干旱是陕西黄土高原最主要的气象灾害,每年都不同程度地发生,可谓"年年有旱",主要表现为冬春连旱和春夏连旱。1949 年以来,对于地区性季节干旱,陕西黄土高原南部地区多达 136 次(年均 2.07 次),陕北 121 次(年均 1.86 次)。旱灾灾害程度严重,平均每 4.6 年发生一次的干旱,导致粮食减产 80 万 t 以上。洪涝灾害同样频繁发生,1949 年以来,陕西省黄河流域共发生大洪水 11 次,平均 2.3 年发生一次受灾人口 300 万以上或死亡 300 人以上的暴雨洪水。此外,冰雹和大风灾害也比较严重,每年均有发生。

5.3　监测的主要指标及计算方法

5.3.1　归一化植被指数

归一化植被指数(Normal Difference Vegetation Index,NDVI)是目前常用的表征植被覆盖变化的指标,能够揭示区域环境状况的演化与变迁。将 NDVI 数据应用于监测植被变化特征,了解植被时空覆盖格局、过程,进而为探索提高区域生态环境质量的方法、路

径,改善人们居住环境,促进地域社会经济发展提供参考。

取 NDVI 作为研究地区植被状况的评价因子之一,其取值范围是 -1～1,负值表示地面覆盖度为云、水、雪等;0 表示岩石或裸地;正值表示植被覆盖,当数值越接近 1 时,说明区域植被覆盖度越高、植被生长状况越好。植被指数的计算公式为

$$NDVI = (NIR - R)/(NIR + R) \tag{5-1}$$

式(5-1)中 NDVI 为归一化植被指数值;R 为红外波段的灰度值;NIR 为近红外波段的灰度值。

5.3.2　土地利用变化动态度

土地利用变化动态度可以用来描述区域土地利用变化速度,它对比较土地利用变化的区域差异和预测未来土地利用变化趋势都具有积极的作用。

单一土地利用变化动态度表示在一定时期内不同土地利用类型的变化速度和幅度。公式如下:

$$K = \frac{S_j - S_i}{S_i} \times \frac{1}{T} \times 100\% \tag{5-2}$$

式中:K 为研究区域某一时段内某一土地利用类型变化速率(%);S_i、S_j 为监测开始和结束时土地利用类型的区域面积,km^2;T 为研究时段,当 T 的时段为年时,K 为研究区域某一土地利用类型的年变化率(%)。

综合土地利用变化动态度用来定量研究区域某一时期的土地利用变化速率,预测未来土地变化趋势的指标。公式如下:

$$L_c = \frac{\sum_{i=1}^{n} \Delta S_{i \sim j}}{2 \sum_{i=1}^{n} S_i} \times \frac{1}{T} \times 100\% \tag{5-3}$$

式中:L_c 为研究区域内某时段内土地利用变化速率(%);$\Delta S_{i \sim j}$ 为监测开始到结束时段内第 i 类土地利用类型的土地转化为 j 类型土地面积总和,km^2;T 为研究时段,当 T 的时段设为年时,L_c 为研究区域土地利用年变化率(%)。

5.3.3　景观格局指数

景观格局指数是对景观格局的结构组成及空间分布的定量评价指标,主要分为斑块水平指数、斑块类型水平指数及景观水平指数三种。本书使用 Fragststs 景观格局分析软件对流域的景观格局进行定量分析,选择在斑块类型水平和景观水平上运用斑块密度(PD)、景观形状指数(LSI)、最大斑块指数(LPI)、散布与并列指数(LJI)、聚合度指数(AI)、破碎度指数(SPLIT)、香农多样性指数(SHDI)和香农均匀度指数(SHEI)等 9 个指标进行流域景观格局分析(见表 5-1)。

表 5-1　景观格局指数

景观格局指数计算公式	说明
$PD = N/A$	景观中某斑块类型单位面积斑块数量
$LSI = 0.25E/\sqrt{A}$	景观形状指数
$LPI = \left[\max(a_1, a_2, \cdots, a_n)/A\right] \times 100\%$	最大斑块所占的面积比例
$LJI = \left\{ -\sum\limits_{k=1}^{m} \left[\dfrac{e_{ik}}{\sum\limits_{k=1}^{m} e_{ik}} \ln\left(\dfrac{e_{ik}}{\sum\limits_{k=1}^{m} e_{ik}} \right) \right] \Big/ \ln(m-1) \right\} \times 100\%$	各个斑块类型间的总体散布并列状况
$AI = \left[\sum\limits_{i=1}^{n} \left(\dfrac{\theta_{ii}}{\theta_{ii\max}} \right) \times P_i \right] \times 100\%$	景观中同类斑块的聚集程度
$SPLIT = \dfrac{A^2}{\sum\limits_{i=1}^{m} \sum\limits_{j=1}^{m} a_{ij}^2}$	景观中斑块的破碎程度
$SHDI = -\sum\limits_{i=1}^{m} P_i \ln P_i$	景观斑块的不确定性
$SHEI = H/H_{\max}$	景观中各斑块在面积上的不均匀程度

5.3.4　土壤侵蚀相关指标

在进行区域土壤侵蚀的调查、监测与制图时常用的方法有 3 类:遥感调查、基于土壤侵蚀模型的无缝网格估算和抽样调查。本书基于 USLE 模型的无缝网格估算法定量分析示范区土壤侵蚀的空间分布特征,并且结合刘斌涛等对 USLE 模型的改进,得到南沟小流域土壤流失方程:

$$A = R \times K \times LS \times C \times P \times M \tag{5-4}$$

式中:A 为年均土壤流失量,$t/(km^2 \cdot a)$;R 为降雨侵蚀力因子,$MJ \cdot mm/(hm^2 \cdot h \cdot a)$;$K$ 为土壤可蚀性因子,$t \cdot hm^2 \cdot h/(hm^2 \cdot MJ \cdot mm)$;$LS$ 为坡度坡长因子(无量纲,取 0 ~ 1),坡度和坡长皆由南沟小流域 DEM 计算得出;C 为植被覆盖与管理因子,无量纲,取 0 ~ 1;P 为水土保持措施因子,无量纲,取 0 ~ 1;M 为修正因子,无量纲。

5.3.4.1　降雨侵蚀力因子 R

降雨侵蚀力是指降雨造成土壤侵蚀的潜在能力。本书采用章文波等所建立的降雨侵蚀力模型,结合黄土高原地区特点,得到计算南沟小流域降雨侵蚀力因子的公式:

$$R = 0.358\,9F^{1.946\,2} \tag{5-5}$$

$$F = \left[\sum_{i=1}^{12} P_i^2 \right] \times P^{-1} \tag{5-6}$$

式中:P 为多年平均降水量,mm;P_i 为第 i 月的平均降水量,mm;F 为降水季节变率指数,无量纲。

5.3.4.2 土壤可蚀性因子 K

土壤可蚀性主要计算模型包括 Nomo 模型法、EPIC 模型法、Formula 模型,其中 EPIC 模型在国内外具有十分广泛的应用,本书使用 EPIC 模型来计算流域土壤可蚀性因子,其公式为

$$K_{\text{EPIC}} = \left\{ 0.2 + 0.3\exp\left[-0.025\,6S_a\left(1 - \frac{S_i}{100}\right) \right] \right\} \left(\frac{S_i}{C_l + S_i} \right)^{0.3} \times$$
$$\left[1 - \frac{0.25C}{C + \exp(3.72 \sim 2.95C)} \right] \times \quad (5\text{-}7)$$
$$\left[1 - \frac{0.7S_n}{S_n + \exp(-5.51 + 22.9S_n)} \right]$$
$$S_n = 1 - S_a/100 \quad (5\text{-}8)$$

式中:S_a 为砂粒(粒径 2~0.05 mm)含量(%);S_i 为粉砂(粒径 0.05~0.002 mm)含量(%);C_l 为黏粒(粒径<0.002)含量(%);C 为有机碳含量(%)。

由于使用 EPIC 模型计算得出的 K 值与实际测出的 K 值有较大偏差,为了减小这一偏差,张科利等提出 K 值修正公式如下:

$$K = -0.013\,8\,3 + 0.515\,75K_{\text{EPIC}} \quad (5\text{-}9)$$

计算中使用了《中国土种志》以及四川、云南、青海、西藏、甘肃等省(自治区)的土种志资料,将基于土种志资料计算的 K 值链接到1:100 万土壤图上编制得到土壤可蚀性图,空缺的数据使用 HWSD、SoilGrid 数据库进行补充,并使用 GIS 空间插值与平滑优化方法对齐进行了处理。经过处理后,得到 30 m 分辨率的栅格图像。

5.3.4.3 坡长坡度因子 LS

坡长因子 L 的计算公式为

$$L = \left(\frac{L_0}{20} \right)^{0.24} \quad (5\text{-}10)$$

式中:L_0 为坡长,直接由 ArcGIS 水文分析模块计算得到。

刘宝元等根据绥德、安塞和天水试验站的监测资料修正了黄土高原10°以上的坡度因子计算方法:

$$S = 21.91\sin\theta - 0.96 \quad (5\text{-}11)$$

由研究区 30 m 分辨率的 DEM 数据计算得出南沟小流域的坡长坡度,根据式(5-10)、式(5-11)分别计算得出 L、S 因子,利用栅格计算器得到 L、S 因子。

5.3.4.4 植被覆盖与管理因子 C

基于 $NDVI$ 的林草地 C 因子模拟公式为

$$C = 1.289\,9 \times e^{-6.343 \times NDVI} \qquad R^2 = 0.753\,1 \quad (5\text{-}12)$$

基于 $NDVI$ 的耕地 C 因子模拟公式为

$$C = -0.143 \times \ln NDVI + 0.252\,5 \qquad R^2 = 0.053\,9 \quad (5\text{-}13)$$

式中:$NDVI$ 为降水加权 $NDVI$,计算公式为

$$NDVI = \sum_{i=1}^{12} NDVI_i \times P_i/P \quad (5\text{-}14)$$

式中:$NDVI_i$ 为月 $NDVI$ 合成值,取 0~1,无量纲;P_i 为月降水量,mm;P 为年降水量,mm。

5.3.4.5　水土保持措施因子 P

水土保持措施因子 P 的取值在区域尺度的空间统计上主要与梯田相关,且在 P 因子赋值时也要考虑到黄土高原的地貌类型和坡度因素。本书的 P 因子主要基于欧空局 CCI_LC土地覆被数据计算得到,但在查找数据过程中,发现欧空局的该数据最早从 1992 年开始,考虑到我国大量的水土保持工程措施都是近 20 年修建的,因而 1981~1990 年的 P 因子数据皆采用 1992 年的数据。最终得到黄土高原典型时段的平均 P 因子值。

5.3.5　土壤理化性质指标

5.3.5.1　土壤 pH

土壤 pH 是土壤酸碱度的强度指标,是土壤的基本性质和肥力的重要影响因素之一。它直接影响土壤养分的存在状态、转化和有效性,从而影响植物的生长发育。土壤 pH 的测定方法包括比色法和电位法。电位法的精确度较高。pH 误差约为 0.02 单位,现已成为室内测定的常规方法。野外测速常用混合指示剂比色法,其精确度较差,pH 误差在 0.5 左右。

5.3.5.2　土壤容重

土壤容重又称干容重,指单位容积土壤中(包括孔隙)固体颗粒的重量,单位为 g/cm³。除用于计算土壤孔隙度外,在土壤调查、土壤分析和施肥及农田基本建设和水利设计中均会使用。其大小受质地结构的影响很大。沙土中的孔隙粗大,但数目较少,总的孔隙容积较小,故容重较大;反之黏土孔隙容积较大,容重较小;壤土介于二者之间。如果壤土和黏土的团聚化良好,形成具有多级孔隙团粒,则孔隙度显著增大,容重相应减小。土壤疏松(特别是在耕翻后)或土壤中有大量有机质、根孔、动物洞穴或裂隙,则孔隙度大而容重小;反之土壤愈紧实,容重愈大,故表土层的容重往往比心土层和底土层小。沙质土壤容重一般为 1.2~1.8 g/cm³,黏质土壤容重为 1.0~1.5 g/cm³。

5.3.5.3　平均重量直径(MWD)

一定粒级团聚体的重量百分比 W_i 乘以这一粒级的平均直径 X_i,所有所测粒级的上述乘积之和,即为平均重量直径(MWD)。

$$MWD = \sum_{i=1}^{n} \overline{X_i} W_i \tag{5-15}$$

5.3.6　生态服务功能的物质量指标

5.3.6.1　固碳服务

生态系统的气体调节服务主要表现为固碳释氧的过程,通过植物光合作用从大气中吸收 CO_2 合成有机物,并释放出 O_2。当生态系统的碳固定量高于碳排放量时,该生态系统表现为碳汇,而如果该生态系统的碳排放量高于碳固定量,该生态系统表现为碳源,生态系统的固碳释氧过程对于全球和区域碳循环研究十分重要。

固定 CO_2 的物质量的计算公式如下:

$$E_{CO_2} = NPP \times 1.63 \times A \tag{5-16}$$

式中: E_{CO_2} 为固定 CO_2 的物质量, t; NPP 为年净初级生产力, t/km^2; A 为研究区域面积, km^2。

5.3.6.2　释氧服务

在生态系统中植被通过光合作用合成有机物的同时也释放出 O_2, O_2 是人类以及动植物等维持正常生命活动最基本的物质。

释放 O_2 的物质量的计算公式如下:

$$E_{O_2} = NPP \times 1.19 \times A \qquad (5-17)$$

式中: E_{O_2} 为释放 O_2 的物质量, t; NPP 为年净初级生产力, t/km^2; A 为研究区域面积, km^2。

5.3.6.3　土壤保持服务

本研究中土壤保持评估采用美国农业部提出的通用土壤流失方程模型。

潜在的土壤侵蚀量计算公式为:

$$A_P = R \times K \times L \times S \qquad (5-18)$$

实际土壤侵蚀量的计算公式为:

$$A_r = R \times K \times L \times S \times C \times P \qquad (5-19)$$

生态系统土壤保持量的计算公式为:

$$E_{soil} = A_p - A_r \qquad (5-20)$$

式中: E_{soil} 为年均土壤侵蚀量, t/km^2; R 为降雨侵蚀力因子, $MJ \cdot mm/(hm^2 \cdot h \cdot a)$; K 为土壤可蚀性因子, $t/(hm^2 \cdot h \cdot MJ \cdot hm^2)$; L 为坡长因子, 无量纲; S 为坡度因子, 无量纲; C 为地表植被覆盖与管理因子, 无量纲; P 为土壤保持措施因子, 无量纲。

5.3.6.4　养分保持服务

土壤中的养分对于植物生长十分重要, 土壤保持服务在减少土壤侵蚀的同时, 也保留了土壤中的营养物质。本书主要对土壤中的 N、P、K 三种养分进行评估, N、P、K 三种养分土壤含量数据由国家科技基础条件平台——国家地球系统科学数据共享平台——土壤科学数据中心(http://soil.gdate.cn/)提供, 通过投影转换、提取分析后获得研究区域 N、P、K 三种养分的空间分布数据, 空间分辨率为 1 km, 结合土壤保持量数据, 计算 N、P、K 三种养分保持的物质量, 计算公式如下:

$$E_j = Q \times \omega_j \qquad (5-21)$$

式中: E_j 为第 j 种养分的物质量, g; Q 为土壤保持的物质量, t; ω_j 为第 j 种养分的含量, g/t。最后通过 ArcGIS 实现对 N、P、K 三种养分保持的物质量计算及可视化分析。

5.3.6.5　土壤结构(水源涵养)服务

区域生态系统可以通过水源涵养功能来拦蓄降水、调节径流以及净化水质, 并在区域水分循环中扮演重要角色。在水源涵养估算研究中, 水量平衡法易于操作, 而且评价结果较为准确, 该方法的主要原理是将研究区域看作一个整体, 降水作为水量输入, 蒸散量等作为水量输出, 二者之间的差值即为该区域水源涵养量。本书采用水量平衡法对南沟水源涵养量进行核算, 计算公式如下:

$$E_w = (P - ET) \times A \qquad (5-22)$$

式中：E_w 为研究区域的水源涵养量，m^3；P 为研究区域的年降水量，mm；ET 为研究区域的年蒸散量，mm；A 为研究区域面积，km^2。

在 ArcGIS 地理信息系统中利用地图代数工具对南沟水源涵养的物质量进行核算以及可视化分析。

5.3.6.6　土壤有机碳服务

土壤有机碳深刻影响着土壤的质地和结构，有机碳丰富的，土壤可以形成大量稳定的有机无机复合体，具有良好的土壤结构，不仅抗土壤侵蚀，也为根系提供理想的水分和空气条件。计算公式如下：

$$SOCD = \sum_{i=1}^{n} (1 - \theta_i\%) \times \rho_i \times C_i \times T_i / 100 \tag{5-23}$$

$$T_C = \sum_{i=1}^{n} S_i \cdot SOCD_i \tag{5-24}$$

式中：θ 为土壤大于 2 mm 的较粗颗粒体积分数；$SOCD$ 为有机碳的密度，$kg \cdot m^2$；ρ_i 为土壤的容重，g/cm^3；T_i 为土层厚度，cm；C_i 为土壤中有机碳的含量，g/kg；T_C 为有机碳总量，t；S_i 为第 i 种土壤的面积，hm^2；$SOCD_i$ 为第 i 种土壤的碳密度，t/hm^2。

5.3.7　能值分析

能值分析是将各种形式的能量通过太阳能制转换率换算成统一量纲的太阳能值，计算公式如下：

$$E_M = S_C \times E \tag{5-25}$$

式中：E_M 为能量所具有的能值；S_C 为能值转换率；E 为生态系统服务功能的物质量。

物质量与能值转化公式见表 5-2。

表 5-2　能值评估公式

评价指标	物质量计算公式	能值评估公式	能值转换率 S_C
固碳	$E_{CO_2} = NPP \times 1.63 \times A$	$E_M = S_C \times E$	3.78×10^7
释氧	$E_{O_2} = NPP \times 1.19 \times A$	$E_M = S_C \times E$	5.11×10^7
土壤保持	$E_{soil} = A_p - A_r$ $A_p = R \times K \times L \times S$ $A_r = R \times K \times L \times S \times C \times P$	$E_M = S_C \times \mu \times E$	7.4×10^4
养分保持	$E_j = Q \times \omega_j$	$E_M = \sum_{j=1}^{n} E_j \times S_{C_j}$	$S_N = 4.62 \times 10^9$ $S_P = 6.88 \times 10^9$ $S_K = 2.96 \times 10^9$
土壤结构	$E_w = (P - ET) \times A$	$E_M = E_W \times \rho \times G \times S_C$	4.09×10^4
土壤有机碳	$T_C = \sum_{i=1}^{n} S_i \cdot SOCD_i$	$E_M = S_C \times E$	1.33×10^4

E_{CO_2} 为固定 CO_2 的物质量,t;NPP 为年净初级生产力,t/km²;A 为研究区域面积;E_{O_2} 为固定 O_2 的物质量,t;E_{soil} 为年均土壤侵蚀量,t/km²;R 为降雨侵蚀力因子,MJ・mm/(hm²・h・a);K 为土壤可蚀性因子,t/(hm²・h・MJ・mm・hm²);L 为坡长因子,无量纲;S 为坡度因子,无量纲;C 为地表植被覆盖与管理因子,无量纲;P 为土壤保持措施因子,无量纲;E_j 为第 j 种养分的物质量,g;Q 为土壤保持的物质量,t;ω_j 为第 j 种养分的含量,g/t;E_w 为研究区域的水源涵养量,m³;P 为研究区域的年降水量,mm;ET 为研究区域的年蒸散量,mm;μ 为表土层能量折算比率,取值为 6.78×10^2;S_{C_j} 为第 j 种养分的能值转换率;ρ 为水的密度,取值 1.0×10^6 g/m³;G 为吉布斯自由能,取值 4.9 g/g。

当研究区域采取生态系统服务功能其他指标时,能值评估可参考表 5-3 的公式。

表 5-3　能值转换法评估原理

生态系统服务	指标	能值评估公式	能值转换率 T_r
供给服务	林地灌丛有机物生产	$E_1 = w \times A \times l_1 \times T_r$	1.33×10^4
	其他植被生态系统有机物生产	$E_2 = A \times Q \times C \times u \times 4\ 186 \times T_r$	4.7×10^3
调节服务	二氧化碳固定	$E_3 = A \times 1.63 \times NPP \times T_r$	6.01×10^4
	氧气释放	$E_4 = A \times 1.2 \times NPP \times T_r$	9.26×10^6
	净化空气	$E_5 = A \times q \times T_r$	5.26×10^{10}
	滞尘价值	$E_6 = A \times k \times T_r$	1.5×10^8
	涵养水源	$E_7 = A \times W \times p \times j \times T_r$	4.1×10^4
	土壤流失	$E_8 = (d \times A / s - d \times A) \times l_2 \times T_r$	7.4×10^4
	养分流失	$E' = (d \times A / s - d \times A) \times n \times T_r$	4.2×10^9
文化服务	科研文化	$E_9 = P \times T_r$	33.9×10^{16}
	生态旅游	$E_{10} = M \times T_r$	1.18×10^{13}

w 为平均凋落物量;A 为生态系统面积;l_1 为凋落物能量折算比率;Q 为植物总初级生产力;C 为碳含量;u 为碳的标准热值;NPP 为净初级生产力;q 为生态系统对二氧化硫的年平均吸收能力值;k 为生态系统单位滞尘能力;W 为生态系统单位面积涵养水源量;p 为雨水密度;j 为雨水的吉布斯自由能;d 为现实土壤侵蚀模数;A 为生态系统面积;s 为现实土壤侵蚀量占潜在土壤侵蚀量的比例;l_2 为植物表土层能量折算比率;n 为生态系统中养分含量;P 为平均每年发表的涉及所研究系统的学术论文页数;M 为生态旅游年收入。

5.3.8　服务价值分析

评估时首先利用能值分析将每项生态系统服务换算为对应的能值量,再利用能值货币比率将每项生态系统服务功能换算为相应的经济价值,能值货币比率可通过生态经济复合系统的年能值总利用量与当年国内生产总值 GDP 的比值得到,计算公式如下:

$$EMR = E_M/\text{GDP} \tag{5-26}$$

$$V_E = E_M/EMR \tag{5-27}$$

式中:EMR 为能值货币比;V_E 为能值货币价值;GDP 为研究区域的国内生产总值。

5.4　小流域植被覆盖与土地利用变化分析

植被指数作为衡量地区生态环境的重要指标之一,能很好地反映出植被的生长状态。归一化植被指数($NDVI$)是利用近红外波段与红光波段灰度值之差,除以近红外波段与红光波段灰度值之和,因可以有效地消除与大气状况相关的辐射变化的影响(如太阳高度角、卫星观测角等),所以一般将其作为测度区域植被生长状态的指示因子。为了研究南沟小流域长时间序列的植被覆盖情况,选取了 1981~2018 年 9 个年份作为时间节点:1981 年、1985 年、1990 年、1995 年、2000 年、2005 年、2010 年、2015 年、2018 年。便于从时间以及空间角度对南沟小流域植被变化进行更为直观的分析处理。

5.4.1　小流域植被年际变化特征

从图 5-2 中可以看出,1981~2018 年安塞区南沟小流域植被覆盖度存在一定的波动,但总体呈现较为明显的增加趋势,$NDVI$ 值介于 0.310~0.345。植被覆盖度存在明显的阶段变化,2000 年以前植被覆盖度变化波动范围不大,到 2000 年时,植被覆盖度迅速增加,$NDVI$ 值上升了 2.6%。

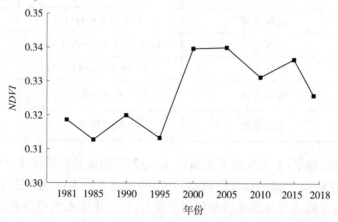

图 5-2　南沟小流域 $NDVI$ 年际变化

5.4.2　小流域植被覆盖空间分布特征

安塞区南沟小流域植被覆盖度在这 38 年间增长显著(见图 5-3)。植被 $NDVI$ 由流域外侧向流域中心逐年扩大,裸露区域及低植被覆盖区域逐年减少;植被增加主要集中在流域的西部和南部区域。其中,2000 年以前植被增加并不明显,2000 年以后高植被覆盖区域逐年增多。

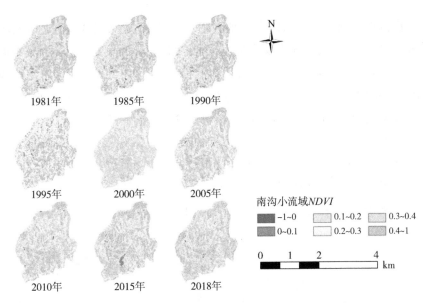

图 5-3　1981~2018 年南沟小流域植被 NDVI 空间分布

5.4.3　小流域土地利用变化特征

土地是各种自然生态系统的载体,是人类赖以生存和发展的最基本的自然资源,也是人与自然最为密切的交互载体,而土地利用/土地覆被的变化(LUCC)是人类在生产活动中改变自然的直接体现。通过对安塞区南沟小流域 1981 年、1985 年、1990 年、1995 年、2000 年、2005 年、2010 年、2015 年、2018 年 9 个节点的土地利用类型进行面积统计及比例分析,结果见表 5-4。

表 5-4　南沟小流域土地利用类型统计

年份	耕地		林地		草地		建设用地		水域		合计	
	面积/hm²	占比/%	面积/hm²	占比/%	面积/hm²	占比/%	面积/hm²	占比/%	面积/hm²	占比/%	总面积/hm²	百分数/%
2018	228	8.05	2 150	75.97	384	13.59	50	1.76	18	0.64	2 830	100
2015	253	8.93	2 124	75.04	407	14.39	29	1.02	17	0.62	2 830	100
2010	287	10.15	2 113	74.66	399	14.09	17	0.59	15	0.52	2 830	100
2005	338	11.94	2 033	71.82	430	15.18	16	0.56	14	0.50	2 830	100
2000	561	19.84	1 926	68.04	314	11.10	16	0.56	13	0.46	2 830	100
1995	858	30.33	1 621	57.27	336	11.88	2	0.08	13	0.45	2 830	100
1990	864	30.52	1 619	57.20	333	11.76	2	0.08	13	0.45	2 830	100
1985	864	30.52	1 371	48.46	580	20.49	2	0.08	13	0.45	2 830	100
1981	864	30.52	1 371	48.46	580	20.50	2	0.08	13	0.45	2 830	100

安塞区南沟小流域 1981~2018 年土地利用变化结果显示,近 38 a 来,研究区土地利用发生了较为剧烈的变化,总体表现为林地快速扩张、农耕地大幅度减少。林地面积大范围增加集中分布在南沟小流域的上游地区,流域林地在 1981~2018 年间基本呈快速增加趋势,由 1981 年的 1 371 hm² 增加到了 2018 年的 2 150 hm²,增加了 27.51%,占流域土地利用类型的比例由 1981 年的 48.46% 逐年递增到 2018 年的 75.97%,占整个流域面积的 3/4 以上;耕地面积从 1981 年的 864 hm² 减少 2018 年的 228 hm²,减少了 22.47%;草地面积由 1981 年的 580 hm² 减少到 2000 年的 11.10 hm²,减少了 9.4%,但从 2000 年开始,草地面积又恢复增长,增长到 2018 年的 13.59 hm²,增加了 2.49%;水域面积 37 a 间增加 5 hm²;建设用地从 1981 年的 2 hm² 增加到 2018 年的 50 hm²,增加了 1.68%。

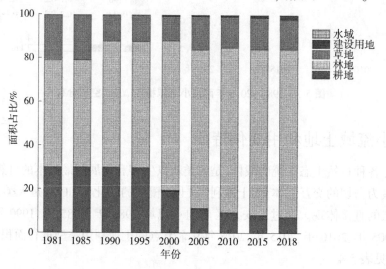

图 5-4 南沟小流域土地利用类型面积占比

从南沟小流域的面积占比分布图(见图 5-4)中可以很清楚地看出,变化最明显的则是耕地和林地面积,耕地以 2000 年为界其面积迅速降低,在 2010 年以后耕地的面积变化则逐渐趋于稳定。反之,林地的面积在退耕还林后则呈现快速增加的趋势,在 2010 年后林地的面积则逐渐趋于稳定。南沟小流域各种土地利用类型不仅在时间上发生了巨大的变化,在空间上也呈现出相应的演变规律,南沟小流域各地类的时空演变情况如图 5-5 所示。从图 5-5 可以看出,林地面积在逐年增加,且其从 1981 年主要分布在流域的西北地区慢慢地扩散至整个流域,其面积得到了大幅度的增加;同样,耕地面积也从最初的遍布整个流域逐渐减少到仅有部分分散在南沟小流域的东南部,说明退耕还林的实施取得了显著成效。在 1981~2018 年草地的空间变化不太明显,空间占比最小的建设用地和水域的分布随着时间的推移也有了相应增长。

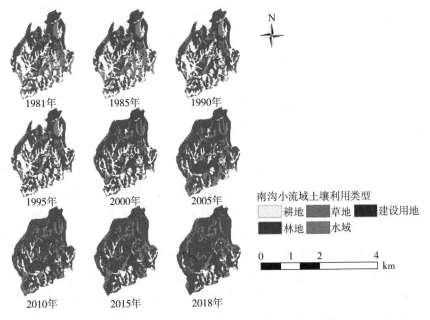

图 5-5　1981~2018 年南沟小流域土地利用变化图

　　为了研究黄土高塬丘陵沟壑区不同时期生态治理措施前后景观类型的动态变化情况,对研究区 1981 年、2000 年、2018 年 3 个时期的景观分类图分别进行空间叠加运算,得到 2 个时间区间的流域景观类型转移矩阵。1981~2000 年,流域景观类型转移变化情况为:耕地、草地面积减少,林地、水域、建设用地面积增加(见表 5-5)。其中,耕地减少的面积最多,为 302.1 hm²,减少了 34.98%,年均减少量为 15.9 hm²,耕地面积主要流向了林地、草地,转移面积分别为 235.69 hm² 和 52.84 hm²,即有 27.29% 和 6.12% 的耕地转移。流向建设用地的面积有 2.17 hm²,仅占整个流域面积的 0.07%;草地面积减少了 266 hm²,减少了 45.86%,年均减少量为 14 hm²,减少的面积主要流向了林地,为 318.48 hm²,占草地面积的 54.9%,流向水域面积仅为 0.36 hm²;在整个地类中,林地增加的面积最多,为 554.17 hm²,占初始林地面积的 40.4%,年均增加量为 29.17 hm²,转移面积来源是耕地和草地,分别为 235.69 hm² 和 318.48 hm²;水域面积增加的不多且面积转移来源是草地,建设用地面积转移来源是耕地。

表 5-5　1981~2018 年景观类型转移矩阵

1981 年	2000 年					
	耕地	林地	草地	水域	建设用地	总计
耕地	561.47	0	0	0	0	561.47
林地	235.69	1 371.44	318.48	0	0	1 925.61
草地	52.84	0	261.21	0	0	314.05
水域	0	0	0.36	12.73	0	13.09

续表 5-5

1981 年	2000 年					
	耕地	林地	草地	水域	建设用地	总计
建设用地	13.57	0	0	0	2.17	15.74
总计	863.57	1 371.44	580.05	12.73	2.17	2 829.96
1981~2000 年增加量	−302.1	554.17	−266	0.36	13.57	—
年均变化量	−15.90	29.17	−14.00	0.02	0.71	—

2000~2018 年景观类型转移矩阵中(见表 5-6),除了耕地外,其余地类的面积都在增加。耕地面积减少了 333.7 hm²,占初始耕地的 59.43%,年均减少量为 18.54 hm²,耕地面积主要流向了林地、草地,转移面积分别为 176.08 hm² 和 143.24 hm²,流向水域和建设用地的面积很少,即 2000 年的耕地中有 31.36% 的土地转变为了林地,25.51% 转变为了草地,仅有 0.77% 和 3.4% 的土地转变为水域和建设用地;在这个时段内,林地增加的面积最多,为 224.36 hm²,增加了 11.65%,年均增加量为 12.46 hm²,转移面积来源是耕地和草地,分别为 176.08 hm² 和 123.23 hm²,占林地面积的 8.19%、5.73%;草地面积增加了 70.47 hm²,增加的面积主要来源于耕地和林地,分别为 143.24 hm² 和 52.75 hm²,占草地面积的 37.25% 和 13.72%;建设用地面积增加了 33.94 hm²,增加的面积主要来源于耕地和林地,分别为 19.47 hm² 和 13.1 hm²;水域增加的面积最少,仅为 4.93 hm²,其转移面积来源为耕地、林地、草地。

表 5-6　2000~2018 年景观类型转移矩阵

2000 年	2018 年					
	耕地	林地	草地	水域	建设用地	总计
耕地	218.35	7.67	1.75	0	0	227.77
林地	176.08	1 850.66	123.23	0	0	2 149.97
草地	143.24	52.75	186.74	1.78	0	384.51
水域	4.33	1.43	0.95	11.32	0	18.03
建设用地	19.47	13.1	1.37	0	15.74	49.68
总计	561.47	1 925.61	314.04	13.1	15.74	2 829.96
2000~2018 年增加量	−333.7	224.36	70.47	4.93	33.94	—
年均变化量	−18.54	12.46	3.92	0.27	1.89	—

土地利用类型面积变化研究表明,1981~2018 年,流域景观类型的结构发生了直观的变化,耕地和林地的面积始终占整个流域面积的 80% 以上,起到绝对的主导作用,建设用地和水域的面积总和仅占整个流域面积的 2% 左右。此外,在景观的变化趋势上,耕地呈现始终减少的趋势,草地呈现先减少后增加的趋势,林地、水域、建设用地的面积始终都在增加,但只有林地的面积增加最为明显。从流域景观类型转化的情况来看,耕地减少的部

分主要转化为了林地,虽然林地和草地部分转移成了耕地,但占比极少,因而耕地的面积持续降低;林地面积增加的部分主要来源于耕地和草地,且二者所占比例相近;建设用地增加的面积则主要由耕地补充而来。这进一步说明退耕还林工程的实施使得黄土高原大面积农耕地以及部分荒草地都转化为了林地,并在流域植被覆盖方面取得了显著的成效。

5.4.4　小流域土地利用变化动态度

单一土地利用动态度表示在一定时期内不同土地利用类型的变化速度和幅度。动态度计算结果(见表 5-7)进一步揭示了上述变化过程。单一土地利用动态度方面,耕地 38 a 间呈现出"快速减少—减少"趋势,单一动态度为 1.99%,为面积减少速度最快的土地类型,尤其是 2000~2010 年的单一动态度高达−4.88%,可见退耕还林还草措施在大幅度的实施;建设用地虽总量不大,但其变化呈现较为明显的波动。1990~2010 年间呈缓慢增长趋势,2010 年以后,在流域整体转为丰水期、流域近期综合治理规划实施等众多利好因素促进下,城镇化进程加快。2010~2018 年间建设用地动态度大幅度地增长,38 a 的增长幅度高达 59.3%。与耕地、建设用地相反,草地动态度为先是负值后是正值再为负值,从1981~2000 年草地减少的速率变慢,2000 年后,草地开始缓慢增加,到 2015 年后又开始缓慢减少;林地 38 a 间整体动态度为 1.53%,且一直呈现一个缓慢增加的趋势;水域 37 a 间的单一动态度为 1.13%,且在 2000 年后增加较快,其单一动态度超过了 1%。表明期间为了改善南沟小流域所采取的一些水土保持措施产生了显著成效。从以上分析可以看出,20 世纪末采取的一系列例如退耕还林等措施成绩显著,使得林地、建设用地在 38 a 间转化最为活跃,面积增加最快;相应地,农耕地面积大幅减少,草地面积虽有些许降低,但整体保持在一个相对平缓的趋势上。

表 5-7　1981~2018 年土地利用动态度变化

指标	土地利用类型	不同时期的土地利用类型年动态度/%					
		1981~1990 年	1990~2000 年	2000~2010 年	2010~2015 年	2015~2018 年	1981~2018 年
单一土地利用动态度	耕地	0	−3.50	−4.88	−2.39	−3.30	−1.99
	林地	2	1.90	0.97	0.10	0.42	1.53
	草地	−4.74	−0.56	2.70	0.43	−1.86	−0.91
	建设用地	0	62.69	0.53	14.90	23.90	59.30
	水域	0	0.29	1.21	3.72	1.20	1.13

5.5　小流域景观格局变化特征

景观格局是指土地利用类型斑块的大小、形状及空间配置,是各种生态过程耦合的结果,是景观动态的组分,对景观功能和景观异质性都有重要影响。目前,景观格局分析方法主要有格局指数方法和空间统计学方法两种,空间统计学方法可以了解空间异质性在景观中的连续变化,描述斑块在空间上的分布特征,以及确定空间自相关关系是否对景观格局有重要影响,而景观格局指数主要用于空间上非连续类型的变量数据,描述景观类型组成和结构特征,景观格局指数是对景观格局的结构组成及空间分布的定量评价指标,主要分为斑块水平指数、斑块类型水平指数及景观水平指数三种。本书使用 Fragststs 景观格局分析软件对流域的景观格局进行定量分析,选择在斑块类型水平和景观水平上运用斑块密度(PD)、景观形状指数(LSI)、最大斑块指数(LPI)、散布与并列指数(LJI)、聚合度指数(AI)、破碎度指数(SPLIT)、香农多样性指数(SHDI)和香农均匀度指数(SHEI)等8 个指标进行流域景观格局分析。

5.5.1　南沟小流域坡度坡向分布

南沟小流域坡度和坡向分布如图 5-6 所示,流域面积 28.3 km²,坡度 0°～10°面积占流域面积的10.16%,坡度 10°～15°面积占流域面积的 12.80%,坡度 15°～23°面积占流域面积的30.82%,坡度 23°～30°面积占流域面积的 28.09%,坡度 30°～38°面积占流域面积的15.44%,坡度大于 38°占流域面积的 2.69%;北坡面积占流域面积的 11.37%,东北坡面积占流域面积的 14.33%,东坡面积占流域面积的 15.71%,东南坡面积占流域面积的 12.14%,南坡面积占流域面积的 7.36%,西南坡面积占流域面积的 8.79%,西坡面积占流域面积的 15.12%,西北坡面积占流域面积的 15.10%。

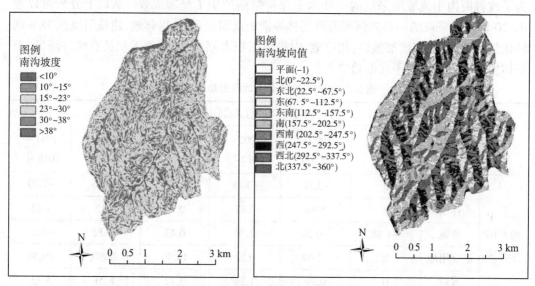

图 5-6　南沟小流域坡度和坡向分布

5.5.2　景观格局指数

1981 年土地利用类型景观水平的景观格局指数 *PD*、*LPI*、*LSI*、*IJI*、*SPLIT*、*SHDI* 和 *SHEI*、*AI* 分别为 4.70、37.10、13.84、52.38、6.25、1.07、0.66、94.45。其余年份的土地利用类型景观水平的景观格局指数详见表 5-8 和图 5-7。可以看出,*AI*、*IJI*、*LPI*、*PD* 随着年份的增长呈现一个增加的趋势,与之相反,*LSI*、*SPLIT*、*SHDI*、*SHEI* 呈现一个持续缓慢下降的趋势。

表 5-8　1981~2018 年景观水平景观格局指数计算结果

年份	PD	LPI	LSI	IJI	SPLIT	SHDI	SHEI	AI
1981	4.70	37.10	13.84	52.38	6.25	1.07	0.66	94.45
1985	4.70	37.10	13.84	52.38	6.25	1.07	0.66	94.45
1990	4.24	53.46	13.09	46.12	3.39	0.96	0.60	94.78
1995	4.35	53.53	12.95	46.84	3.39	0.96	0.60	94.84
2000	4.21	64.06	12.21	49.38	2.42	0.88	0.55	95.18
2005	4.24	70.00	11.25	51.03	2.03	0.83	0.52	95.61
2010	4.35	67.56	10.81	48.20	2.16	0.78	0.49	95.80
2015	4.74	66.89	11.02	52.96	2.20	0.79	0.49	95.71
2018	5.20	75.48	11.00	57.99	1.75	0.79	0.49	95.72

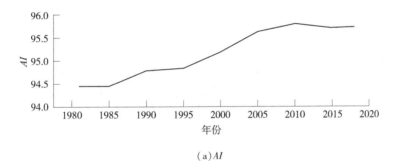

(a) AI

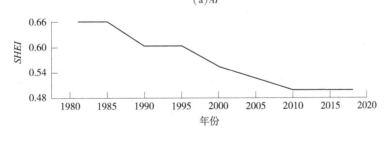

(b) SHEI

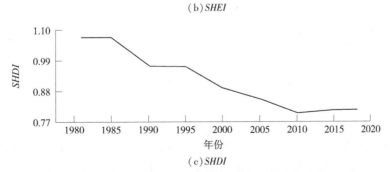

(c) SHDI

图 5-7　1981~2018 年景观水平景观格局指数的变化

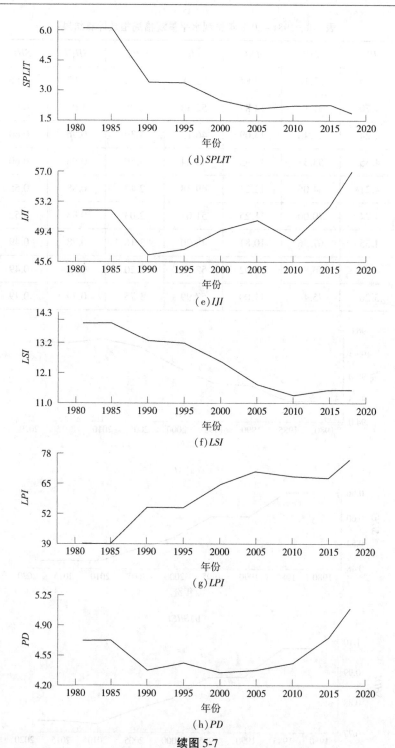

(d) SPLIT

(e) IJI

(f) LSI

(g) LPI

(h) PD

续图 5-7

　　IJI 在景观级别上计算各个斑块类型间的总体散布与并列状况。IJI 取值小时表明斑块类型仅与少数几种其他类型相邻接;IJI = 100 表明各斑块间比邻的边长是均等的,即各斑块间的比邻概率是均等的。IJI 数值的增长说明斑块之间彼此相邻接的数量是在逐年增加的。

　　LPI 等于某一斑块类型中的最大斑块占整个景观面积的比例,有助于确定景观的模式或优势类型等。其值的大小决定着景观中的优势种、内部种的丰度等生态特征,其值的变化可以改变干扰的强度和频率,反映人类活动的方向和强弱。在南沟小流域中,LPI 的值随着年份的增长几乎呈现直线式的增长,说明随着对南沟小流域的生态治理在逐年取得显著成效,也间接表明了南沟小流域的生物多样性也在增加。

　　$SHDI$ 在景观级别上等于各斑块类型的面积比乘以其值的自然对数之后的和的负值。$SHDI = 0$ 表明整个景观仅由一个拼块组成;$SHDI$ 增大,说明拼块类型增加或各拼块类型在景观中呈均衡化趋势分布。在南沟小流域的景观系统中,$SHDI$ 呈逐年递减的趋势,在生态治理中,大力增加林地的面积,使得土地利用的种类越简单,破碎化程度越低,其不定性的信息含量也越小,计算出的 $SHDI$ 值也就越小。

　　$SHEI$ 等于香农多样性指数除以给定景观丰度下的最大可能多样性(各拼块类型均等分布)。$SHEI = 0$ 表明景观仅由一种拼块组成,无多样性;$SHEI = 1$ 表明各拼块类型均匀分布,有最大多样性。与 $SHDI$ 相似,南沟小流域的 $SHEI$ 也呈逐年递减的趋势,$SHEI$ 值越来越趋于 0 说明该流域优势度变得越来越高,可以反映出景观受到一种或少数几种优势拼块类型所支配。

　　以 1981~2018 年土地利用类型图为基础,选取景观格局指数对南沟小流域景观格局进行综合分析,得到南沟小流域不同土地利用景观格局指数的变化情况(见表 5-9)。结果表明,随着年份的增长,草地、水域、建设用地的斑块密度(PD)逐渐增加,耕地的斑块密度(PD)先增加后减少,林地的斑块密度(PD)逐渐减小;草地、耕地的最大斑块指数(LPI)整体呈现逐年下降的趋势,建设用地、林地的最大斑块指数(LPI)则呈现逐年增长的趋势,水域的最大斑块指数(LPI)则 38 a 保持不变;耕地和林地景观形状指数(LSI)逐年减少,水域的景观形状指数则逐年增加,草地和建设用地的景观形状指数则都呈现先减小后增大的趋势;不过唯一区别是草地的节点在 1995 年,建设用地的是在 2005 年;草地、耕地的散布与并列指数(IJI)大致呈现逐年下降的趋势,而其他土地利用类型的散步与并列指数则呈离散变化;林地、建设用地、水域的分离度指数($SPLIT$)整体随着年份呈现出一个下降的趋势;反之,耕地的分离度指数则呈现出逐渐增大的趋势;建设用地、林地的聚集度(AI)随着时间的推进呈逐渐增加的趋势,草地、水域和耕地的聚集度随着年份的增长逐渐减少。

表 5-9　类型水平景观格局指数计算结果

地类	年份	PD	LPI	LSI	IJI	$SPLIT$	AI
草地	1981	1.41	10.22	14.70	49.50	87.10	93.13
	1985	1.41	10.22	14.70	49.50	87.10	93.13
	1990	1.45	2.05	12.90	44.82	1 010.13	92.10
	1995	1.48	2.05	13.06	46.06	1 008.73	92.05
	2000	1.45	1.48	13.96	38.88	1 486.30	91.15
	2005	1.45	2.45	14.52	31.48	549.90	92.12
	2010	2.05	2.24	15.14	21.35	813.03	91.45
	2015	2.30	1.81	15.39	18.60	899.30	91.38
	2018	2.47	1.22	16.71	33.90	1 280.33	90.32

续表 5-9

地类	年份	PD	LPI	LSI	IJI	SPLIT	AI
耕地	1981	1.98	5.52	16.15	47.85	129.64	93.79
	1985	1.98	5.52	16.15	47.85	129.64	93.79
	1990	1.98	5.52	16.15	34.29	129.64	93.79
	1995	2.05	5.10	15.88	35.14	142.57	93.87
	2000	1.91	1.59	15.97	32.03	523.96	92.38
	2005	2.01	1.41	14.36	36.79	1 490.65	91.20
	2010	1.45	1.40	12.51	28.89	1 607.74	91.78
	2015	1.17	1.87	11.11	33.85	1 283.77	92.31
	2018	1.06	1.87	10.47	36.71	1 417.94	92.39
建设用地	1981	0.04	0.08	6.40	1.54	1 649 495.32	51.96
	1985	0.04	0.08	6.40	1.54	1 649 495.32	51.96
	1990	0.04	0.08	6.40	1.54	1 649 495.32	51.96
	1995	0.04	0.08	6.40	0	1 649 495.32	51.96
	2000	0.11	0.31	4.70	16.33	75 925.77	88.32
	2005	0.11	0.31	4.70	14.25	75 925.77	88.32
	2010	0.14	0.31	4.93	25.32	75 409.61	88.08
	2015	0.53	0.31	9.59	45.30	53 400.41	80.30
	2018	0.99	0.43	9.71	67.87	20 713.76	84.81
林地	1981	1.13	37.10	14.67	60.43	7.10	95.55
	1985	1.13	37.10	14.67	60.43	7.10	95.55
	1990	0.64	53.46	14.48	55.43	3.49	95.97
	1995	0.64	53.53	14.24	55.87	3.49	96.04
	2000	0.57	64.06	12.81	63.25	2.43	96.76
	2005	0.46	70.00	11.52	66.69	2.04	97.19
	2010	0.42	67.56	11.34	66.64	2.17	97.29
	2015	0.39	66.89	11.63	72.39	2.21	97.22
	2018	0.25	75.48	11.11	72.05	1.76	97.37

续表 5-9

地类	年份	PD	LPI	LSI	IJI	SPLIT	AI
水域	1981	0.14	0.25	4.13	43.65	112 379.83	88.86
	1985	0.14	0.25	4.13	43.65	112 379.83	88.86
	1990	0.14	0.25	4.13	37.99	112 379.83	88.86
	1995	0.14	0.25	4.13	48.13	112 379.83	88.86
	2000	0.18	0.25	4.48	50.85	112 191.75	87.96
	2005	0.21	0.25	4.62	52.93	110 789.54	87.77
	2010	0.28	0.25	4.91	42.13	110 449.50	87.21
	2015	0.35	0.25	5.26	51.42	105 134.43	87.18
	2018	0.42	0.25	5.87	65.96	119 304.18	85.73

由于南沟小流域的建设用地和水域的面积所占区域比例极小,因而不做统一对比。该流域的 PD 在 1981~2005 年间都是耕地>林地>草地,2005~2018 年间是草地>耕地>林地;IJI 在 1981~2000 年间是林地>草地>耕地,2000~2018 年间是林地>耕地>草地;AI 除了 2005 年都是林地>耕地>草地。

5.6　小流域土壤侵蚀时空变化

土壤侵蚀是导致地表土壤剥离、输移和沉积的自然过程,它是人类农业生产可持续性的最大威胁之一。由于气候变化和人为活动,土壤侵蚀也日趋严重,这又导致土地质量和生态系统服务功能严重退化。通常在退化土地进行生态修复来改善水源和空气质量、提高土壤质量、增加生物多样性和控制土壤侵蚀,如将裸露的土地和农田转化为森林、灌木或草原。因此,明确土壤侵蚀变化对于评价生态修复效果是非常必要的。

RUSLE 模型是在美国农业部的 USLE 模型的基础上修正的,且 RUSLE 是最受认可和使用最多的,主要是因为:①公式简洁且公式中每个因子含义都很清晰;②对于进一步改善和完善模型容易进行适当的计算和阐述,且容易得到所需参数;③经过多年的验证和测试,模型的准确性满足应用需求。

5.6.1　RUSLE 模型各因子空间分布

本章采用 RUSLE 模型来评估南沟小流域土壤侵蚀,各参数大都基于实测数据推算或遥感数据反演,主要对南沟小流域进行土壤侵蚀量的计算,并进行土壤敏感性评价及空间分布状况分析,同时探讨土壤侵蚀与土地利用类型和地形因子的耦合关系。RUSLE 模型充分考虑了影响土壤侵蚀的自然要素,具有较强的实用性。其表达式为

$$A = R \cdot K \cdot LS \cdot C \cdot P \tag{5-28}$$

式中:A 为年平均土壤侵蚀量,$t/(hm^2 \cdot a)$,主要指由降雨和径流引起的坡面细沟或细沟间侵蚀的年均土壤流失量;R 为降雨侵蚀力因子,$MJ \cdot mm/(hm^2 \cdot h \cdot a)$,它反映降雨引起土壤流失的潜在能力,在 USLE 中,它被定义为降雨动能和最大 30 min 降雨强度的乘

积;K 为土壤可蚀性因子,t·hm²·h/(hm²·MJ·mm),它是衡量土壤抗蚀性的指标,用于反映土壤对侵蚀的敏感性,K 表示标准小区单位降雨侵蚀力引起的单位面积上的土壤侵蚀量;LS 为地形因子,L 和 S 分别为坡长和坡度因子,表示在其他条件不变的情况下,某给定坡长和坡度的坡面上土壤流失量与标准径流小区典型坡面上土壤流失量的比值,它对土壤侵蚀起加速作用;C 为植被覆盖与管理因子,它指在其他因子相同的条件下,在某一特定作物或植被覆盖下的土壤流失量与耕种后的连续休闲地的流失量的比值;P 为水土保持措施因子,它指采取水土保持措施后的土壤流失量与顺坡种植的土壤流失量的比值。

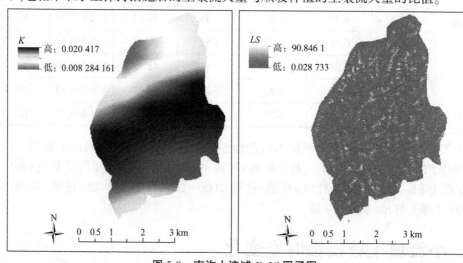

图 5-8　南沟小流域 K、LS 因子图

在流域的各土壤侵蚀因子中,K 因子、LS 因子都是固定不变的,其空间分布如图 5-8 所示。安塞区南沟小流域的 R 因子、C 因子、P 因子都是随着时间的变化而不断变化的。流域的降雨侵蚀力从西北向东南呈现递增的趋势(见图 5-9);C 因子在 37 年低值所占的比例越来越大。

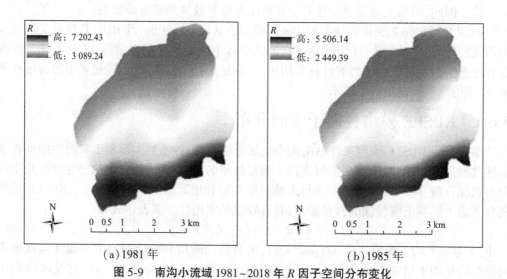

(a)1981 年　　　　　　　　　　　　(b)1985 年

图 5-9　南沟小流域 1981~2018 年 R 因子空间分布变化

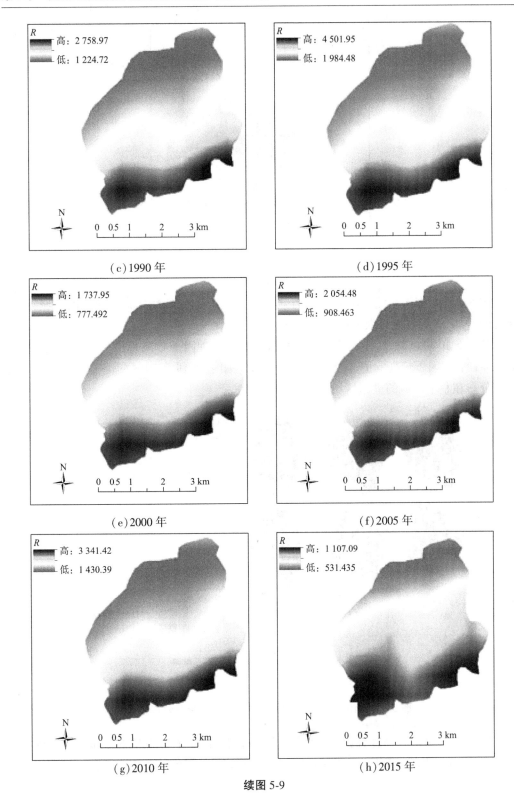

（c）1990 年　　　　　　　　　　（d）1995 年

（e）2000 年　　　　　　　　　　（f）2005 年

（g）2010 年　　　　　　　　　　（h）2015 年

续图 5-9

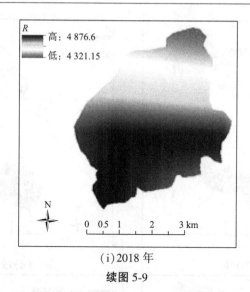

（i）2018 年

续图 5-9

图 5-9 显示南沟小流域降雨侵蚀力强的地区主要分布在整个流域的东南区域，随着年份的增加，降雨侵蚀力强的区域也在逐年扩大。

从图 5-10 可以看出，南沟小流域的植被覆盖与管理因子 C 呈现出一个逐年减少的趋势，1981 年 C 因子较高的值分布在整个流域的范围内，而到了 2018 年高 C 因子值则只是零星分布在整个流域的周边区域。

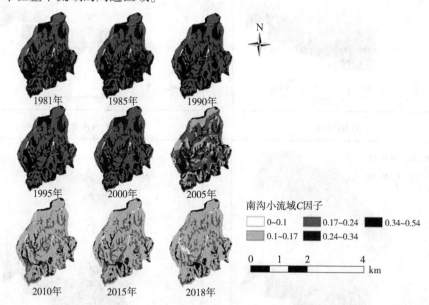

图 5-10　南沟小流域 1981~2018 年 C 因子空间分布变化图

从图 5-11 可以看出，南沟小流域的水土保持措施因子 P 较低值的分布范围在逐年增加，分布的范围也越来越广，这直接证明南沟小流域所采取的的各项水土保持措施减少了土壤流失量。

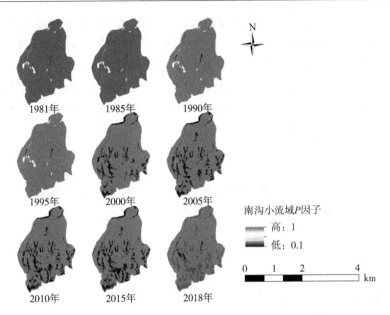

图 5-11　南沟小流域 1981~2018 年 P 因子空间分布变化图

5.6.2　土壤侵蚀年际变化

南沟小流域 1981~2018 年最大的土壤侵蚀模数为 7 161.99 t/(km² · a),最小的土壤侵蚀模数为 2 779.41 t/(km² · a),平均为 5 218.44 t/(km² · a),标准偏差为 4 382.57 t/(km² · a)(见表 5-10)。

表 5-10　1981~2018 年土壤侵蚀状况

年份	小流域总面积/ km²	土壤侵蚀面积/ km²	土壤侵蚀比例/ %	土壤侵蚀模数/ [t/(km² · a)]	土壤保持模数/ [t/(km² · a)]
1981	28.30	26.16	92.42	7 161.99	17 543.92
1985	28.30	26.17	92.46	7 133.92	17 571.98
1990	28.30	26.10	92.21	6 928.12	17 777.79
1995	28.30	26.10	92.22	6 970.42	17 735.49
2000	28.30	23.53	83.15	5 159.71	19 546.19
2005	28.30	21.66	76.55	4 081.24	20 624.67
2010	28.30	20.24	71.53	3 453.87	21 252.03
2015	28.30	19.60	69.27	3 297.30	21 408.61
2018	28.30	18.39	64.97	2 779.41	21 926.49
均值	28.30	23.10	81.64	5 218.44	19 487.46

由表 5-10 可以看出,南沟小流域土壤侵蚀面积在逐年减少,土壤侵蚀比例随着年份

的增长所占比例也越来越小;土壤侵蚀模数在逐年减小;反之,土壤保持模数也在逐年增加。在对南沟小流域38年的治理中,水土流失情况得到了明显的改善,越来越往"绿水青山就是金山银山"的方向发展。南沟小流域土壤侵蚀模数的分布情况则如图5-12所示。由图5-13、图5-14皆可以看出南沟小流域的土壤侵蚀模数随着时间逐渐减少,在空间上整体表现出侵蚀模数较低的值在小流域所占范围越来越大,计算结果可知小流域年均土壤侵蚀模数总体上减少了61.19%。1981~2000年土壤侵蚀模数减少了27.95%,2000~2018年土壤侵蚀模数减少了46.13%,即流域土壤侵蚀在2000年呈现出一个断层式缓解;同时,从图5-14可以看出,在这37 a间的土壤保持模数也呈现出一个逐年增加的趋势,2000年以后增长速率逐渐增加。由此可见,退耕还林(还草)措施在南沟流域取得了显著成效,使得土壤侵蚀现象得到了有效遏制。

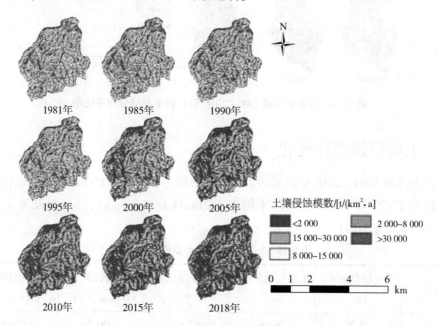

图5-12　1981~2018年土壤侵蚀模数空间分布

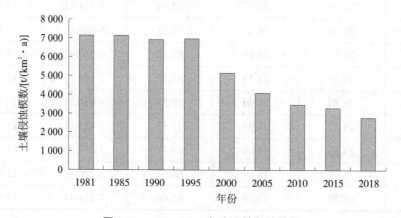

图5-13　1981~2018年度土壤侵蚀模数

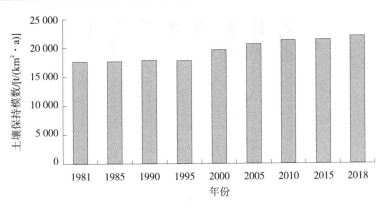

图 5-14　1981~2018 年度土壤保持模数

　　根据《土壤侵蚀分类分级标准(SL 190—2007)》,将土壤侵蚀分为微度、轻度、中度、强度、极强度和剧烈强度等 6 个级别。对土壤侵蚀模数结果进行重分类得到 1981~2018 年南沟小流域土壤侵蚀强度分布(见表 5-11)和土壤侵蚀等级分布比例(见图 5-15)。由 1981 年、1985 年、1990 年、1995 年、2000 年、2005 年、2010 年、2015 年、2018 年土壤侵蚀强度等级分布比例图可以直观地看出,微度侵蚀、轻度侵蚀在整个流域侵蚀强度所占比例增加,其中微度侵蚀面积增加了 45.72%,轻度侵蚀面积增加了 23.57%;中度侵蚀所占比例侵蚀面积仅增加了 4%;强烈侵蚀、极强烈侵蚀、剧烈侵蚀所占比例逐年减少,强烈侵蚀面积减少了 6.71%,极强烈侵蚀面积减少了 11.10%,剧烈侵蚀减少了9.76%,进一步说明该流域生态治理的有效性。同时,也可以直观地看出土壤侵蚀强度逐年减小,剧烈侵蚀和极强烈侵蚀的分布范围也在逐年减少,2018 年剧烈侵蚀和极强烈侵蚀则主要分布在整个流域的东部区。从 2000 年开始,微度侵蚀和轻度侵蚀所占的面积以及分布范围占据了整个流域的一半。

表 5-11　1981~2018 年土壤侵蚀强度分布

年份	侵蚀强度等级						土壤侵蚀面积/km²
	微度侵蚀	轻度侵蚀	中度侵蚀	强烈侵蚀	极强烈侵蚀	剧烈侵蚀	
1981	2.14	5.18	7.49	5.31	5.07	3.11	26.16
1985	2.13	5.20	7.51	5.33	5.04	3.09	26.17
1990	2.20	5.47	7.51	5.29	4.88	2.94	26.10
1995	2.20	5.38	7.52	5.31	4.92	2.97	26.10
2000	4.77	6.53	7.16	4.48	3.62	1.75	23.53
2005	6.64	7.44	6.72	3.83	2.62	1.06	21.66
2010	8.06	7.66	6.49	3.26	2.12	0.72	20.24
2015	8.70	7.58	6.32	3.06	1.97	0.67	19.60
2018	9.91	7.98	6.00	2.50	1.52	0.39	18.39
均值	5.19	6.49	6.97	4.26	3.53	1.85	23.10

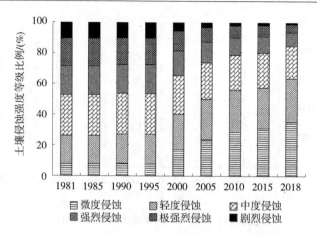

图 5-15　1981~2018 年土壤侵蚀等级分布比例

从图 5-16 也可以直观地看出,土壤侵蚀强度很明显的逐年减弱,剧烈侵蚀和极强烈侵蚀的分布范围也在逐年减少,到了 2018 年,剧烈侵蚀和极强烈侵蚀则主要分布在整个流域的东部区。从 2000 年开始,微度侵蚀和轻度侵蚀所占的面积以及分布范围占据了整个流域的半壁江山。

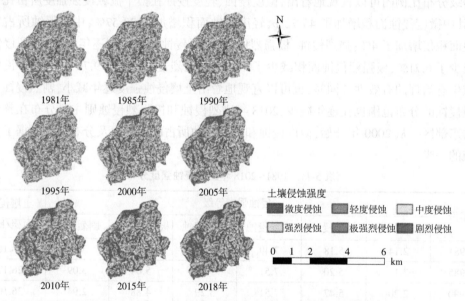

图 5-16　1981~2019 年土壤侵蚀强度空间分布变化图

为了揭示小流域土壤侵蚀空间变化特征,利用 ArcGIS 软件分别制作 1981~2000 年、2000~2018 年、1981~2018 年流域侵蚀等级强度转化图(见图 5-17),分析南沟流域 3 个时间跨度上的土壤侵蚀变化情况。从总的变化趋势来看,3 个时段内侵蚀等级升高的区域占比极小,均不到 0.1%,即使不同阶段,土壤侵蚀都在不同程度的减轻。1981~2000 年期间[见图 5-17(a)]有 74.34%的区域侵蚀程度未发生变化,流域东部区域侵蚀减轻程度最为明显;2000~2018 年期间[见图 5-17(b)]有 59.02%的区域土壤侵蚀减轻,以流域西部区域最为显著;从整个研究期变化来看,仅有 0.07% 的区域发生了恶化,主要集中在整个流域中心区域,73.39% 的区域侵蚀减轻,且分布在整个流域。从上述的流域侵蚀变化中可以看出,2000 年以前黄土高原采取水土流失治理模式以"亚顶级模式"为主的各项治理措施虽然取得了成效,但效果不是十分明显,2000 年以后的"顶级模式"以退耕还林工程为代表响应国家经济社会发展战略布局,协调区域生态经济持续发展,使得黄土高原的水土流失问题得到妥善解决。

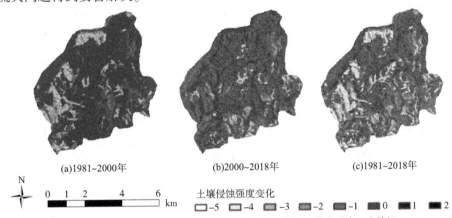

(a)1981~2000年　　　　　　(b)2000~2018年　　　　　　(c)1981~2018年

N

0　1　2　　4　　　6　km

土壤侵蚀强度变化

-5　-4　-3　-2　-1　0　1　2

注:图中 0 代表侵蚀强度不变,1 代表强度升高 1 个等级,2 代表升高 2 个等级,

-1 代表降低 1 个等级,-2 代表降低 2 个等级,以此类推。

图 5-17　1981~2019 年小流域侵蚀等级转化图

5.6.3　不同土地利用类型土壤侵蚀分布

安塞区南沟小流域 1981~2018 年不同土地利用类型土壤侵蚀强度状况见表 5-12,草地的微度、轻度侵蚀在整个土壤侵蚀强度的占比在逐年增加,中度、强烈、极强烈、剧烈侵蚀的占比在逐年减少;耕地轻度以上的侵蚀都在减少;水域、建设用地的侵蚀程度随着年份的增加始终在增加;林地微度、轻度、中度在逐年增加,强烈、极强烈、剧烈侵蚀在逐年减少;从以上结果中可以看出除水域、建设用地外,其余用地中度以上侵蚀都在逐年减少,这些都表明在林地、草地、耕地上采取的水保措施具有显著的成效。

表 5-12　不同土地利用类型的土壤侵蚀强度面积占比(%)分布

土地利用类型	土壤侵蚀强度	1981 年	1985 年	1990 年	1995 年	2000 年	2005 年	2010 年	2015 年	2018 年
草地	微度	1.094	1.103	0.683	0.667	0.727	2.381	3.500	4.533	4.786
	轻度	2.924	2.984	1.799	1.805	2.045	3.490	3.370	3.215	3.465
	中度	5.242	5.305	2.950	2.956	3.161	4.122	3.496	3.142	2.754
	强烈	4.157	4.217	2.475	2.501	2.197	2.643	2.017	1.786	1.315
	极强烈	4.410	4.303	2.469	2.532	2.039	1.837	1.287	1.151	0.819
	剧烈	2.605	2.520	1.340	1.375	0.879	0.689	0.401	0.499	0.319

续表 5-12

土地利用类型	土壤侵蚀强度	1981 年	1985 年	1990 年	1995 年	2000 年	2005 年	2010 年	2015 年	2018 年
耕地	微度	2.169	2.162	2.178	2.140	6.699	6.974	6.914	5.988	5.298
	轻度	3.885	3.895	3.920	3.828	3.417	2.633	2.140	2.109	1.938
	中度	7.205	7.205	7.217	7.195	3.569	1.157	0.680	0.620	0.575
	强烈	5.567	5.570	5.558	5.536	2.320	0.481	0.199	0.123	0.101
	极强烈	6.531	6.528	6.500	6.487	2.381	0.351	0.089	0.038	0.044
	剧烈	5.118	5.115	5.102	5.096	1.423	0.278	0.066	0.009	0.035
建设用地	微度	0.057	0.057	0.057	0.057	0.493	0.499	0.525	0.869	1.568
	轻度	0.019	0.019	0.019	0.016	0.054	0.051	0.051	0.114	0.145
	中度	0.003	0.003	0.003	0.006	0.013	0.009	0.009	0.038	0.035
	强烈	0	0	0	0	0.006	0.009	0.009	0.019	0.022
	极强烈	0.013	0.013	0.013	0.013	0.013	0.009	0.009	0.019	0.025
	剧烈	0	0	0	0	0	0	0	0.009	0.019
林地	微度	3.844	3.806	4.461	4.508	8.501	13.135	17.043	18.753	22.768
	轻度	11.476	11.460	13.584	13.350	17.546	20.078	21.500	21.327	22.604
	中度	14.014	14.008	16.366	16.379	18.535	18.431	18.728	18.503	17.836
	强烈	9.010	9.023	10.657	10.720	11.296	10.407	9.291	8.893	7.388
	极强烈	6.952	6.980	8.273	8.378	8.362	7.059	6.098	5.779	4.483
	剧烈	3.259	3.278	3.930	4.009	3.866	2.782	2.058	1.843	0.999
水域	微度	0.405	0.405	0.405	0.405	0.420	0.458	0.490	0.579	0.604
	轻度	0.009	0.009	0.009	0.009	0.013	0.013	0.019	0.019	0.028
	中度	0.003	0.003	0.003	0.003	0.006	0.013	0.009	0.013	0.016
	强烈	0.019	0.019	0.022	0.019	0.013	0.006	0.006	0.006	0.003
	极强烈	0.003	0.003	0	0.003	0.003	0	0	0	0
	剧烈	0.006	0.006	0.006	0.006	0.003	0.003	0.003	0.003	0.006

土壤侵蚀模数是指单位面积土壤及土壤母质在单位时间内侵蚀量的大小,是表征土壤侵蚀强度的指标,用以反映某区域单位时间内侵蚀强度的大小。不同土地利用类型土壤侵蚀模数的面积占比分布见表 5-13,平均值范围为 137.9~1 923.3 t/(km²·a)。1981~2000 年不同土地利用类型平均土壤侵蚀模数依次为林地>耕地>草地>建设用地>水域,而 2005~2018 年不同土地利用类型平均土壤侵蚀模数依次为林地>草地>耕地>建设用地>水域。

表 5-13　不同土地利用类型的土壤侵蚀模数面积占比(%)分布

土地利用类型	土壤侵蚀模数/$[t/(km^2 \cdot a)]$	1981 年	1985 年	1990 年	1995 年	2000 年	2005 年	2010 年	2015 年	2018 年
建设用地	<2 000	0.073	0.073	0.073	0.073	0.537	0.541	0.569	0.961	1.682
	2 000~8 000	0.006	0.006	0.006	0.006	0.028	0.028	0.025	0.079	0.089
	8 000~15 000	0.013	0.013	0.013	0.013	0.013	0.009	0.009	0.019	0.025
	15 000~30 000	0	0	0	0	0	0	0	0.009	0.019
	>30 000	0	0	0	0	0	0	0	0	0
草地	<2 000	2.845	2.899	1.789	1.796	2.042	4.663	5.823	6.813	7.268
	2 000~8 000	10.572	10.711	6.117	6.133	6.089	7.973	6.560	5.864	5.052
	8 000~15 000	4.410	4.303	2.469	2.532	2.039	1.837	1.287	1.151	0.819
	15 000~30 000	2.033	1.988	1.075	1.094	0.730	0.620	0.354	0.420	0.300
	>30 000	0.572	0.531	0.266	0.281	0.149	0.070	0.047	0.079	0.019
林地	<2 000	11.590	11.545	13.467	13.410	20.612	27.501	32.685	34.348	39.586
	2 000~8 000	26.755	26.751	31.601	31.547	35.265	34.550	33.877	33.128	31.010
	8 000~15 000	6.952	6.980	8.273	8.378	8.362	7.059	6.098	5.779	4.483
	15 000~30 000	2.937	2.953	3.506	3.582	3.468	2.580	1.951	1.764	0.958
	>30 000	0.322	0.326	0.424	0.427	0.398	0.202	0.107	0.079	0.041
耕地	<2 000	4.808	4.808	4.850	4.733	9.389	9.139	8.675	7.777	6.933
	2 000~8 000	14.017	14.024	14.024	13.967	6.617	2.105	1.258	1.062	0.980
	8 000~15 000	6.531	6.528	6.500	6.487	2.381	0.351	0.089	0.038	0.044
	15 000~30 000	3.803	3.797	3.784	3.778	1.084	0.187	0.041	0.009	0.009
	>30 000	1.315	1.318	1.318	1.318	0.338	0.092	0.025	0	0.025
水域	<2 000	0.411	0.411	0.411	0.411	0.430	0.468	0.496	0.588	0.629
	2 000~8 000	0.025	0.025	0.028	0.025	0.022	0.022	0.019	0.028	0.022
	8 000~15 000	0.003	0.003	0	0.003	0.003	0	0	0	0
	15 000~30 000	0.006	0.006	0.006	0.006	0.003	0.003	0.003	0.003	0.006
	>30 000	0	0	0	0	0	0	0	0	0

　　1981~2018 年土壤侵蚀程度在各个土地利用类型中都发生了较大变化,以 1981 年、2005 年和 2018 年不同土地利用类型的土壤侵蚀强度为例,简要分析土壤侵蚀强度分布的变化情况。在各种不同的土地利用类型中,1981 年微度土壤侵蚀所占面积大小为:林地>耕地>草地>水域>建设用地,轻度土壤侵蚀所占面积大小为:林地>耕地>草地>建设用地>水域,中度土壤侵蚀所占面积大小为:林地>耕地>草地>水域=建设用地,强烈土壤侵蚀所占面积大小为:林地>耕地>草地>水域>建设用地,极强烈土壤侵蚀所占面积大小为:林地>耕地>草地>建设用地>水域,剧烈侵蚀所占面积大小为:耕地>林地>草地>水域>建设用地。在建设用地中,土壤侵蚀主要是以微度和轻度侵蚀为主;水域中的土壤侵蚀则主要以微度和强烈侵蚀为主,草地与耕地中的土壤侵蚀则是以中度、强烈、极强烈侵蚀为主,林地中的土壤侵蚀则以轻度和中度侵蚀为主。

　　到了 2005 年,不同土地利用类型微度侵蚀所占面积大小为林地>耕地>草地>建设用地>水域,轻度土壤侵蚀所占面积大小为林地>草地>耕地>建设用地>水域,中度土壤侵蚀所占面积大小为林地>草地>耕地>水域>建设用地,强烈土壤侵蚀所占面积大小为林地>草地>耕地>建设用地>水域,极强烈土壤侵蚀所占面积大小为林地>草地>耕地>建设用地>水域,剧烈侵蚀所占面积大小为林地>草地>耕地>水域>建设用地。在建设用地中,土壤侵蚀主要是以微度和轻度侵蚀为主;水域与耕地中的土壤侵蚀则主要以微度、轻度、中度侵蚀为主,草地与林地中的土壤侵蚀则是以轻度、中度侵蚀为主。在 2018 年,不同土地利用类型侵蚀占比发生了巨大的变化,整个流域以微轻度侵蚀为主,在建设用地中,土壤侵蚀依旧以微度和轻度侵蚀为主;水域中的土壤侵蚀则主要以微度、轻度侵蚀为主,草地中的土壤侵蚀则是以微度、轻度、中度侵蚀为主,耕地中的土壤侵蚀则以微度、轻度、中度侵蚀为主,林地中的土壤侵蚀则以微度、轻度和中度侵蚀为主。综上,不难看出,整个南沟小流域不同土地利用类型的土壤侵蚀皆逐年向微度、轻度侵蚀靠拢;强烈至剧烈的侵蚀分布也相应地逐年减少。

　　由图 5-18 可以看出,南沟小流域不同土地利用类型的土壤侵蚀模数的变化情况是不同的。就耕地而言,土壤侵蚀模数从 2000 年开始皆呈现出一个下降的趋势;林地中大于 8 000 t/(km² · a)的土壤侵蚀模数全都呈现缓慢降低的趋势,只有小于 2 000 t/(km² · a)的林地的土壤侵蚀模数所占面积则呈现出一个逐渐增加的趋势;而草地除了小于 2 000 t/(km² · a)土壤侵蚀模数所占的面积逐年增加外,其余范围的土壤侵蚀模数所占面积则呈现逐年降低的趋势;与南沟小流域其他土地利用类型不同,建设用地和水域的土壤侵蚀模数所占的面积则整体呈现逐年增加的趋势,产生这种情况最大的原因可能是南沟小流域建设用地和水域的面积逐年增多。

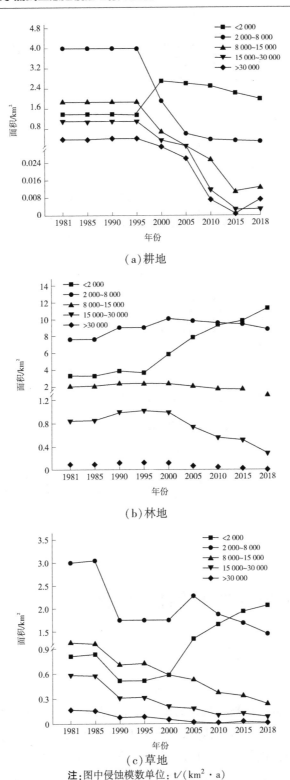

（a）耕地

（b）林地

（c）草地

注：图中侵蚀模数单位：$t/(km^2 \cdot a)$

图 5-18　不同土地利用类型的土壤侵蚀模数面积变化情况

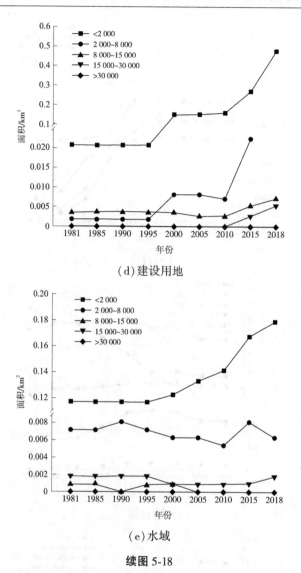

（d）建设用地

（e）水域

续图 5-18

5.7 小流域土壤主要理化性质变化

5.7.1 土壤水分、pH 及容重

土壤水分是土壤、植被、大气相互联系的关键因子，是土壤系统中物质和能量循环的重要载体，对土壤的特性、植被生长状况及其分布格局以及地域生态系统有着重要影响。黄土丘陵区属于干旱半干旱地区，降水资源紧缺，植被稀疏，水土流失严重，区域植被恢复困难。随着大规模植被恢复的不断推进，黄土丘陵区形成了乔木、灌木、草地等。通过了解土壤水分状况，掌握不同土地利用方式下土壤水分动态及水分利用效率，对于改善黄土丘陵区的生态环境有着极为重要的意义。

　　土壤含水量是影响地表能量平衡和水量平衡的主要物理参数之一,是表征土壤旱、涝的直观指标,而植被覆盖度指植物群落总体或各个体的地上部分的垂直投影面积与样方面积之比的百分数,它可以反映植被的茂密程度和植物进行光合作用面积的大小。因此,土壤含水量和植被覆盖度在水土保持研究中起着十分重要的作用,也是判断水土流失的重要因素。

　　本书采取南沟小流域核心区域 5 个不同生育时期的苹果园样点 AP1、AP3、AP6、AP8、AP10(1 年、3 年、6 年、8 年和 10 年)、一个果园退耕 15 年后的草地(AP-15G)、一个农田退耕 15 年后的草地(C-15G)、一个果园退耕 15 年后的刺槐林(AP-15R)和一个自然草地(NG)为样点来监测南沟小流域的土壤数据。每个样点随机选择 6 个 20 m×20 m 的样地,且每个样地之间的距离大约 20 m。选择每个样地的 4 个边角和中心位置等 5 个小样地用来调查群落结构、植被覆盖度和高度等信息,每个样点合计有 30 个小样地。另外,通过在样点的每个样地随机挖取剖面来获得土壤容重和土壤原状土样品。得到 9 个样地0~10 cm、10~20 cm、20~30 cm 深的土壤 pH、容重和水分的含量(见表5-14)。不同土层深度的土壤 pH 皆偏碱性,且在这 9 个样地中,AP-15R、AP-15G、F-15G、NG 这 4 个样地的土壤 pH 相较于其他 5 个样地的低些,随着土壤深度的增加,AP1、AP-15G 的 pH 逐渐减小,AP3、NG 的 pH 逐渐增大,其余样地的 pH 变化不大。9 个样地不同土壤深度中容重值最大的是 AP1 样地,且随着土壤深度的增加,其容重值也在逐渐增大,其余样地的容重值变化不大。9 个样地的土壤水分含量随土层深度的变化较大,AP1、AP3、AP6 的样地中的土壤水分随着土层深度的增加而增加,AP-15G、C-15G、NG 样地的土壤水分含量随土壤深度的增加而减小,其余样地水分含量并没有一个明显的变化趋势。

表 5-14　不同深度土壤 pH、容重和水分分布

土层	样地	pH	容重/(g/cm³)	水分/%
0~10 cm	AP1	8.59±0.02a	1.43±0.00a	16±1b
	AP3	8.53±0.08a	1.39±0.00b	15±1b
	AP6	8.53±0.00a	1.37±0.00b	12±1b
	AP8	8.43±0.04a	1.40±0.01b	19±1a
	AP10	8.50±0.02a	1.38±0.02b	15±3b
	AP-15R	8.36±0.00a	1.39±0.03b	19±1a
	AP-15G	8.45±0.02a	1.38±0.00b	20±2a
	C-15G	8.39±0.25a	1.38±0.00b	19±1a
	NG	7.69±0.26b	1.37±0.01b	20±1a

　　注:表中数字后字母 a、b、c、d 代表两个样本之间是否有显著差异,字母相同,说明没有显著性差异;字母不同,说明差异显著。

续表 5-14

土层	样地	pH	容重/(g/cm³)	水分/%
0~20 cm	AP1	8.64±0.03a	1.47±0.00a	18±1ab
	AP3	8.64±0.02a	1.42±0.00b	17±1bc
	AP6	8.63±0.01a	1.36±0.01d	13±1c
	AP8	8.47±0.05bc	1.41±0.01bc	19±1ab
	AP10	8.58±0.05ab	1.38±0.02bcd	15±2c
	AP-15R	8.43±0.026c	1.38±0.02bcd	20±1a
	AP-15G	8.44±0.026c	1.38±0.01cd	20±1a
	C-15G	8.41±0.021c	1.37±0.01d	18±1ab
	NG	8.29±0.08d	1.37±0.01d	19±1ab
20~30 cm	AP1	8.61±0.03ab	1.48±0.00a	18±1ab
	AP3	8.71±0.01a	1.43±0.02b	18±2ab
	AP6	8.63±0.02ab	1.39±0.02c	15±2ab
	AP8	8.49±0.06bc	1.40±0.01bc	19±1a
	AP10	8.65±0.03a	1.39±0.01c	14±2b
	AP-15R	8.45±0.10c	1.40±0.02bc	18±3ab
	AP-15G	8.49±0.06bc	1.40±0.02bc	17±2ab
	C-15G	8.45±0.04bc	1.38±0.01c	17±1ab
	NG	8.41±0.07c	1.37±0.01c	18±1ab

5.7.2　土壤全氮、铵态氮和硝态氮

　　土壤全氮、铵态氮和硝态氮含量与储量的分布具有一致性,其在不同土层中的分布也具有一致性;随着果园年份的增加,土壤全氮、铵态氮和硝态氮含量与储量也显著增加;果园及农田退耕后的样地中,C-15G 的土壤全氮含量与储量最大,其次为 NG,最小的为 AP-15G 和 AP-15R(见图 5-19)。

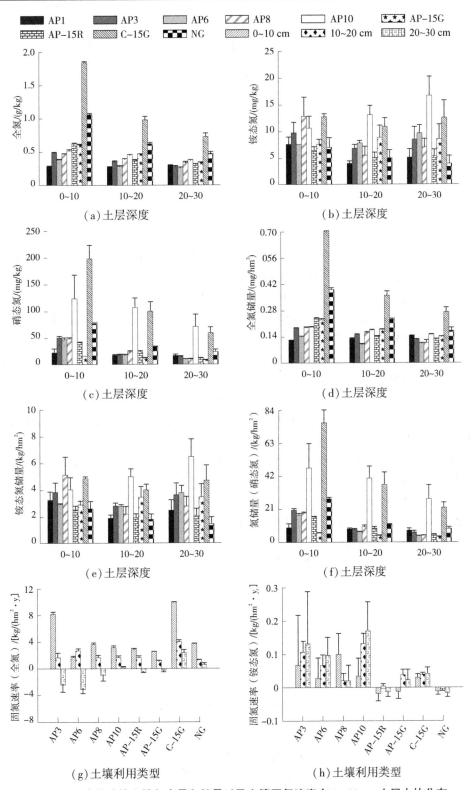

图 5-19　9 个样地的土壤氮含量和储量以及土壤固氮速率在 0~30 cm 土层中的分布

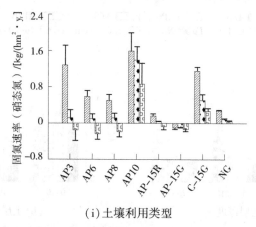

（i）土壤利用类型

续图 5-19

随着土壤深度的增加，土壤固持全氮的速率在降低；0～20 cm 土层中 AP3 和 C-15G 的土壤固持全氮的速率最高，其他样地无显著差别，20～30 cm 土层中土壤固持全氮的速率随着果园的成长与退耕土地利用类型的不同而逐渐增加（见图 5-19(g)）。果园土壤固持铵态氮的速率大于退耕后的土地利用类型，而果园之间和退耕后土地利用类型之间的土壤固持铵态氮的速率无显著差别，不同土层土壤固持铵态氮的速率也无显著差别，AP-15R 和 NG 土壤固持铵态氮的速率为负值（见图 5-19(h)）。土壤固持硝态氮的速率随着土层的增加而降低，20～30 cm 土层甚至为负值；AP3、AP10 和 C-15G 土壤固持硝态氮的速率最大，而果园样地之间与退耕后的土地利用类型之间无显著差别（见图 5-19(i)）。

如图 5-20(a)～(c)所示，0～30 cm 土层中，大于 1 mm 的土壤团聚体中 AP1 分布最多，AP-15R、AP10 和 C-15G 分布较少；相比于 C-15G，其他所有样地在 0～20 cm 土层中都分布较多的 0.25～1 mm 土壤团聚体，而 20～30 cm 土层中，AP3 和 AP10 的 0.25～1 mm 土壤团聚体分布最多，AP1 分布最少。0～20 cm 土层中，AP6 的小于 0.25 mm 土壤团聚体分布显著多于 AP1、AP-15R 和 C-15G，在 20～30 cm 土层中，AP10 小于 0.25 mm 土壤团聚体分布最多，C-15G 和 NG 次之，AP1 和 AP-15R 最少。

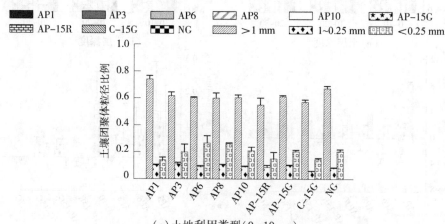

（a）土地利用类型（0～10 cm）

图 5-20　9 个样地中土壤团聚体粒径比例、分形维数（D）、平均重量直径（MWD）和
几何平均直径（GMD）在 0～30 cm 土层中的分布

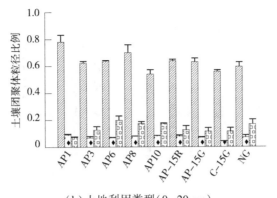

（b）土地利用类型（0~20 cm）

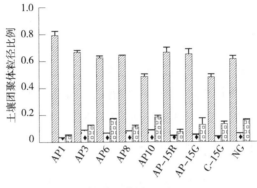

（c）土地利用类型（20~30 cm）

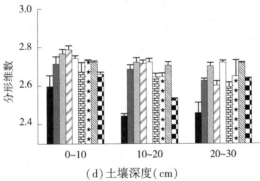

（d）土壤深度（cm）

（e）土壤深度（cm）

续图 5-20

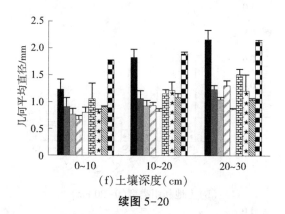

(f)土壤深度(cm)

续图 5-20

如图 5-20(d)~(f)所示,所有土层中分形维数与平均重量直径和几何平均直径的分布趋势相反,AP1 和 NG 的土壤分形维数最低,其平均重量直径和几何平均直径也最高,AP-15R 次之,表明 AP1 和 NG 的土壤团聚体稳定性最高,AP-15R 的土壤团聚体稳定性次之;随着果园的成熟,土壤团聚体稳定性逐渐降低,而退耕后的土地利用类型中 AP-15R 的土壤团聚体稳定性最高,C-15G 的土壤团聚体稳定性最低。

5.7.3　土壤理化性质统计特征值

南沟示范区不同土地利用类型不同土壤深度的土壤颗粒、容重、土壤 pH、土壤有机碳、全氮、无机碳氮和平均重量直径统计特征值见表 5-15。

表 5-15　不同土地利用类型不同深度土壤理化性质的分布

土层	因子	农田	果园	草地	森林	其他
0~10 cm	黏粒/%	16.28±0.36	14.66±0.47	13.78±0.15	14.86±0.19	11.8±0.26
	粉粒/%	24.65±0.65	25.67±0.47	23.07±0.22	23.07±0.23	20.21±0.42
	砂粒/%	59.06±0.97	59.67±0.86	63.15±0.35	61.07±0.38	67.99±0.68
	pH	8.01±0.03	8.5±0.2	8.45±0.02	8.36±0.03	7.99±0.04
	容重/(g/cm³)	1.26±0.05	1.29±0.05	1.3±0.01	1.29±0.02	1.29±0.01
	平均重量直径/mm	0.81±0.1	2.45±0.5	2.23±0.07	2.11±0.07	1.86±0.03
	土壤有机碳/%	2.46±0.16	2.64±0.08	2.87±0.06	2.99±0.05	2.4±0.07
	土壤全氮/(g/kg)	4.42±0.34	6.07±0.48	7.07±0.32	6.54±0.25	6.04±0.23
	可溶性碳/(mg/L)	30.12±0.49	80.94±0.46	42.09±0.53	32.41±0.32	147.47±1.65
	可溶性氮/(mg/L)	8.14±0.12	22.25±0.17	2.81±0.1	7.95±0.16	10.05±0.32

续表 5-15

土层	因子	农田	果园	草地	森林	其他
10~20 cm	黏粒/%	16.46±0.28	14.84±0.47	13.98±0.15	14.27±0.15	11.31±0.42
	粉粒/%	24.23±0.28	25.49±0.30	23.21±0.22	23.45±0.23	19.76±0.83
	砂粒/%	59.30±0.68	59.67±0.70	62.81±0.35	62.28±0.35	68.94±0.42
	pH	8.23±0.02	8.58±0.01	8.41±0.03	8.43±0.03	8.12±0.05
	容重/(g/cm³)	1.27±0.04	1.33±0.06	1.29±0.01	1.31±0.02	1.31±0.02
	平均重量直径/mm	0.77±0.11	0.88±0.27	2.04±0.08	1.58±0.08	1.43±0.05
	土壤有机碳/%	2.61±0.22	2.43±0.1	2.70±0.06	2.84±0.05	2.21±0.06
	土壤全氮/(g/kg)	3.75±0.31	4.45±0.35	5.14±0.33	4.75±0.2	4.24±0.3
	可溶性碳/(mg/L)	29.58±0.46	72.85±0.65	40.87±0.42	38.01±0.32	153.32±0.93
	可溶性氮/(mg/L)	4.86±0.24	7.51±0.35	2.52±0.19	10.84±0.21	10.57±0.18
20~30 cm	黏粒/%	16.15±0.45	15.27±0.42	13.79±0.14	14.19±0.16	11.19±0.54
	粉粒/%	24.32±0.54	26.42±0.46	23.10±0.20	23.69±0.20	20.19±0.91
	砂粒/%	59.53±0.89	58.31±0.82	63.11±0.14	62.12±0.33	68.62±0.54
	pH	8.36±0.03	8.65±0.02	8.46±0.04	8.45±0.02	8.24±0.1
	容重/(g/cm³)	1.21±0.05	1.32±0.04	1.31±0.01	1.34±0.02	1.32±0.01
	平均重量直径/mm	0.81±0.09	1.11±0.32	1.56±0.07	1.17±0.06	0.95±0.07
	土壤有机碳/%	2.50±0.20	2.46±0.09	2.77±0.06	2.98±0.08	2.13±0.1
	土壤全氮/(g/kg)	3.49±0.42	3.64±0.33	4.09±0.16	3.81±0.16	3.58±0.29
	可溶性碳/(mg/L)	24.03±0.49	69.77±0.6	32.01±0.37	43.42±0.52	126.51±0.48
	可溶性氮/(mg/L)	3.26±0.11	6.31±0.14	2.81±0.13	10.55±0.27	8.51±0.19

由表 5-15 可以看出,不同土地利用类型不同深度土壤理化性质的分布是不同的。不同土地利用类型中不同深度的土壤中,果园在所有范围的土层深度的 pH 最高,接近 8.5;草地和森林的土壤 pH 次之;土壤 pH 最小的地类是农田和其他土地利用类型,且随着土壤深度的增加,各个土地利用类型土壤 pH 的变化幅度不大。在 0~10 cm 的土层深度中,砂粒含量为其他土地>草地>森林>果园>农田,粉粒含量为果园>农田>森林>草地>其他土地,黏粒含量为农田>森林>果园>草地>其他土地;10~20 cm、20~30 cm 各土地利用类型的占比情况和 0~10 cm 大致相同。结果表明,果园和农田更适合种植在粉粒和砂粒含量较多的土壤中。0~10 cm 的土层深度中,果园的可溶性氮含量最高,达 22.25 mg/L,草

地的可溶性氮的含量最低;10~20 cm、20~30 cm 的土层深度中,森林的可溶性氮最高,草地的可溶性氮含量皆为最低值。在 0~30 cm 的土层深度中,其他土地的可溶性碳的含量最高,农田的可溶性碳含量最低。农田、果园、森林、草地、其他土地的土壤全氮含量则随着土层深度的增加而减小。关于土壤的平均重量直径,果园、草地、森林、其他土地随土壤深度的增加而减小,农田土壤的平均重量直径随土层深度的增加变化不大。各个土地利用类型的土壤容重在数值上差距不大,随土层深度的变化也不大。

第 6 章　黄土高原典型治理小流域生态服务功能评估

6.1　小流域生态系统服务功能评估

生态系统服务是生态系统及其过程为人类提供的直接或间接的收益,生态系统及生态过程是生态系统服务功能的载体,通过物质循环、能量流动以及信息传递等方式直接或者间接地为人类社会提供必要的环境条件以及物质基础。生态系统服务是连接生态系统结构、过程与人类福祉之间的桥梁,对其进行价值评估可以为评估生态系统质量变化,制定生态系统服务付费政策提供可靠依据,促进生态系统保护和生态文明建设。

由于生态系统具有复杂的结构,所能提供的惠益涵盖动植物、水文、土壤、气象等方面,决定了生态系统服务功能的复杂性和多样性。生态经济学等学科的引入推动了生态系统服务功能价值评价体系的完善,结合经济学原理定量化评估服务功能价值可获得更为准确的结果。而加深对生态系统的功能和过程的认知,合理调整生态系统结构,改善管理模式,对于服务功能的提高有极大的帮助。

开展生态系统服务功能价值评估的意义在于能够有效地帮助人们定量地了解生态系统服务的价值,从而提高人们对生态系统服务的认识程度和环境意识;也可促使商品观念的转变。商品的价值,除原有的传统商品价值意义外,还应包括生态系统服务中没有进入市场的价值。这样,生态系统服务价值研究就打破了传统的商品价值观念,为自然资源和生态环境的保护找到了合理的资金来源,具有重要的现实意义。现行的国民经济核算体系只体现生态系统为人类提供的直接产品的价值,而未能体现其作为生命支持系统的间接价值。研究表明,生态系统的直接价值远远低于其间接价值。通过区域生态系统服务的定量研究,能够确切地找出区域内各生态系统的重要性,发现区域内生态系统敏感性空间分布特征,确定优先保护生态系统和优先保护区,为生态功能区的划分和生态建设规划提供科学的依据。生态系统服务功能价值评价研究可以让人们了解生态系统给人类提供的全部价值,促进环保措施的合理评价。

生态系统服务功能评估是以能值理论为基础,通过 GIS、能值分析、空间分析和可视化分析等对研究区域的生态系统服务功能进行核算;明确流域生态系统服务价值总量,并分析其在不同土地利用类型、坡度和土壤侵蚀强度的分布。采用能值分析法对生态系统服务进行评估计量。评估指标的选取通常需要结合研究区域实际情况进行,一般需要遵循以下几个原则:

(1)由于区域生态系统结构复杂,种类多样,选取的评价指标需要尽可能涵盖和反应整个研究区域生态系统。

(2)各项评价指标应该互相区分明确,避免有重叠或者交叉现象,导致重复计算。

（3）必要的数据支持，由于任何方法或者模型的应用都需要相应的数据和计算资源的支持，因此计量方法需要考虑可操作性问题。

针对黄土高原可持续发展建设需求及环境与生态学研究的前沿性问题，以黄土丘壑区典型流域南沟小流域为研究对象，通过遥感影像及其他历史资料整理收集与野外调查、野外网格采样试验和室内实验分析相结合的方法，对南沟小流域的固碳服务、释氧服务、土壤保持服务、养分保持服务、土壤结构服务和土壤碳库服务等6种生态系统服务功能价值量的空间分布进行评估，分别从物质量、能值和服务价格三个方面进行了评估。

综上所述，以能值理论为基础，通过 GIS、能值分析、空间分析和可视化分析等对南沟小流域的固碳释氧服务、土壤保持服务、养分保持服务、土壤结构服务和土壤碳库服务等6种生态系统服务功能进行核算；明确流域生态系统服务价值总量，并分析其在不同土地利用类型和坡度的分布；同时，将研究区域的能值分析结果与南沟小流域 GDP 耦合换算能值货币比，从而使研究区域生态系统服务价值更具科学客观的呈现。为了呈现更准确的分析效果，本章节选取南沟小流域共计 28.3 km² 的土地来计算生态系统服务的总能值和总价值。由于南沟小流域本身面积比较小，经调查 2015 年人均收入约为 1.48 万元，总计 1 040 人，2015 年南沟小流域 GDP 为 1 539.2 万元。通过 2015 年和 2018 年安塞区 GDP 的比例关系，推算出 2018 年南沟小流域人均收入为 1.63 万元，则 2018 年南沟小流域 GDP 为 1 699.3 万元。

6.1.1　固碳释氧生态系统服务功能评估

在评估南沟小流域不同年份固碳释氧生态服务功能价值时，首先要得到南沟小流域的 NPP 空间分布的栅格数据（见图 6-1），易知南沟小流域 2015 年 NPP 分布范围大致在 0~613 gC/m²，2018 年 NPP 分布范围大致在 0~627 gC/m²。2015~2018 年，经过 3 年的生态治理，小流域内 NPP 有了显著的提升，且主要发生在流域中心区域。

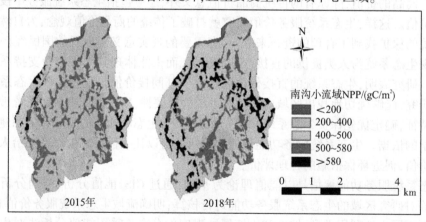

图 6-1　南沟小流域 NPP

6.1.1.1　固碳释氧服务物质量

南沟小流域 2015 年固定二氧化碳物质量为 $6.04×10^8$ t，释放氧气物质量为 $4.41×10^8$ t；2018 年固定二氧化碳物质量为 $6.36×10^8$ t，释放氧气物质量为 $4.65×10^8$ t，固碳释氧量有了显著增加（见图 6-2、图 6-3）。

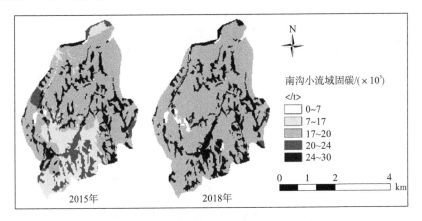

图 6-2　南沟小流域固定二氧化碳物质量分布图

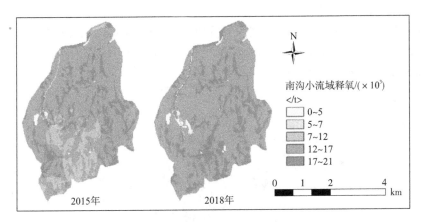

图 6-3　南沟小流域释放氧气物质量分布图

6.1.1.2　固碳释氧服务能值

　　南沟小流域 2015 年固定二氧化碳能值为 2.28×10^{16} sej,释放氧气能值为 2.25×10^{16} sej; 2018 年固定二氧化碳能值为 2.41×10^{16} sej,释放氧气能值为 2.37×10^{16} sej(见图 6-4、图 6-5)。

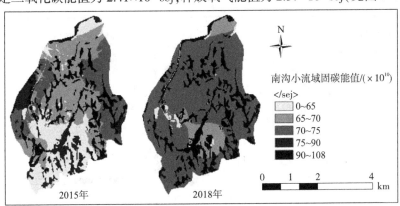

图 6-4　南沟小流域固定二氧化碳能值分布图

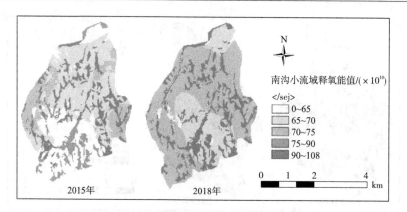

图 6-5　南沟小流域释放氧气能值分布图

6.1.1.3　固碳释氧服务价值

南沟小流域 2015 年固定二氧化碳服务价值为 11 668 941.4 元,释放氧气服务价值为 11 516 484.6 元;2018 年固定二氧化碳服务价值为 2 602 687.1 元,释放氧气服务价值为 2 568 682.8元(见图 6-6、图 6-7)。

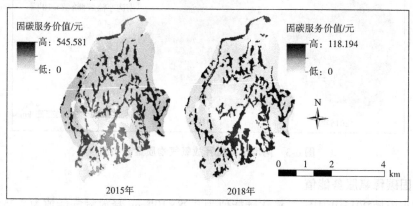

图 6-6　南沟小流域固碳服务价值分布图

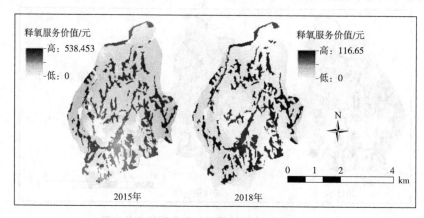

图 6-7　南沟小流域释放氧气服务价值分布图

6.1.2　养分保持生态系统服务功能评估

6.1.2.1　养分保持物质量

2015 年,南沟小流域 N 养分保持的物质量为 $2.2×10^8$ t,P 养分保持的物质量为 $2.04×10^8$ t,K 养分保持的物质量为 $4.81×10^9$ t;2018 年,南沟小流域 N 养分保持的物质量为 $1.28×10^9$ t,P 养分保持的物质量为 $1.18×10^9$ t,K 养分保持的物质量为 $2.79×10^{10}$ t。小流域养分保持总物质量从 2015 年的 $5.24×10^9$ t 增加到 2018 年的 $3.04×10^{10}$ t(见图 6-8~图 6-10)。

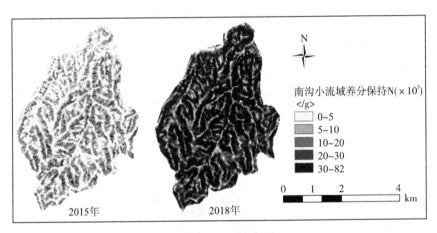

图 6-8　南沟小流域 N 养分保持物质量分布图

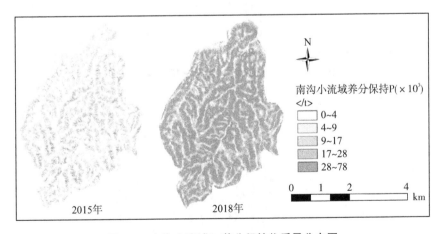

图 6-9　南沟小流域 P 养分保持物质量分布图

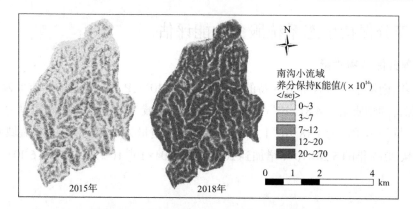

图 6-10　南沟小流域 K 养分保持物质量分布图

6.1.2.2　养分保持能值

南沟小流域 2015 年 N 的养分保持能值为 1.02×10^{18} sej，P 的养分保持能值为 1.40×10^{18} sej，K 的养分保持能值为 1.42×10^{19} sej，小流域 2018 年养分保持总能值为 1.67×10^{19} sej；2018 年 N 的养分保持能值为 5.90×10^{18} sej，P 的养分保持能值为 8.12×10^{18} sej，K 的养分保持能值为 8.26×10^{19} sej，小流域 2018 年养分保持总能值为 9.66×10^{19} sej，见图 6-11~图 6-14。

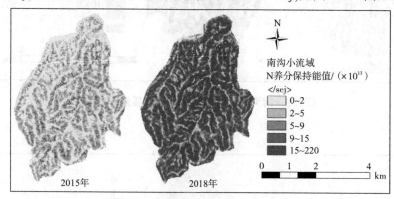

图 6-11　南沟小流域 N 养分保持能值分布图

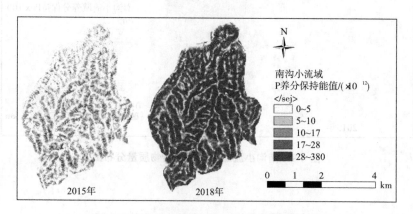

图 6-12　南沟小流域 P 养分保持能值分布图

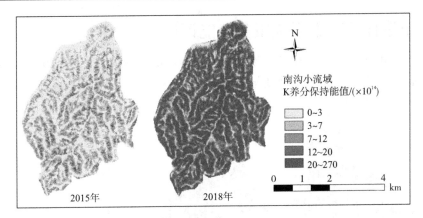

图 6-13 南沟小流域 K 养分保持能值分布图

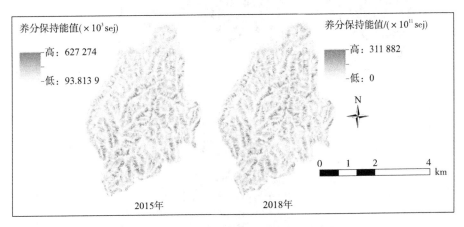

图 6-14 南沟小流域养分保持能值分布图

6.1.2.3 养分保持服务价值

南沟小流域 2015 年养分保持服务价值为 8 513 182 364 元；2018 年养分保持服务价值为 10 455 816 020 元(见图 6-15)。

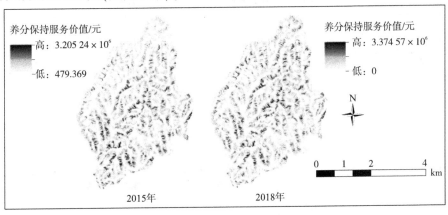

图 6-15 南沟小流域养分保持服务价值分布图

6.1.3　土壤保持生态系统服务功能评估

南沟小流域 2015 年土壤保持的物质量为 $2.89×10^6$ t,能值为 $2.14×10^{11}$ sej,服务价值为 109.4 元;2018 年土壤保持的物质量为 $1.67×10^7$ t,能值为 $1.24×10^{12}$ sej,服务价值为 134 元(见图 6-16~图 6-18)。

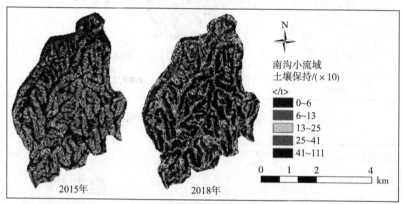

图 6-16　南沟小流域土壤保持物质量分布图

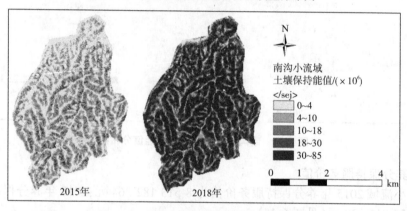

图 6-17　南沟小流域土壤保持能值分布图

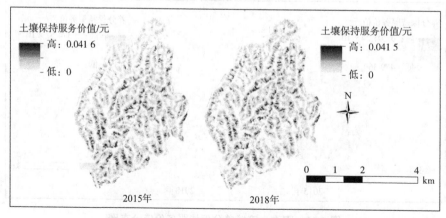

图 6-18　南沟小流域土壤保持服务价值分布图

6.1.4 水源涵养生态系统服务功能评估

南沟小流域 2015 年水源涵养的物质量为 1.15×10^7 t,能值为 2.30×10^{18} sej,服务价值为 1 173 406 900 元;2018 年水源涵养的物质量为 1.19×10^7 t,能值为 2.39×10^{18} sej,服务价值为 258 052 637.1 元(见图 6-19 ~ 图 6-21)。

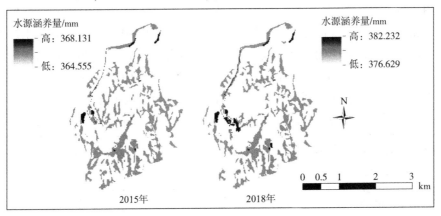

图 6-19 南沟小流域水源涵养物质量分布图

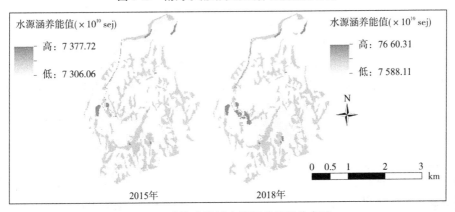

图 6-20 南沟小流域水源涵养能值分布图

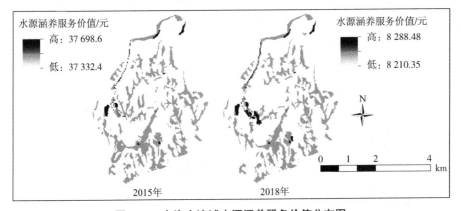

图 6-21 南沟小流域水源涵养服务价值分布图

6.2　小流域生态系统服务分析

6.2.1　南沟小流域生态系统服务总能值及总价值

利用 ArcGIS 对南沟小流域固碳释氧服务价值、土壤保持服务价值、养分保持服务价值和水源涵养服务价值等进行叠加分析,获得南沟小流域 2015 年和 2018 年生态系统服务的总能值和总价值,5 项生态系统服务功能 2015 年总能值为 1.90×10^{19} sej,总价值为 9.71×10^9 元;2018 年总能值为 9.91×10^{19} sej,总价值为 1.07×10^{10} 元。从总价值分布图及相关研究表明土地利用变化及利用强度的不同都会极大地影响生态系统服务功能,因此本节重点针对不同土地利用类型进行生态系统服务价值分析(见图 6-22、图 6-23)。

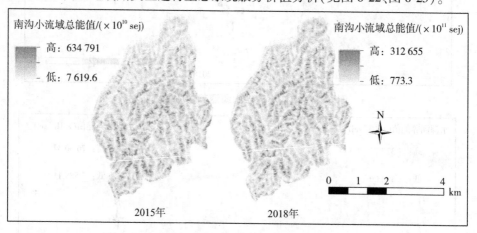

图 6-22　南沟小流域总能值分布图

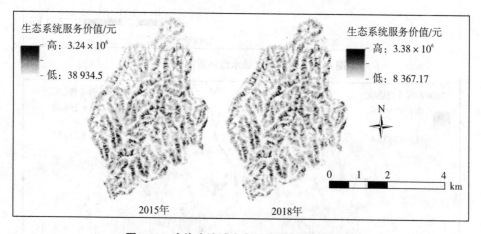

图 6-23　南沟小流域生态系统服务价值分布图

6.2.2　南沟小流域生态系统服务价值构成

如图 6-24 所示,2015 年生态系统服务总价值为 $9.71×10^9$ 元,其中固碳服务价值为 $1.17×10^7$ 元,占比 0.12%;释氧服务价值为 $1.15×10^7$ 元,占比 0.12%;土壤保持服务价值 109.4 元,占比不到 0.01%;养分保持服务为 $8.51×10^9$ 元,占比 87.67%;水源涵养服务价值 $1.17×10^9$ 元,占比 12.08%;2018 年生态系统服务总价值为 $1.07×10^{10}$ 元,其中固碳服务价值为 $2.60×10^6$ 元,占比 0.02%;释氧服务价值为 $2.57×10^6$ 元,占比 0.02%;土壤保持服务价值 134 元,占比不到 0.01%;养分保持服务为 $1.05×10^{10}$ 元,占比 97.53%;水源涵养服务价值 $2.59×10^8$ 元,占比 2.42%。可见 2015 年后实施的生态治理措施对南沟小流域养分保持服务价值的增加产生了更加显著的影响,此外,尽管大量研究发现退耕还林以来土壤流失急剧下降,但土壤保持及水源涵养服务功能仍需作为流域的研究重点。

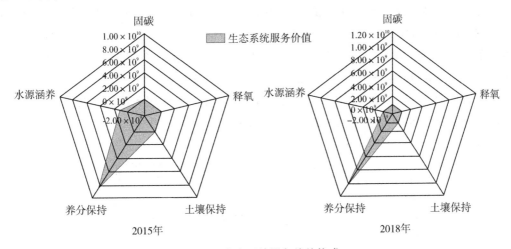

图 6-24　生态系统服务价值构成

6.2.2.1　不同土地利用类型生态系统服务价值构成

针对 2015 年和 2018 年南沟小流域不同土地利用类型进一步进行构成分析,2015 年耕地生态系统服务总价值为 $6.86×10^8$ 元,占比 6.9%;林地生态系统服务总价值为 $7.9×10^9$ 元,占比 79.8%;草地生态系统服务价值为 $1.18×10^9$ 元,占比 6.9%;水域生态系统服务价值为 $5.3×10^7$ 元,占比 0.5%;建设用地生态系统服务价值为 $8.09×10^7$ 元,占比 0.8%;2018 年耕地生态系统服务总价值为 $6.04×10^8$ 元,占比 5.5%;林地生态系统服务总价值为 $8.92×10^9$ 元,占比 81.7%;草地生态系统服务价值为 $1.17×10^9$ 元,占比 10.7%;水域生态系统服务价值为 $6.57×10^7$ 元,占比 0.6%;建设用地生态系统服务价值为 $1.58×10^8$ 元,占比 1.4%。流域经过这几年生态治理,耕地、草地的生态系统服务价值减少,林地、水域、建设用地的生态系统服务价值增加。因此,流域应重点关注这些地类进行合理建设,从而进一步增加流域生态系统服务价值总量(见图 6-25)。

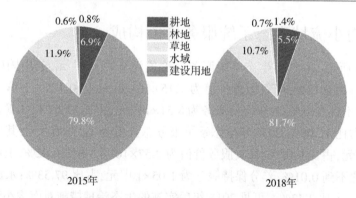

图 6-25　不同土地利用类型生态系统服务价值构成

6.2.2.2　不同坡度生态系统服务价值构成

针对不同坡度进一步进行构成分析(见图 6-26),2015 年 0°~3°生态,系统服务价值为 $8.78×10^7$ 元,占比 0.87%;3°~5°生态系统服务价值为 $1.29×10^8$ 元,占比 1.28%;5°~8°生态系统服务总价值为 $2.72×10^8$ 元,占比 2.71%;8°~15°生态系统服务价值为 $1.15×10^9$ 元,占比 11.45%;15°~25°生态系统服务价值为 $3.41×10^9$ 元,占比 34.04%;25°~35°生态系统服务价值为 $3.77×10^9$ 元,占比 37.62%;35°~45°生态系统服务价值为 $1.18×10^9$ 元,占比11.73%;大于 45°生态系统服务价值为 $2.85×10^7$ 元,占比 0.28%。

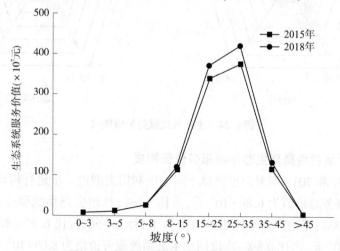

图 6-26　不同坡度生态系统服务价值构成

2018 年 0°~3°价值为 $9.57×10^7$ 元,占比 0.86%;3°~5°生态系统服务价值为 $1.37×10^8$ 元,占比 1.23%;5°~8°生态系统服务价值为 $2.81×10^8$ 元,占比 2.54%;8°~15°生态系统服务价值为 $1.21×10^9$ 元,占比 10.93%;15°~25°生态系统服务价值为 $3.73×10^9$ 元,占比 33.72%;25°~35°生态系统服务价值为 $4.22×10^9$ 元,占比 38.19%;35°~45°生态系统服务价值为 $1.35×10^9$ 元,占比 12.20%;大于 45°生态系统服务价值为 $3.28×10^7$ 元,占比 0.30%。随着坡度的增加,生态系统服务总价值呈抛物线分布,其在 15°~35°分布最多,且在这个范围内,2018 年的生态系统服务价值高于 2015 年。

　　研究表明,2015~2018 年南沟小流域 5 项生态系统服务功能总能值从 1.90×10^{19} sej 增加到 9.91×10^{19} sej,其中固碳能值从 2.28×10^{16} sej 增加到 2.41×10^{16} sej,释氧能值从 2.25×10^{16} sej 增加到 2.37×10^{16} sej,养分保持能值从 1.67×10^{19} sej 增加到 9.66×10^{19} sej,土壤保持能值从 2.14×10^{11} sej 增加到 1.24×10^{12} sej,水源涵养能值从 2.30×10^{18} sej 增加到 2.39×10^{18} sej,总价值从 9.71×10^{9} 元增加到 1.07×10^{10} 元。其中 2015 年固碳服务价值占比 0.12%,释氧服务价值占比 0.12%,土壤保持服务价值占比不到 0.01%,养分保持服务价值占比 87.67%,水源涵养服务价值占比 12.08%;2018 年固碳服务价值占比0.02%,释氧服务价值占比 0.02%,土壤保持服务价值占比不到 0.01%,养分保持服务价值占比 97.53%,水源涵养服务价值占比 2.42%,草地生态系统服务价值占比从 11.9%增加到 10.7%;林地生态系统服务价值占比从 79.8%到 81.7%;随着坡度的增加,生态系统服务总价值呈抛物线分布,其在 15°~35°分布最多,占比为 72%。

第7章　黄土高原典型工程区水土流失防治模式仿真研究

7.1　工程区概况

7.1.1　自然资源概况

7.1.1.1　区域范围

榆神府矿区位于陕西省北部,是毛乌素沙地与黄土丘陵沟壑区的过渡地区,也是传统农业与畜牧业的交错地带,东经108°58′~111°14′,北纬37°49′~39°35′,包括神木县、府谷县和榆阳区3个县(区)50个镇。工程区地理位置见图7-1。

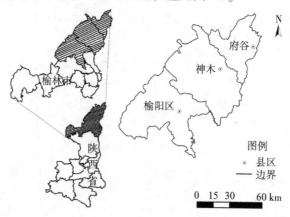

图7-1　工程区地理位置

7.1.1.2　地形地貌

工程区地处黄土高原北部,地形整体呈西北高、东南低之势。从地貌角度来看,可将其划分为沙漠地貌和黄土地貌两个大的地貌单元,并依据地貌的形态特征、植被覆盖情况和地表功能进一步分区,其中包括风沙草滩区与黄土丘陵区两个主要分区。

风沙草滩区是指黄土丘陵地貌与毛乌素沙地之间的过渡地带,分布于长城以北、毛乌素沙地南缘。地貌上表现为梁峁坡面上有片沙或低缓沙丘断续覆盖,以风积地貌为主,固定、半固定沙丘、沙丘沙地、沙丘草滩及草滩盆地分布广泛,东南边缘分布有少量盖沙黄土梁、峁状丘陵。

黄土丘陵区地貌以黄土丘陵沟壑地貌为主,分布于长城以南,表现为地形破碎、梁峁纵横、山高坡陡、地表物质疏松,植被覆盖度较低,水土流失极为剧烈,是黄河中游多沙粗沙集中分布区域。

工程区的岩层被当地人俗称为"砒砂岩",具体是指古生代二叠纪、中生代三叠纪、侏罗纪和白垩纪的厚层砂岩、砂页岩和泥质砂岩组成的岩石互层。该地层成岩程度低、沙粒间胶结程度差、结构强度低,具有"无水坚硬如石,遇水松软如烂泥"的特点,极易被侵蚀。

7.1.1.3　河流水文

区内地表水有外流河和内流河两类,其中外流河均属黄河水系,集水面积在 100 km² 有无定河、榆溪河、秃尾河、孤山川、佳芦河、皇甫川、清水川、窟野河。内流河主要是流入红碱淖的河流,另外还有一些较小的内陆海子。

其总体特征如下:

(1)河流多短小,河长在 50~100 km 的有 8 条,超过 100 km 的有 6 条,其余均小于 50 km;流域面积小,仅有无定河流域面积超过 1×10^4 km²,另外还有 9 条河流流域面积超过 1 000 km²,剩余河流的流域面积在 100~150 km² 以内。

(2)河网北疏南密。长城以北河网稀疏,长城以南河网稍密,水系形状多呈树枝状分布,只有接近黄河的小河道呈线性分布。

(3)河流流向比较一致。大部分河流从西北向东南汇入黄河。

(4)河流切割剧烈。其中黄河河床已切入三叠纪、试探二叠纪基岩,形成巨大的峡谷,河流俱以此为侵蚀基准,切入基岩,尤其是中下游段更为剧烈。

(5)内陆海子多与滩地相依傍。

该区地下潜水资源较丰富,其中一大部分覆盖在煤层顶板的基岩上,随着工程区煤炭资源的进一步开发建设,水资源开发与保护这一矛盾将逐渐凸显。

7.1.1.4　气候气象

气候气象是影响榆神府煤矿区生态环境质量状况及其稳定性的重要因素之一。干旱少雨,降雨量少且集中在夏季的 7~9 月,这 3 个月的降水量往往占全年降水量的 70%~80%,且常以暴雨的形势出现。降水时空分布不均,蒸发量远高于降水量。

工程区属中温带半干旱大陆性气候。冬季长而冷,春季多风沙,夏季炎热,秋季凉爽,四季分明且冷热多变,昼夜温差较大;年最高气温 38.40 ℃,最低气温 -29 ℃,年均 9 ℃;霜冻期为每年 10 月至次年 4 月,冰冻深度 1.2 m,解冻期为每年 4 月;冬春季多西北风和北风,春季风力最大,最大风速可达 25.7 m/s。

7.1.1.5　土壤植被

工程区土壤分为两大带,长城沿线以北为草原土壤地带,以南为森林草原地带。

草原土壤地带的变化情况:由于风蚀沙化严重,沙丘、沙梁、滩地相间分布,在滩地区,分布规律大致以滩的中心为圆心,从内向外变化,在栗钙土区依次为沼泽土、草甸沼泽土、盐化沼泽土、固定风沙土、半固定风沙土、流动风沙土;在灰钙土区依次为沼泽盐土、草甸盐土、盐化潮土、新积土、风沙土;在风沙黄土梁地,黄绵土和风沙土相间分布。

森林草原土壤地带变化状况:因黑垆土侵蚀殆尽,以黄绵土为主,从梁峁顶到沟谷底,依次为黄绵土、紫色土、红黏土、新积土,黄河沿岸还有石质土,西部梁涧区有涧绵黄土。

据土壤普查结果,工程区农耕地耕层土壤的养分平均含量为:有机质 0.56%,全氮 0.036%,全磷 0.12%,全钾 1.9%,碱解氮 $33×10^{-6}$ mg/kg,速效磷 $4.8×10^{-6}$ mg/kg,速效钾 $127×10^{-6}$ mg/kg,碳氮比 6.5~10.1,氮磷比 2.8~5.5。

该区植物群落主要由沙柳、沙蒿、沙蓬、柠条、羊茅、油蒿、锦鸡儿、羊柴、沙竹、臭柏等天然植被和杨树、柳树、油松、侧柏、紫穗槐等人工植被构成。总体上,自然植被覆盖度从南向北逐渐减小,黄土地貌的自然植被类型丰度略高于沙地沙丘地貌。

7.1.1.6　水土流失

区内水土流失举世闻名,是黄河下游多沙粗沙的最主要来源,侵蚀类型包括风蚀和水蚀,见表 7-1。

表 7-1　榆神府矿区土壤侵蚀类型与强度统计

分区	侵蚀类型	侵蚀强度	侵蚀模数/[t/(km² · a)]
风沙草滩区	风蚀	强度、极强度	>5 000
	水蚀	极强度、剧烈	>8 000
黄土丘陵区	风蚀	强度	>5 000
	水蚀	极强烈、剧烈	>8 000

工程区生产建设项目林立,加之不合理的资源利用方式,加剧了区内的水土流失,7.2 部分会详细阐述工程区的水土流失情况。

7.1.2　开发概况

榆神府矿区属陕北侏罗纪煤田和陕北三叠纪煤田,区内煤炭资源开发始于我国"七五"计划期间,经过 30 余年的发展,榆神府矿区已逐渐成为我国重要的煤化工基地之一,煤炭工业产值和利税占到全市 GDP 的 1/3,陕北地区已经成为中国乃至世界重要的能源输出基地。

从 2007 年开始,陕西省政府实施煤炭资源整合措施,陆续淘汰达不到 6 Mt/a 产能的矿山,减少地方煤矿,提高产能,仅 2008 年,府谷县的地方煤矿就由 132 个减少到 84 个,产能从 815 Mt/a 提高到 2 646 Mt/a。截至 2016 年 4 月,工程区内省属及地方煤矿共计 90 个(未包含乡镇煤矿),生产能力 6 933.36 Mt/a。仅 2017 年 1 月、2 月,榆神府矿区范围内有 8 处煤矿延期,1 处新建煤矿颁证,3 处资源整合煤矿颁证。

7.2　榆神府矿区水土流失规律

7.2.1　不同地貌单元的水土流失规律

7.2.1.1　黄土丘陵区

黄土丘陵区在整个陕北煤矿区中所占的比例较小,主要分布在榆阳区和神木南缘以及府谷的东边,与绥德、米脂、佳县毗邻的地区。该区的黄土丘陵沟壑地貌是我国黄土高原上的主要地貌形态之一,表现形式为地形破碎、梁峁纵横、沟谷密度极大,其内部原因是黄土本身质地疏松,易受侵蚀,外部原因是该区植被稀少,不合理的开垦又破坏了本身就脆弱的生态系统,再加上黄土高原的降雨特点,被地表径流侵蚀因此而形成。

黄土丘陵区占黄土高原地区总面积的 1/3 左右,但该区的年输入黄河泥沙量约占总输入泥沙量的 3/4。土壤侵蚀主要集中在梁峁坡和沟谷坡,两者的侵蚀量占黄土丘陵区总侵蚀量的 90% 以上。梁峁顶部地形平缓,坡度小于 10°,降雨一般产生地表径流少,属于侵蚀不显示区;在梁峁坡面,随着坡度和坡长的增大,地表径流增加,由细沟侵蚀转化为浅沟或切沟侵蚀;在梁峁坡面下部和沟缘线附近,随着汇水面积的增加,地表径流增加,在沟缘陡坡地段,部分径流沿黄土中的裂隙、空隙下渗,进行地下潜蚀,形成陷穴、漏斗,进一步发展为串珠洞、暗沟、潜蚀穴等,形成明显的潜蚀类型带;沟缘线以下多为 40° 以上的陡坡段,是沟蚀、重力侵蚀及泻溜侵蚀类型发育的场所;谷底,是径流汇集中心,沟床则以流水的下切与侧蚀为主,可视为冲蚀带,侵蚀量较小,主要是洪水和泥沙的输移渠道。

7.2.1.2　风沙草滩区

风沙草滩区是陕北煤炭区的主要地貌类型,分布于长城以北、毛乌素沙地南缘,是黄土丘陵地貌与毛乌素沙地之间的过渡地带,该区地貌上以风蚀残丘、台、柱、洼地以及风积地貌为主,固定、半固定沙丘、沙丘沙地、沙丘草滩及草滩盆地分布广泛,东南边缘分布有少量盖沙黄土梁峁丘陵。

风蚀为该区主要的土壤侵蚀类型,包括吹蚀和磨蚀两类作用。该区大风日多,风在地面附近形成紊流使原地表覆盖物发生迁移,进而改变地貌微形态,发生吹蚀;风沙流紧贴地表迁移时,沙砾冲击和摩擦原地表覆盖物,发生磨蚀,风蚀在风日多、风速大的榆神府矿区极为盛行;实地考察中发现,工程区的部分岩壁上有经风蚀作用形成的小洞穴和小坑,称之为风蚀壁龛;风蚀作用下形成的松散物质组成的地面,表现为宽广而轮廓不明显的风蚀洼地,它们多呈椭圆形,成行分布,并沿主要风向伸展;工程区的耕地较少,极易受到风蚀破坏。

该区的水土流失以强烈和剧烈侵蚀为主,侵蚀模数大于 5 000 t/(km² · a)。除风蚀外,也存在水力侵蚀,由于地表组成物质松散、植被覆盖率低,水蚀以剧烈和极强烈侵蚀为主,侵蚀模数大于 8 000 t/(km² · a)。

7.2.2　煤炭生产建设项目不同阶段水土流失区域识别

煤炭资源开发是一个多阶段的复杂过程,而每个阶段水土流失的特点和区域也不尽相同。根据《生产建设项目水土流失防治标准》(GB/T 50434—2018)煤炭开采建设项目属于生产建设类项目,其阶段可划分为施工建设阶段、试运行阶段、生产运行阶段,其中生产运行阶段包括从投产使用始至终止服务年。而由于试运行阶段与生产运行阶段在工艺流程上基本相同,对于水土流失区域调查而言基本上可视为同一阶段。因此,本书针对施工建设阶段和生产运行阶段进行识别水土流失区域,并展开讨论。

7.2.2.1　施工建设阶段

煤矿施工建设阶段会短时间破坏原地表植被、地表形态,并迅速产生大量弃土渣,是矿区发生水土流失的集中时期。工程扰动范围内原有的自然侵蚀状态迅速被打破,水土保持功能迅速降低,大规模的机械化作业破坏原地形和植被,并形成形式多样的松散堆积物,不仅为水土流失提供物源,还加剧了水土流失量。主要表现在如下两个方面:

(1)施工建设过程中不可避免地改变原地貌形态和地表土层结构,同时损坏了植被层,将产生大量的裸露地面和松散土地,降低土壤抗蚀抗冲能力。

(2)排渣场及道路区等大量弃土弃渣形成各种形态的松散堆积物,将成为新的侵蚀源。

因此,在施工建设阶段,水土流失的主要区域及其控制因素、表现形式、影响效应见表 7-2。

表 7-2　煤矿施工建设阶段水土流失区域

编号	区域	控制因素	表现形式	影响效应
1	工业场地建设区			
2	道路建设区			
3	水源及供水管道施工区	地形、植被、土壤	微地形改变、植被损失、土壤结构破坏、弃土弃渣	水力侵蚀增加、重力侵蚀易发、风蚀增加
4	场外输电通信线路施工区			
5	附属设施建设区(生活区)			
6	井巷及地下工程施工区	地下水循环、地形	地下空穴、弃土弃渣	间接增强水蚀、风蚀、重力侵蚀
7	排矸(土)场	地形、植被、土壤	弃土弃渣、压埋植被	水力侵蚀增加、重力侵蚀易发、风蚀增加

7.2.2.2　生产运行阶段

在煤矿生产运行阶段,地面大规模的建设活动已经结束,对地表的扰动同时减少,矿区及周边的植被恢复已初见成效,水土流失强度逐渐趋于稳定,该阶段水土流失主要来源出现了新的改变,主要表现在如下 3 个方面:

(1)随着地下开采的不断进行,排放到排渣场的弃土弃渣和矸石将越来越多,从而使得排渣场水土流失量扩大。

(2)地下水的疏干影响地表植被涵养水层的水资源,进而影响地表植被生长而加剧水土流失。

（3）开采沉陷引起地表移动与沉陷,产生的裂缝、局部垮塌等改变了原有地表形态,引起当地土壤层的破坏而导致植被损害,从而加剧水土流失。

因此,在生产运行阶段,水土流失的主要区域及其控制因素、表现形式、影响效应见表7-3。

表 7-3　煤炭生产运行阶段水土流失区域

编号	区域	控制因素	表现形式	影响效应
1	工业场地	地形、植被、土壤	微地形改变、植被损失、土壤结构破坏、弃土弃渣	水力侵蚀增加、重力侵蚀易发、风蚀增加
2	道路建设区			
3	井巷及地下工程开采区	地下水循环、地形	地下空穴、弃土弃渣	间接增强水蚀、风蚀和重力侵蚀
4	排矸(土)场	地形、植被、土壤	弃土弃渣、压埋植被	水力侵蚀增加、重力侵蚀易发、风蚀增加
5	开采沉陷区	地下水循环、地形	地下水疏干、开采沉陷	间接增强水蚀、风蚀和重力侵蚀

7.2.2.3　关键区域识别

依据上述分析结果,可以看出:

（1）在施工建设阶段,煤矿水土流失主要区域有:工业场地建设区、公路建设区、水源及供水管道施工区、场外输电通信线路施工区、附属设施建设区(生活区)、井巷及地下工程施工区、排渣场。

（2）在生产运行阶段,煤矿水土流失主要区域有工业场地、场外公路两侧、井巷及地下工程开采区、排渣场、开采沉陷区。

综合施工建设阶段和生产运行阶段的水土流失的主要区域,确定工业场地、场外道路、排渣场、开采沉陷区4个区域为煤矿水土流失关键区域。

7.2.3　关键区域水土流失规律

7.2.3.1　工业场地区

工业场地区在煤矿开采过程属于永久性占地,其场地多位于梁峁丘陵顶部的沟间地或较平缓的坡面上,水土流失相对较轻。

建设期的工业场地是水土流失相对较严重的区域,场区建设需要对地表和边坡的表土进行剥离、填埋、堆积,地面植被必将遭到破坏。降雨发生后,场区内形成汇水区域,会导致边坡土壤松动,发生垮塌;形成地表径流,引发水土流失。场区建设破坏原有地貌,可能导致梁峁坡面的黄土承载力失衡,从而引发整个坡面的滑坡、泥石流等严重的重力侵蚀现象。

投入生产后的工业场地,其原有的生态系统被改造为人工系统,改变了原有地貌的地表和地下径流过程,地表水下渗过程受到抑制,从而使得局部地表径流得以加强,形成更为严重的水土流失,导致整个场区的土壤侵蚀量增大。沙区固定场区的建设,可能增加风成沙在场区周围的堆积,增大场区的风蚀速率,影响小范围内的地表环境。

一般来说,工业场地区本身的建成对水土保持减轻侵蚀有利,但这种对水土流失的减缓作用远不足以弥补工程施工对土壤扰动和对地表植被的破坏所带来的水土流失的破坏。

7.2.3.2　场外道路区

道路建设是煤炭开采必要的基建之一,一般呈线性分布,项目的区域位置决定了相对应的道路需求,因此道路建设的规模大小不一、施工方式多样,建设区域可以跨越多种地貌类型,对地面的扰动和破坏较大。道路建设有时可使原地貌形态发生翻天覆地的变化,导致生态环境剧烈变化,极易引发人为水土流失问题。

道路建设会产生水土流失,包括道路的整个生命阶段,但主要产生于建设过程中。筑路过程中路基开挖、场地平整所采取的机械化剥离、碾压等措施,会使得原来的地表植被和岩土结构被破坏,继而在地形、降水、风力、人力的影响下,产生水土流失。有些弃土、弃渣随意堆积在道路两侧,形成易侵蚀的松散堆积物,部分无良建设单位甚至将弃土、弃渣直接倾泻于沟道,甚至河道,轻则造成侵蚀,重则淤积河道。高填深挖的路段,直接破坏地表植被,改变原地貌形态;此外,修建简易施工便道、开挖沟渠、架设管线等都会造成不同程度的水土流失。总而言之,道路的建设会改变径流系统、占压土地资源、毁坏地表植被、加剧土地退化,导致土壤抗蚀性降低,诱发地质灾害,破坏生态环境,加剧水土流失。

黄土丘陵区道路一般沿着梁峁坡进行设置。黄土质地相对疏松,坡面开挖破坏了原有坡面黄土的休止角,极容易发生坡面的崩塌、泥石流、滑坡等现象。道路建设过程中的挖方、填土、废土、弃土伴随着降雨过程进入沟道,增加了河流泥沙量,容易淤积河道发生堵塞,引发洪水。沙区道路主要破坏了沿线的植被,加剧了道路沿线的风蚀速率,增加道路被风沙掩埋的风险。

7.2.3.3　开采沉陷区

开采沉陷(塌陷)是指包括岩层移动地表沉陷的现象和过程。煤层采空之后,岩层周边的应力失去平衡,当集中的应力超过岩石的强度时,顶板的岩层开始坍塌和变形,最终导致表面变形、破坏,形成一系列裂纹及沉降波。开采沉陷引起的水土流失现象称为塌陷侵蚀,主要有以下特点:对土地资源的破坏,包括分割连片的耕地,加剧土地干旱;对水资源的破坏,包括破坏地下储水系统,地表水渗漏,从而引起各种水环境问题;对植物资源的破坏,包括塌陷导致植被根系被破坏,地下水渗漏影响植被生长,甚至死亡。开采沉陷改变了原地面形态,临近沟谷、坡面的塌陷可诱发崩塌、滑坡等。工程区的塌陷多发育于沟谷两侧,走向与沟谷相同。塌陷若发生在特殊区域,则会产生一系列连锁危害,如水库渗漏、垮坝引发山洪。在风沙草滩区,由于沙的流动性和工程区较强的风力侵蚀,塌陷所形成的地裂缝并不明显,往往刚刚形成就被风沙所补填。塌陷破坏水资源和植被资源还会引起固定沙丘向流动沙丘转化,轻度风蚀区向重度风蚀区转化。

7.2.3.4　渣土堆放区

渣土堆放区是工程建设过程中人为弃土堆积在原有地貌上形成的人为地貌形态。该区是煤矿区水土流失防治控制中的重中之重,只要扰动地表,就会产生渣土堆放问题。大型渣土堆放区多见于年久的煤矿,一般由排水沟、拦渣坝、挡墙、溢洪设施、运渣道路等构筑物组成,拦挡措施一旦出现问题,轻则造成经济损失,重则渣土将沿沟谷倾泻,后果不堪设想。小型的渣土堆积体分布在煤矿生产建设过程中的各个时段和部位,多以松散且不稳定的堆积物形式存在。根据工程区渣土的堆积形态和机械作业方式可以总结为5类,(见表7-4)。

表 7-4　渣土堆放区常见堆积形式及特点

名称	堆积形态	堆积时期	常见部位	稳定性	防治措施	特点
散乱锥状堆积	圆底尖顶	建设期	道路两侧、施工区域	一般	临时苫盖	多见于建设期
沿坡倾倒式堆积	依坡泻溜体	建设期、生产期	隧道、梁峁顶附近	较差	挡渣墙、植物措施	基坡较缓、极易被侵蚀
填洼式堆积	梯形或由堆积地形决定	建设期、生产期	小型弃土弃渣场	较差	拦渣坝、植物措施、临时苫盖	规模一般较小
线型垄岗式堆积	线性垄状	建设期	管线一侧	较好	拦挡、苫盖	—
大型机械倾倒平整堆积	梯形或由堆积地形决定	生产期	大型排矸场	一般	拦渣坝、栽植灌草及防风林、苫盖、编织袋挡土	矿区主要的侵蚀溯源物

渣土类堆放体结构疏松,坡面坡度等于或小于自然休止角,侵蚀方式以击溅侵蚀和面蚀为主,随着降雨时间的增加,堆积体表面易被侵蚀的颗粒逐渐减少,产流含沙量逐渐降低,因此渣土堆放体水土流失最严重的时期为产流初期。

矿区内各类堆积体的防护措施和堆积方式若不合理,则会增加侵蚀速率和侵蚀强度,表现出水大沙多的特点,更有甚者发生坍塌和局部的沟蚀,将急剧地增加侵蚀量。大型的渣土堆积体,比如沿沟道设置的排矸场,降雨会在堆积体顶部平台汇集而逐渐形成超渗产流,顶部汇水将增加坡面径流的挟沙能力和径流流速,导致侵蚀速率剧增,超过排洪渠、拦渣坝的设计容量时,将对下游产生巨大危险。

渣土堆积体本身稳定性较差,组织松散呈非固结或半固结态,且与基底结合不良,在外力作用下,易发生重力侵蚀。包括爆破或机械的震动、矸石山自燃、地表塌陷、水流入结合面、基底承重过载等现象,均可以引起堆积体泻溜、坍塌、滑坡,进而增加侵蚀量。

总体而言,堆置渣土改变了黄土区原有的地貌形态,渣土堆放不合理将增大坡面径流的含沙量,是矿区水土流失防治的重点和难点。

7.3 榆神府矿区水土流失防治模型构建

7.3.1 建立系统动力学模型

7.3.1.1 建模原理

1.水土流失综合防治原理

工程区水土流失防治模式的构建,应密切联系榆神府矿区特有的自然、经济与社会特点,从煤炭资源开发和水土流失治理的实际出发,本着"预防为主,全面规划,综合治理,因地制宜,加强管理,注重效益"的水土保持总方针,在煤炭资源合理开发的基础上,做到建立科学的水土流失防治模式体系。

2.水土保持学原理

水土保持学是研究水土流失规律和水土保持措施布设,以防治水土流失和合理利用工程区水土资源为目的,在合理开发资源的前提下,发挥水土资源效益的科学,是保护、改良与合理利用水土资源的基础理论研究。

煤矿水土保持属于开发建设项目总体规划中的一部分,须纳入煤矿生产建设总体规划中,且服从于该行政区、该流域的整体水保规划,与土地复垦、环境保护、林业等方面的规范紧密联系。

3.生态经济学原理

生态经济学研究自然生态和人类社会经济活动的相互作用,经济增长依赖于自然环境,同时自然环境也制约着经济发展,均衡地取舍经济发展与环境保护之间的矛盾,资源开发与水土保持之间的矛盾等,是该原理的核心思想。

工程区水土流失防治模式应根据生态经济的原理,探索矿区生产过程所依赖的经济系统与自然生态系统的相互关系,选择合理的矿区水土流失综合治理模式。

7.3.1.2 建模步骤

使用系统动力学建模的基本步骤见图 7-2。

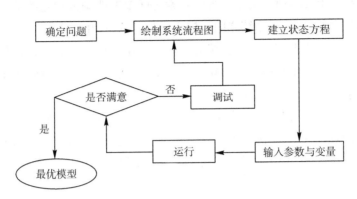

图 7-2 系统动力学建模步骤

1.确定问题

建模的目的就是可以对系统的整体行为进行操控,对其内部结构进行梳理,从而发现解决问题的途径。所以,使用系统动力学解决问题的第一步,就是明确要解决的问题,即模型内部各要素之间存在相互制约、相互作用的复杂关系。

2.绘制系统流程图

系统动力学就是围绕系统流程图来展开分析和讨论的,通过建立状态量、辅助量、速率、常量等之间的反馈关系,明确系统结构和系统内所有项目的相互作用情况,并将其绘制在 Vsensim 软件中。系统流程图很难一次成型,要根据试运行的结果不断调整。

3.建立状态方程

系统流图可以表明系统内各个量之间的指向性关系,但不能显示其内在的数学关系。因此,需要根据相关研究和文献资料建立各个量之间的关系,形成可以计算的状态方程。

4.输入参数与变量

状态方程内部本身存在部分系数,但系统本身还不能进行运算,需要以实际情况为基础输入参数和变量,这样系统才能运行。

5.调试与检验

通过调整各项控制参数的数值,不断地根据输出结果进行运行和调试,检验模拟结果与实际数据,评价其拟合程度,从而为进一步完善系统结构参考,直到得出最优的拟合结果。

7.3.2 MWC–SD 模型建立

7.3.2.1 MWC-SD 模型理论

MWC-SD(Mine Water–soil Conservation System Model)是基于水土流失防治理论,结合矿区投资开发建设,以及保护和利用工程区生态环境,根据系统动力学理论所建立的系统动力学模型。

该模型在结构上要求组成简单系统的要素之间要有明确或约定的关联,可以用状态方程建立起数量上的关系;子系统之间同样需要相互联系、相互作用、相互制约;整个系统及各子系统均要在结构上完整。该系统的主要任务在于确定模型中要素的选取和要素之间的关系网。这包括确定状态方程的建立办法、确定定义要素的属性、确定常量、确定模块与子系统的隶属关系、确定模块的组织树等。

综上所述,可确定榆神府矿区整体的水土流失系统,如图 7-3 所示。该系统主要由两个子系统组成,即水土保持系统和水土流失系统。水土保持系统包括建设投资模块、水土保持措施布设模块等,水土流失系统包括人为侵蚀模块、自然侵蚀模块等。

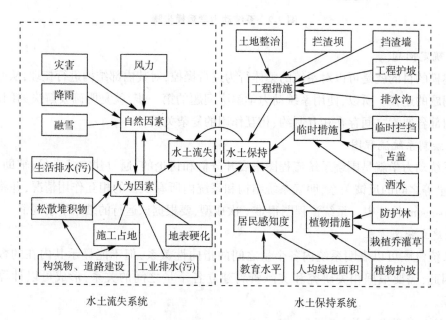

图 7-3   榆神府矿区水土流失系统及子系统关系

7.3.2.2   水土保持投资与措施布设子系统

水土保持投资与措施布设子系统以煤矿项目中各项分区的面积和投资率为核心,按植物、工程和临时措施分类讨论,在模型的结构上以水土保持原理为基础、水土保持工程为框架,以及工程区特有水土保持措施为补充,建立起该子系统的初步结构,并结合开发建设项目水土保持的相关知识,确定具体措施的分类归属以及状态方程,得到图 7-4。

表 7-5 中是该子系统中主要的状态方程,其中 B(Box variable)表示状态变量,R(Rate)表示速率变量,C(Constant)表示常数变量,A(Assist)表示辅助变量,T(Table)表示函数,状态方程后括号内为取值范围。

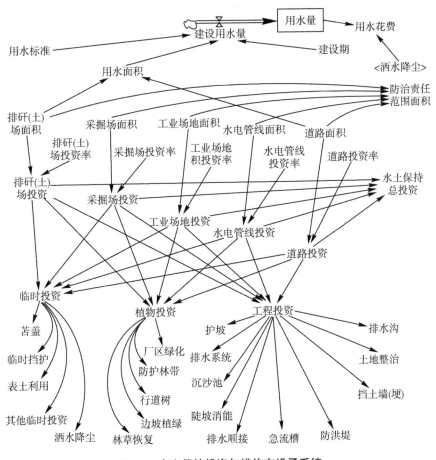

图 7-4　水土保持投资与措施布设子系统

表 7-5　投资与措施布设状态方程

变量名称	变量单位	变量类型	状态方程
防治责任面积	hm²	B	=工业场地面积+排矸(土)场面积+水电管线面积+道路面积+采掘场面积
道路面积	hm²	C	=Constant(0~1 000)
道路投资	万元	B	=道路面积×道路投资率
道路投资率	万元/hm²	C	=Constant
水电管线面积	hm²	C	=Constant(0~1 000)
水电管线投资	万元	B	=水电管线面积×水电管线投资率
水电管线投资率	万元/hm²	C	=Constant

续表 7-5

变量名称	变量单位	变量类型	状态方程
工业场地面积	hm²	C	=Constant(0~1 000)
工业场地投资	万元	B	=工业场地面积×工业场地投资率
工业场地投资率	万元/hm²	C	=Constant
采掘场面积	hm²	C	=Constant(0~1 000)
采掘场投资	万元	B	=采掘场面积×采掘场投资率
采掘场投资率	万元/hm²	C	=Constant
排矸(土)场面积	hm²	B	=排矸(土)场面积×排矸(土)场面积
排矸(土)场投资	万元	C	=Constant
排矸(土)场投资率	万元/hm²	C	=Constant(0~1 000)
水土保持总投资	万元	B	=工业场地投资+排矸(土)场投资+水电管线投资+道路投资+采掘场投资
临时投资	万元	A	=(工业场地投资×0.111)+(排矸(土)场投资×0.744)+(水电管线投资×0.001)+(道路投资×0.004)+(采掘场投资×0.139)
临时挡护	万元	A	=临时投资×0.221 6
表土利用	万元	A	=临时投资×0.426 8
洒水降尘	万元	A	=临时投资×0.163 2
其他临时投资	万元	A	临时投资×0.106 4
苫盖	万元	A	=临时投资×0.082
植物投资	万元	A	=(工业场地投资×0.635)+(排矸(土)场投资×0.007)+(水电管线投资×0.023)+(道路投资×0.014)+(采掘场投资×0.322)
厂区绿化	万元	A	=植物投资×0.232
防护林带	万元	A	=植物投资×0.013 71
行道树	万元	A	=植物投资×0.012 78
边坡植绿	万元	A	=植物投资×0.000 2
林草恢复	万元	A	=植物投资×0.021 25
工程投资	万元	A	=工业场地投资×0.092)+(采掘场投资×0.165)+(排矸(土)场投资×0.47)+(道路投资×0.26)+(水电管线投资×0.002)
排水沟	万元	A	=工程投资×0.499 118
土地整治	万元	A	=工程投资×0.080 700
挡土墙(埝)	万元	A	=工程投资×0.071 714

续表 7-5

变量名称	变量单位	变量类型	状态方程
防洪堤	万元	A	=工程投资×0.006 322
急流槽	万元	A	=工程投资×0.006 813
排水顺接	万元	A	=工程投资×0.006 325
陡坡消能	万元	A	=工程投资×0.000 514
沉沙池	万元	A	=工程投资×8.5e−005
排水系统	万元	A	=工程投资×0.173 911
护坡	万元	A	=工程投资×0.053 434
建设用水量	L	R	建设期×300×用水标准×用水面积
主要用水面积	hm^2	A	"排矸(土)场面积"+道路面积
用水标准	L	C	=Constant(20 000~30 000)
用水量	L	B	=INTEG(建设用水量,Constant)
建设期	a	C	=Constant(2,3,4,5)

7.3.2.3　水土流失预测与评价子系统

　　水土流失预测与评价子系统包括水土流失量预测模块、人均绿地面积预测模块、损坏水土保持面积预测模块、生活废水排放量预测模块等,见图 7-5。

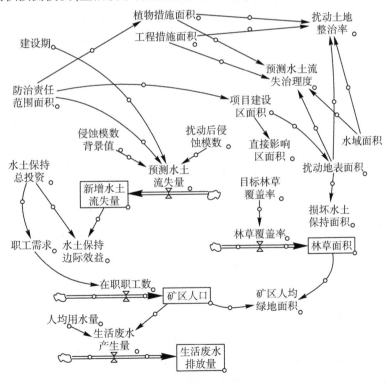

图 7-5　水土流失预测与评价子系统

　　该子系统与水土保持投资与布设子系统是相辅相成、相互作用的。投资与布设子系统中投资和面积的输出值所产生的误差会在预测与评价子系统中被放大,或直接导致系统崩溃或数值溢出,同时预测与评价子系统的结构和内部关系合理与否,也会影响水土保持投资与布设总系统。

　　与水土保持投资与措施布设子系统相类似,以上述 3 个建模原理为基础,建立起水土流失预测与评价系统中的要素关系及状态方程。用新增水土流失量与水土保持总投资的比值来评价水土保持边际效益。共包含 21 个要素;7 个输入量,其中包括 1 个表函数输入量和 1 个 Time 函数输入量;14 条状态方程。详见表 7-6。

表 7-6　预测与评价子系统状态方程

变量名称	变量单位	变量类型	状态方程
新增水土流失量	t	B	=INTEG(预测水土流失量,Constant)
预测水土流失量	t	R	=建设期×防治责任范围面积×(扰动后侵蚀模数-侵蚀模数背景值)
扰动后侵蚀模数	t/(hm²·a)	T	=Table(time)
侵蚀模数背景值	t/(hm²·a)	C	=Constant(0~200)
防治责任范围面积	hm²	C	=Constant(0~2 000)
项目建设区面积	hm²	A	=防治责任范围面积/1.949
直接影响区面积	hm²	A	=项目建设区面积-防治责任范围面积
扰动地表面积	hm²	A	=项目建设区面积×0.998 5-0.63
水土保持边际效益	无量纲	A	=新增水土流失量/水土保持总投资
水土保持总投资	万元	C	=Constant
植物措施面积	万元	C	=Constant
工程措施面积	万元	C	=Constant
职工需求	人	A	=0.2×水土保持总投资
在职职工数	人	R	=职工需求+340
矿区人口	人	B	=INTEG(在职职工数,Constant)
矿区人均绿地面积	hm²/人	A	=矿区人口/林草面积
目标林草覆盖率	无量纲	T	=Table(time)
林草覆盖率	无量纲	R	=Delay(目标林草覆盖率)
人均用水量	L	A	=Constant
生活废水产生量	L	R	=人均用水量×矿区人口×300
生活废水排放量	L	C	=INTEG(生活废水产生量,Constant)

7.3.2.4　榆神府矿区水土流失防治模式总系统

　　将上述水土保持投资与措施布设子系统和水土流失预测与评价子系统通过系统论原

理整合在一起,再次建立要素之间的关系,对于加长的要素链要重新编制状态方程,得到图 7-6。

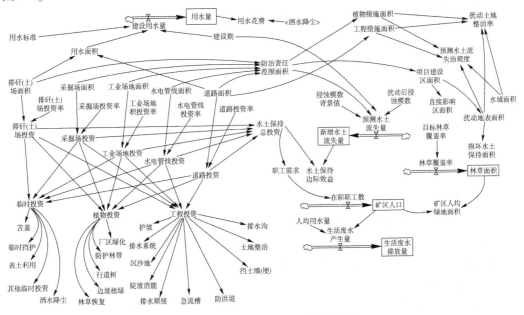

图 7-6　榆神府矿区水土流失防治模型

7.3.3　确定控制参数

7.3.3.1　基于水土保持方案的参数确定方式

本书选取了 2008~2014 年编制并在陕西省水土保持局备案的 76 个开发建设项目水土保持方案进行整理和分析,所有项目均为煤炭生产建设项目,包括煤炭改扩建、煤炭资源整合、煤矿新建三大类,且其位置均位于榆神府矿区范围内。

7.3.3.2　表函数方式

对于相关性不强的变量,可建立表函数关系。表函数是系统动力学的一个重要组成部分,它用于建立两个变量之间的非线性关系,或数据较少且不足以说明相关关系的变量。在 Vensim 软件中,使用 As Graph 功能可以很方便地建立起表函数关系。

以"水土保持总投资"与"在职职工人数"为例,这两个变量之间存在必然的联系,但仅有 5 组数据,不足以表明其线性关系,通过在 Vensim 软件建立表函数关系。

在本模型中,有关表函数关系的建立,都是先将两个变量归一化或规整化,再根据经验或资料给出简单的关系,包括自变量数值和因变量数值的列举,或是自变量和因变量的最大值的列举等。

7.3.3.3　客观参数确定方式

客观性较强的参数和具体数值较难确定的参数,例如侵蚀模数背景值、区划面积等建设期用标准,可通过查阅相关资料或总结前人经验来获得,表 7-7 即为部分客观参数的确定资料及办法。

表 7-7　客观参数确定资料及办法

参数名称	确定办法
侵蚀模数背景值	野外调查、根据《水文手册》推算、数学模型推算
扰动后侵蚀模数	水土流失监测值、相近项目参考数值、经验值
区划面积	该项目的《可行性研究报告》
分区投资率	分析水土保持方案、征求专家意见
措施投资比例	分析水土保持方案、征求专家意见、实地调查
煤矿产能	生产建设项目水土保持方案、陕西省国土资源厅网站
建设用水标准	实地调查

虽然已经建立起模型和模型内部的状态方程,但工程区面积之大,水土保持方案的编制要求不一,所选取的 76 个方案的时间跨度也大,再者煤矿的属性差异较大,这也给很多参数的确定带来了困难。因此,对于这类参数,本书给出的不是具体参数,而是科学优化后的取值范围,通过这种方式,可以在模型运行时根据输出结果随时调节控制参数。

7.3.3.4　确定输入量的取值范围

模拟运行之前,要确定变量的取值范围,这样能使模型更科学地运行。

在 Vensim 软件中,系统默认的输入值可以取正负无限大,这对于模型的模拟运行显然是不合理的。在 PC 端模拟运行时,首先选择在输入量 Equations 对话框内键入初始值,然后分别在 Min、Max、Incr 对话框中键入该输入量的最小值、最大值和增量。

以目标林草覆盖率为例,榆神府矿区土壤类型、地貌类型、植被类型均较单一,因此植被覆盖度总体区别较小,在分析 76 个水土保持方案内林草覆盖率的取值情况后,得到表 7-8。

表 7-8　基于水土保持方案的林草覆盖率的取值情况

林草覆盖率/%	数量/个	占比/%
22~24	6	7.9
25~27	62	81.6
28~30	8	10.5

其中 25%~27% 这一档占方案总数的 81.6%;最小值 22%,是陕西有色煤业有限公司杭来湾矿井及选煤厂项目;最大值是 30%,是神木县中鸡镇乡办煤矿露天开采项目,初始值是 25%。

因此,在本模型中,目标林草覆盖率这一项输入值的取值范围为 22%~30%。在 Vensim 软件中,给 Equations、Min、Max、Incr 共 4 个对话框中分别填入 0.25、0.22、0.30 和 0.01。

同理,确定同类型输入量的取值范围和初始值,并将上述参数输入到 Vensim 软件相应的对话框中,得到一个可运行的模型。

7.4　榆神府矿区水土流失防治模型检验与仿真

7.4.1　模型检验

7.4.1.1　结构性检验

在 MWC-SD 模型已经初步建立起来的基础上,需要对其进行各项检验,如模型的反馈机制是否合理、量纲是否一致,变量与状态方程是否具有明确含义,要素之间关系是否明确等。仿真模型是能体现结构性和功能性的结合体,是可以运行的完整模型系统。本模型首先要满足的条件就是变量之间关系的合理性以及系统结构的完整性,也是一个仿真模型最基本层面上的检验。

在 Vensim PLE 6.4.0.5 软件中,结构性检验可以通过 Check Mode、Unit Check、Check Syntax 这 3 个模块来实现,它会分别检验模型中各个变量的单位和属性、变量之间状态方程的可解行、量纲的一致性等。若模型结构出现问题,系统将报错,并提示出错的变量,以方便修正。经过反复修正,MWC-SD 模型可以顺利通过上述 3 个模块的检验,并在 Vensim PLE 中运行,这说明本系统在结构上是可行的。

7.4.1.2　灵敏度检验

就模型本身而言,其灵敏度是由模型中变量之间的状态方程的函数属性,以及正、负反馈回路之间的关系决定的。一般来说,变量的链越长,首尾数值的变化也就越大,模型越复杂,其灵敏度也就越高,这是系统动力学模型固有的特点。灵敏度分析是通过改变模型中的滑块值、方程参数,然后运行模型,来比较输出的数值大小和函数图像的变化,比较变化趋势和变化幅度能否符合预期,从而发现模型中不合理的关系,进一步完善模型。在本模型中,通过拉动滑块来模拟不同的煤矿情况,输出情况均表现良好,即使是在极端的输入溢出情况下,模型的输出值也基本合理,这充分说明本模型灵敏度表现良好。

7.4.2　有效性分析

7.4.2.1　分析方法

模型在结构层面的完整性是该模型的基础,更重要的是该模型能否在可接受的误差范围内反映系统的真实情况。需要代入榆神府矿区范围内既有的煤炭生产建设项目的相关数据,为了使所选煤矿具有代表性,本书随意挑选数个煤矿生产建设项目进行检验和分析,所选煤矿所处位置均处于工程区,也就是说土壤、植被等自然特征基本相同,但煤矿产能、开采工艺、防治责任范围面积、行政区划等属性相差甚远。然后进行模拟,最后对比模型的预测值与实际值来检验模型的有效性。

7.4.2.2　XW 露天煤矿项目

XW 露天煤矿位于陕北侏罗纪煤田榆神矿区的中部,榆林市神木县大保当镇和榆阳区大河塔乡境内,矿田东西宽约 3.22 km,南北长 16.56 km,面积约 53.32 km^2,开采深度 55 mm~190 m,矿田资源储量 8.18 亿 t,首采区面积 2.43 km^2,可采储量 2.5 亿 t,服务年限 25 a,平均剥采比 7.5 m^3/t。剥离采用"单斗—卡车+拉斗铲倒堆"综合剥离工艺,采煤采用"单斗—卡车+半固定破碎站—带式输送机半连续"采煤工艺。

工程建设涉及工业场地、采掘场、道路工程、输电线路和外排土场。工业场地位于露天矿首采区东南侧,紧邻榆林清水工业园,竖向布置采用平坡式;采掘场包括首采区、二采区、三采区和四采区,首采区位于矿田中部,由东南向西北方向推进开采;露天矿设外排土场一个,位于首采区东侧,总容量 12 790 万 m³,达产 4 年后实现全部内排。道路工程包括露天矿外部道路 2.86 km,露天矿内部道路 9.67 km,矿区电源取自矿区西北 0.5 km 处的清水工业园 330 kV 变电站,输电线路长 0.5 km,矿区内由 110 kV 变电站引两回输电线路至采掘场,输电线路长 7.0 km。

在 Vensim 软件中使用复合模拟(SyntheSim)功能进行仿真。

模型运行后,使用 Graph 功能即可得到各项变量的输出结果,其结果见表 7-9,表中模拟值代表本模型仿真后得到的结果,实际值代表该项目实际的属性值。

表 7-9　模型误差分析表—XW 露天煤矿项目

变量名称	模拟值	实际值	差值	百分比(%)
工程投资/万元	2 647.04	2 851.53	−204.49	−7.17
植物投资/万元	423.93	453.85	−29.92	−6.59
临时投资/万元	3 698.23	3 699.19	−0.96	−0.03
工业场地区投资/万元	968.32	915.22	53.1	6.80
采掘场区投资/万元	635.98	601.01	34.97	5.82
排土场区投资/万元	4 653.23	4 018.88	634.35	15.78
水电管线区投资/万元	35.01	24.11	10.9	45.21
道路区投资/万元	699.22	823.73	−124.51	−15.12
水土保持总投资/万元	7 762.3	6 382.95	1 379.35	21.61
项目建设区面积/hm²	1 023.21	1 056.99	−33.78	−3.2
扰动地表面积/hm²	820.41	854.72	−34.31	−4.0
水土流失预测总量/t	413 654	393 200	20 454	5.20
新增水土流失量/t	182 852	171 100	11 752	6.87
预测水土流失治理度/%	92.87	90	7.87	3.19

误差最大的是水电管线区投资这一项,达 45.21%,这是因为该项投资的实际值仅为 24.11 万元,与总投资 6 382.95 万元相比,数值较小,因此误差较大。

工程投资、植物投资和临时投资这 3 项拟合程度较好,均值为 4.59%,分区投资的 5 项整体偏大,均值为 11.50%。这是因为 XW 煤矿是大型露天开采项目,项目建设区面积达 1 056.99 hm²,在确定控制参数的数据源中属于较大的数值,因此误差略大。同理,扰动地表面积大,导致水土流失预测总量也比实际值大。

总体来看,误差的均值为 5.24%,标准差为 14.88,取绝对值后误差均值为 10.4%。除去水电管线区投资,其余 13 项误差在 −6.59% ~ 21.61%,模型的仿真情况与实际情况拟合程度较好。

7.4.2.3　DHZ 矿井项目

DHZ 矿井及选煤厂位于陕西省榆林市榆阳区小纪汗镇和巴拉素镇,井田南北宽约 14.5 km,东西长 12.0~22.0 km,面积为 277.95 km^2;矿井设计生产能力 15.00 Mt/a,首采区可采储量 181.86 Mt,服务年限为 17.30 a;矿井采用全立井开拓方式,一次采全高综采采煤法或刨煤机综采采煤工艺。

将表 7-10 中的 DHZ 矿井项目的输入量输入到 MWC-SD 模型中。

表 7-10　模型输入量—DHZ 矿井项目

变量名称	数值	变量名称	数值
排矸(土)场面积/hm^2	2.5	排矸(土)场投资率/(万元/hm^2)	87
采掘场面积/hm^2	0	采掘场面积投资率/(万元/hm^2)	0
工业场地面积/hm^2	45.5	工业场地面积投资率/(万元/hm^2)	22.7
水电管线面积/hm^2	25.63	水电管线面积投资率/(万元/hm^2)	0.9
道路面积/hm^2	77.61	道路面积投资率/(万元/hm^2)	13.8
用水标准/L	30 000	建设期/a	2
侵蚀模数背景值/[t/(hm^2·a)]	34	扰动后侵蚀模数/[t/(hm^2·a)]	56
目标林草覆盖率/%	25	水域面积/hm^2	0

对 DHZ 矿井进行仿真时,不需要逐个输入数值,只需要使用鼠标拖动相关输入量的滑块即可实现仿真。

以预测水土流失量模型为例,在图 7-7 中,左图为 XW 露天煤矿的输入信息,右图是拖动滑块后生成的 DHZ 矿井的相关数据,下方的折线图则是 Vensim 自动生成的"时间-新增水土流失量"的折线图。按照该方式,将剩余输入量滑动到相应数值,并不需要依次为模型赋值,即可得到表 7-11。

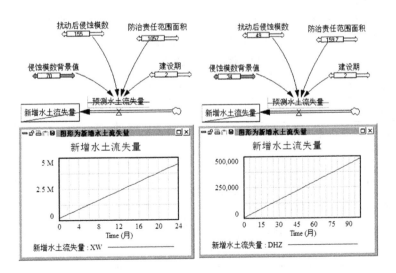

图 7-7　预测水土流失量模型

表 7-11　DHZ 矿井及选煤厂项目仿真结果对比

变量名称	模拟值	实际值	差值	误差/%
工程投资/万元	1 498.6	1 533.3	-34.7	-2.26
植物投资/万元	704.2	685.2	19	7.77
临时投资/万元	250.3	232.4	17.9	7.70
工业场地区投资/万元	1 002.2	1 028.7	-26.5	-2.58
排土场区投资/万元	220.9	218	7.9	7.33
水电管线区投资/万元	25.2	27.4	-2.2	-8.03
道路区投资/万元	1 105.1	1 176.7	-71.6	-6.08
水土保持总投资/万元	2 444.6	2 450.9	-6.3	-0.26
项目建设区面积/hm²	156.85	159.74	-2.89	-1.81
扰动地表面积/hm²	142.62	159.74	-17.12	-10.72
水土流失预测总量/t	29 846	30 216.2	-370.2	-1.23
新增水土流失量/t	11 022	11 119.92	-97.92	-0.88
预测水土流失治理度/%	89.2	90	-0.8	-0.89

　　误差最大的是扰动地表面积这一项,为-10.72%;拟合程度最好的一项是水土保持总投资,为-0.26%;其余各项的误差在-8.03%~7.70%,

　　总体来看,误差的均值为-1.76%,标准差为4.68,取绝对值后误差均值为3.58%,模型的仿真情况与实际情况拟合程度极好。

　　与 XW 露天煤矿项目相比,DHZ 矿井项是井采煤矿,没有采土场(或采掘场),所以扰动后侵蚀模数和防治责任范围面积两项数值较前者相比要小很多,同时这也导致该模型得出的数值整体比实际值小。

7.4.2.4　模型评价

　　在模型已经建立起来的基础上,通过图 7-7 的方式可以很方便地进行新的模拟,再对 4 个既有煤炭生产建设项目进行检验,项目概况见表 7-12。

表 7-12　煤矿概况及输出误差情况

煤矿名称	CJT 煤矿	QST 煤矿	HSLSJ 煤矿	ZHFN 煤矿
设计产能/(Mt/a)	10	1.2	12	0.6
开采工艺	单斗卡车+拉斗铲倒堆开采	斜井开拓	斜井开拓	走向长壁采煤法
煤矿位置	神木县大保当镇	榆阳区麻黄梁镇	神木县神木镇	府谷县新民镇
防治责任面积/hm²	1 081.38	307.56	465.13	23.39
地貌类型	风沙草滩	风沙草滩	风沙草滩	黄土丘陵
误差均值/%	-8.82	-4.49	3.99	-6.02
误差标准差/%	14.8	9.66	9.01	18.9
平均绝对误差/%	12.6	-6.99	7.42	-11.8

结合 XW 露天煤矿项目和 DHZ 矿井项目,所模拟 6 个既有煤矿项目均属榆神府矿区,其土壤、植被等自然特征基本相同,但煤矿的产能、开采工艺、防治责任范围面积以及行政区划相差甚远,XW 露天煤矿项目防治面积达 1 148 hm²,ZHFN 项目仅有 23 hm²,而前者的产能是后者的 16 倍,因此这 6 个煤矿的拟合程度足以反映神府矿区大多数煤矿的特性,具有很强的代表性。可以使用本模型来模拟榆神府矿区内的其他煤矿。

7.4.3　模拟仿真

7.4.3.1　全煤矿类型仿真

工程区内已有、在建、废弃和资源整合的煤矿数以百计,通过 MWC-SD 模型,可以模拟区内绝大多数煤矿,因为系统动力学的特点就是能设定每一类煤矿的输入量数值,且每个数值都有很多选择,可以给出无限数量的模拟方案。

作者认为不同的开采方式会决定煤矿是否建有采掘场、排土场,以及工业场地区的面积大小;水土保持分区会决定该煤矿的水土流失背景值、扰动后侵蚀模数、投资比例等;煤矿规模将影响防治责任范围面积、水土保持投资等。这 3 个属性上的区分能最大程度地概括工程区的绝大多数煤矿类型;虽然国家原则上不鼓励新建露天煤矿,但在政策出台之前,工程区已存在一定数量的露天剥采煤矿。因此,本书将根据煤矿的开采方式、水土保持分区和煤矿规模这 3 个重要属性,将矿区内的煤矿高度概括为表 7-13 中的 12 个方案。表中的方案能涵盖榆神府矿区的绝大多数煤矿类型,且每一套方案能有矿区内相对应实际存在的煤矿。比如 1 号方案与神木县 JD 矿业有限公司煤炭资源整合建设工程、陕西榆林能源集团有限公司 GJT 煤矿等情况相近,3 号方案可与 ZHFN 整合区煤矿情况相近,7号方案与陕煤集团 NTT 煤矿、HSLSJ 煤矿等情况相近。

表 7-13　模拟分类表

编号	开采方式		水保分区		煤矿规模		
	露天	地下	黄土丘陵区	风沙草滩区	大	中	小
1	√		√		√		
2	√		√			√	
3	√		√				√
4	√			√	√		
5	√			√		√	
6	√			√			√
7		√	√		√		
8		√	√			√	
9		√	√				√
10		√		√	√		
11		√		√		√	
12		√		√			√

以生产建设项目水土保持相关文件、煤矿建设相关规定等知识为基础,结合对水土保持方案的研读和咨询相关专家,通过这种方式来确定方案中每一个输入量的数值,例如风

沙区的侵蚀模数背景值要大于黄土区的;露天开采煤矿的防治责任范围面积要大于斜井开拓的,且后者没有大型采土场;小型煤矿的投资率是要小于大型煤矿的等;地采煤矿的建设期要大于露天煤矿等。通过上述方式得到表 7-14,即 12 个方案的赋值情况。

表 7-14   方案赋值表

方案号	防治责任范围面积/hm²	建设期/a	用水标准/L	投资率均值/(万元/hm²)	侵蚀模数背景值/[t/(hm²·a)]	扰动后侵蚀模数/[t/(hm²·a)]	人均用水量/L	备注
1	1 000	4	20 000	6	35	70	200	黄土区大型露天煤矿
2	800	3	20 000	6	35	70	200	黄土区中型露天煤矿
3	600	2	20 000	6	35	70	200	黄土区小型露天煤矿
4	1 000	4	30 000	7	110	175	300	风沙区大型露天煤矿
5	800	3	30 000	7	110	175	300	风沙区中型露天煤矿
6	600	2	30 000	7	110	175	300	风沙区小型露天煤矿
7	500	5	20 000	5	35	55	200	黄土区大型地采煤矿
8	300	4	20 000	5	35	55	200	黄土区大型地采煤矿
9	100	3	20 000	5	35	55	200	黄土区大型地采煤矿
10	500	5	30 000	6	110	155	300	风沙区大型地采煤矿
11	300	4	30 000	6	110	155	300	风沙区中型地采煤矿
12	100	3	30 000	6	110	155	300	风沙区小型地采煤矿

将表 7-14 中的内容输入 MWC-SD 模型中进行仿真,就能得到表 7-15 和表 7-16 中的 12 个方案的仿真结果,两个表中前者为露天矿,后者为地采矿。

表 7-15　方案仿真结果(露天矿)

要素	方案 1	方案 2	方案 3	方案 4	方案 5	方案 6
临时投资/万元	3 421.53	2 737.23	2 052.92	2 988.15	2 390.52	1 792.89
临时挡护/万元	758.212	606.569	454.927	662.175	529.74	397.305
其他临时投资/万元	364.051	291.241	218.431	317.939	254.352	190.764
厂区绿化/万元	249.917	199.934	149.95	233.043	186.434	139.826
土地整治/万元	198.041	158.433	118.825	175.127	140.102	105.076
在职职工数/人	1 777	1 489	1 202	1 634	1 375	1 116
工业场地投资/万元	1 169.75	935.8	701.85	1 103.25	882.6	661.95
工业场地面积/hm²	339.461	271.569	203.677	339.461	271.569	203.677
工程投资/万元	2 454.05	1 963.24	1 472.43	2 170.1	1 736.08	1 302.06
工程措施面积/hm²	188.621	150.897	113.173	188.621	150.897	113.173
建设用水量/L	772 568	463 541	231 770	772 568	463 541	231 770
急流槽/万元	16.719 4	13.375 5	10.031 6	14.784 9	11.827 9	8.870 95
扰动土地整治率/%	89.95	89.97	90.01	89.95	89.97	90.01
扰动地表面积/hm²	511.684	409.221	306.758	511.684	409.221	306.758
护坡/万元	131.129	104.904	78.677 7	115.957	92.765 9	69.574 4
挡土墙(埝)/万元	175.989	140.792	105.594	155.627	124.501	93.376 1
损坏水土保持面积/hm²	509.24	406.705	304.171	509.24	406.705	304.171
排水沟/万元	1 224.86	979.887	734.915	1 083.14	866.51	649.883
排水系统/万元	666.055	532.844	399.633	588.99	471.192	353.394
排水顺接/万元	15.521 8	12.417 5	9.313 1	13.725 9	10.980 7	8.235 54
排矸(土)场投资/万元	4 250.79	3 400.63	2 550.47	3 693.59	2 954.87	2 216.16
排矸(土)场面积/hm²	284.123	227.298	170.474	284.123	227.298	170.474
新增水土流失量/t	140 000	84 000	42 000	260 000	156 000	78 000
林草恢复/万元	22.891 1	18.312 9	13.734 7	21.345 5	17.076 4	12.807 3
植物投资/万元	1 077.23	861.783	646.337	1 004.49	803.595	602.696

续表 7-15

要素	方案 1	方案 2	方案 3	方案 4	方案 5	方案 6
水土保持总投资/万元	7 187.25	5 749.8	4 312.35	6 470.1	5 176.08	3 882.06
水土保持边际效益	19.478 9	14.609 2	9.739 47	40.184 8	30.138 6	20.092 4
水域面积/hm²	0	0	0	0	0	0
水电管线投资/万元	95.756 7	76.605 3	57.454	93.593 3	74.874 7	56.156
水电管线面积/hm²	8.913 65	7.130 92	5.348 19	8.913 65	7.130 92	5.348 19
沉沙池/万元	0.208 594	0.166 875	0.125 15	0.184 45	0.147 56	0.110 67
洒水降尘/万元	558.394	446.715	335.037	487.667	390.133	292.6
生活废水产生量/L	1 740 000	1 740 000	1 740 000	2 610 000	2 610 000	2 610 000
生活废水排放量/L	1 740 000	1 740 000	1 740 000	2 610 000	2 610 000	2 610 000
用水标准/L	20 000	20 000	20 000	20 000	20 000	20 000
用水花费/元	237 827	190 262	142 696	207 703	166 163	124 622
用水量/L	774 387	774 387	774 387	774 387	774 387	774 387.
用水面积/hm²	321.903	257.523	193.142	321.903	257.523	193.142
矿区人均绿地面积/hm²	1.16	1.45	1.933 33	1.16	1.45	1.933 33
职工需求/人	1 777.45	1 489.96	1 202.47	1 634.02	1 375.22	1 116.41
苫盖/万元	280.566	224.453	168.339	245.029	196.023	147.017
行道树/万元	13.767	11.013 6	8.260 19	12.837 4	10.269 9	7.702 46
表土利用/万元	1 460.31	1 168.25	876.186	1 275.34	1 020.28	765.206
边坡植绿/万元	0.215 446	0.172 357	0.129 26	0.200 89	0.160 71	0.120 53
道路投资/万元	764.836	611.869	458.902	755.617	604.494	453.37
道路面积/hm²	37.780 9	30.224 7	22.668 5	37.780 9	30.224 7	22.668 5
采掘场投资/万元	906.124	724.899	543.674	824.048	659.239	494.429
采掘场面积/hm²	329.619	263.695	197.772	329.619	263.695	197.772
防护林带/万元	14.768 8	11.815	8.861 28	13.771 6	11.017 3	8.262 96
防洪堤/万元	15.514 5	12.411 6	9.308 69	13.719 4	10.975 5	8.231 64
陡坡消能/万元	1.261 38	1.009 1	0.756 828	1.115 43	0.892 347	0.669 26
项目建设区面积/hm²	513.084	410.467	307.85	513.084	410.467	307.85
预测水土流失量/t	140 000	84 000	42 000	260 000	156 000	78 000
预测水土流失治理度/%	90.15	90.17	90.21	90.15	90.17	90.21

表 7-16 方案仿真结果(地采矿)

要素	方案 7	方案 8	方案 9	方案 10	方案 11	方案 12
临时投资/万元	1 965.11	1 179.06	393.021	2 207.63	1 324.58	441.525
临时挡护/万元	435.467	261.28	87.093 5	489.21	293.526	97.842
其他临时投资/万元	209.087	125.452	41.817 4	234.891	140.935	46.978 3
厂区绿化/万元	158.577	95.146 3	31.715 4	186.926	112.156	37.385 2
土地整治/万元	117.087	70.252 4	23.417 5	129.466	77.679 3	25.893 1
在职职工数/人	1 218.27	866.961	515.654	1 317.83	926.701	535.567
工业场地投资/万元	721.356	432.813	144.271	848.654	509.192	169.731
工业场地面积/hm²	169.731	101.838	33.946 1	169.731	101.838	33.946 1
工程投资/万元	1 450.9	870.538	290.179	1 604.28	962.569	320.856
工程措施面积/hm²	94.310 6	56.586 3	18.862 1	94.310 6	56.586 3	18.862 1
建设用水量/L	482 855	231 770	57 942.6	724 283	347 656	86 913.9
急流槽/万元	9.884 95	5.930 97	1.976 99	10.93	6.557 98	2.185 99
扰动土地整治率/%	90.04	90.17	90.80	90.04	90.17	90.80
扰动地表面积/hm²	255.527	153.064	50.601 4	255.527	153.064	50.601 4
护坡/万元	77.527 2	46.516 3	15.505 4	85.723 2	51.433 9	17.144 6
挡土墙(埂)/万元	104.05	62.429 7	20.809 9	115.049	69.029 7	23.009 9
损坏水土保持面积/hm²	252.903	150.369	47.834 2	252.903	150.369	47.834 2
排水沟/万元	724.168	434.501	144.834	800.726	480.435	160.145
排水系统/万元	393.789	236.273	78.757 8	435.42	261.252	87.083 9
排水顺接/万元	9.176 92	5.506 15	1.835 38	10.147 1	6.088 25	2.029 42
排矸(土)场投资/万元	2 415.04	1 449.03	483.008	2 699.16	1 619.5	539.833
排矸(土)场面积/hm²	142.061	85.236 8	28.412 3	142.061	85.236 8	28.412 3
新增水土流失量/t	50 000	24 000	6 000	100 000	48 000	12 000
林草恢复/万元	14.524 8	8.714 91	2.904 97	17.121 5	10.272 9	3.424 29
植物投资/万元	683.522	410.113	136.704	805.716	483.43	161.143
水土保持总投资/万元	4 391.34	2 634.81	878.268	4 889.17	2 933.5	977.834
水土保持边际效益	11.386	9.108 83	6.831 63	20.453 4	16.362 7	12.272
水域面积/hm²	0	0	0	0	0	0
水电管线投资/万元	70.195	42.117	14.039	80.222 8	48.133 7	16.044 6

续表 7-16

要素	方案 7	方案 8	方案 9	方案 10	方案 11	方案 12
水电管线面积/hm²	4.456 82	2.674 09	0.891 365	4.456 82	2.674 09	0.891 365
沉沙池/万元	0.123 32	0.073 995	0.024 665	0.136 36	0.081 818	0.027 272
洒水降尘/万元	320.705	192.423	64.141 1	360.284	216.171	72.056 9
生活废水产生量/L	1 740 000	1 740 000	1 740 000	2 610 000	2 610 000	2 610 000
生活废水排放量/L	1 740 000	1 740 000	17 400 000	2 610 000	2 610 000	2 610 000
用水标准/L	20 000	20 000	20 000	30 000	30 000	30 000
用水花费/元	136 592	81 955.5	27 318.5	153 450	92 069.9	30 690
用水量/L	774 387	774 387	774 387	774 387	774 387	774 387
用水面积/hm²	160.952	96.571	32.190 3	160.952	96.571	32.190 3
矿区人均绿地面积/hm²	2.32	3.866 67	11.6	2.32	3.866 67	11.6
职工需求/人	1 218.27	866.961	515.654	1 317.83	926.701	535.567
苫盖/万元	161.139	96.683 2	32.227 7	181.025	108.615	36.205 1
行道树/万元	8.735 41	5.241 25	1.747 08	10.297 1	6.178 23	2.059 41
表土利用/万元	838.707	503.224	167.741	942.215	565.329	188.443
边坡植绿/万元	0.136 70	0.082 022	0.027 340	0.161 14	0.096 686	0.032 228
道路投资/万元	566.713	340.028	113.343	519.487	311.692	103.897
道路面积/hm²	18.890 4	11.334 3	3.778 09	18.890 4	11.334 3	3.778 09
采掘场投资/万元	618.036	370.822	123.607	741.643	444.986	148.329
采掘场面积/hm²	164.81	98.885 8	32.961 9	164.81	98.885 8	32.961 9
防护林带/万元	9.371 09	5.622 65	1.874 22	11.046 4	6.627 82	2.209 27
防洪堤/万元	9.172 56	5.503 54	1.834 51	10.142 3	6.085 36	2.028 45
陡坡消能/万元	0.745 76	0.447 45	0.149 15	0.824 60	0.494 76	0.164 92
项目建设区面积/hm²	256.542	153.925	51.308 4	256.542	153.925	51.308 4
预测水土流失量/t	50 000	24 000	6 000	100 000	48 000	12 000
预测水土流失治理度/%	90.24	90.37	91.00	90.24	90.37	91.00

7.4.3.2　Shape 仿真

Shape 是 Vensim 软件中的一个模块,见图 7-8,在模型复合模拟时,可使用该模块来实现将部分变量以 Exponential Growth(指数增长)、Exponential Decay(指数延迟)、pulse(脉冲)、Step Change(跃阶)、Square Wave(方波)等方式变化,或保留某一个或几个输入量,同时固定剩余输入量,然后模拟运行,从而得到系统的一些规律。

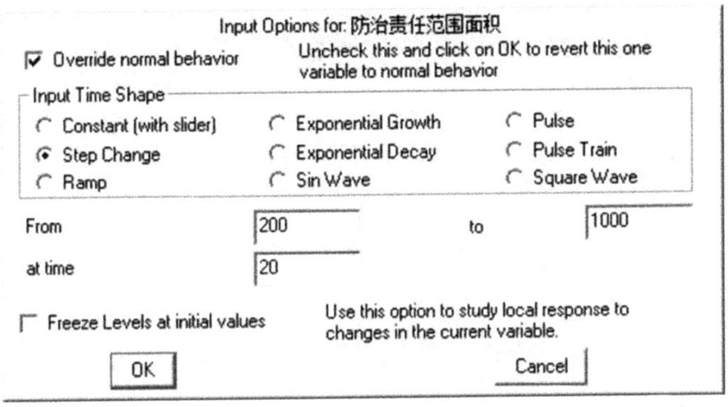

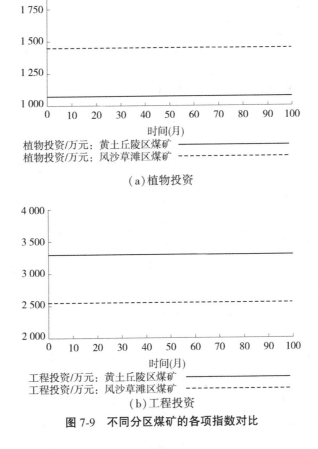

图 7-8　Shape 界面

1.设定煤矿区域位置不同

模拟黄土丘陵区和风沙草滩区的两个大型露天煤矿,设定两者的水保分区及由分区所决定相关参数不同,其余属性设定值:防治责任范围面积 1 000 hm²、建设期 2 a、区内无水域。同时输入本模型中,模拟运行后,软件即可输出图 7-9 和表 7-17。

植物投资/万元:黄土丘陵区煤矿 ————————
植物投资/万元:风沙草滩区煤矿 - - - - - - - - - - - -

（a）植物投资

工程投资/万元:黄土丘陵区煤矿 ————————
工程投资/万元:风沙草滩区煤矿 - - - - - - - - - - - -

（b）工程投资

图 7-9　不同分区煤矿的各项指数对比

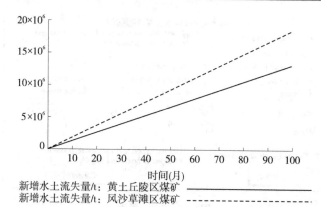

新增水土流失量/t：黄土丘陵区煤矿 ————————
新增水土流失量/t：风沙草滩区煤矿 - - - - - - - - - - - -

(c)新增水土流失量

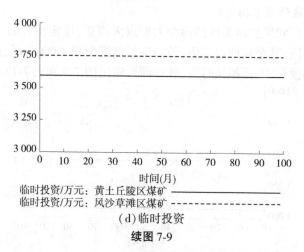

临时投资/万元：黄土丘陵区煤矿 ————————
临时投资/万元：风沙草滩区煤矿 - - - - - - - - - - - -

(d)临时投资

续图 7-9

表 7-17　不同分区煤矿的投资对比

项目	风沙草滩区煤矿	黄土丘陵区煤矿	差值/%
工程投资/万元	3 181.19	2 454.05	-30.36
植物投资/万元	1 456.09	1 077.23	58.22
临时投资/万元	4 334.13	3 421.53	5.75
工业场地投资/万元	1 782.17	1 169.75	52.35
水电管线投资/万元	120.334	95.756 7	-20.42
排矸(土)场投资/万元	5 398.33	4 250.79	-8.29
道路投资/万元	1 322.33	764.836	-42.16
采掘场投资/万元	824.048	906.124	-9.06
建设用水量/L	579 426	386 284	50.00
水土保持总投资/万元	9 447.21	7 187.25	31.44
水土保持边际效益	27.521 3	19.478 9	41.29
新增水土流失量/t	260 000	140 000	85.71

由图 7-9、表 7-17 可知,在煤矿基本属性相同而所处水土保持区划位置不同的情况下,两者的水土保持防治投资与水土流失量截然不同。风沙草滩区煤矿的植物投资和临时投资要稍高于黄土丘陵区煤矿,但黄土丘陵区煤矿的工程投资要远大于风沙草滩区,这是因为就造价来说工程措施要高于临时措施和植物措施。风沙草滩区煤矿的建设期用水量以及新增水土流失量也要高于黄土丘陵区。从水土保持的角度出发,以减少水土保持防治投资和新增水土流失量为目的,在煤矿产能相同的前提下,煤矿位置优选建设在风沙草滩区。

2.设定防治责任范围面积坡道增长

设定模型参数为风沙草滩区露天开采煤矿,建设期为 4 a,将防治责任范围面积设定为坡道(ramp)增长方式,即一次函数增长方式。选择输出新增水土流失量、水土保持总投资和水土保持边际效益这 3 个要素,变化趋势见图 7-10。

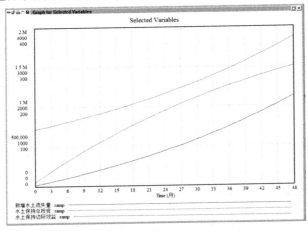

图 7-10　坡道(ramp)增长方式下 3 个输出量的变化趋势

图 7-10 中从上到下三条线分别代表水土保持总投资、水土保持边际效益和新增水土流失量。可以看出,随着时间的推移,新增水土保持总投资和新增水土流失量呈增长趋势,水土保持边际效益在趋于平稳,新增水土流失量的增幅要大于水土保持总投资。

7.4.3.3　仿真结果分析

MWC-SD 模型的建立,可以在煤矿开工建设之前得到该矿大致的生态、社会、经济数据,这对榆神府矿区水土流失的综合治理是有一定帮助的。通过对仿真模型的分析,煤矿开发建设过程中易发生水土流失的场地主要在于露天开采剥离的煤炭、矸石及建设过程中其他废弃物的堆积场地以及沉陷区的坡地。尤其是各类表土松散、无植被或植被稀疏堆积物场地,包括矸石山、弃土场、堆煤场、取土场等。

通过对全煤矿类型仿真和 shape 仿真的分析,得到以下规律:

露天矿与地采矿相比,在防治责任范围面积相同的情况下,露天矿的新增水土流失量较地采矿要多,具体多出的数值由原地貌侵蚀模数和扰动后侵蚀模数决定;露天矿的水土保持投资比地采矿要多,这是由于排矸(土)场和采掘场的水土保持投资要比地采矿多,同时也增加了洒水降尘的费用;地采矿的植物措施投资比例较露天矿要小,是因为前者的扰动地表面积小。

黄土丘陵区煤矿与风沙草滩区煤矿相比,在防治责任范围面积相同的情况下,后者的新增水土流失量要小于前者,这是因为两者扰动前后侵蚀模数不同。新增水土流失量与水土保持总投资呈明显的正相关关系,但随着水土保持总投资的增长,新增水土流失量的增速变缓。在工程措施投资与工业场地投资、工程投资与排水顺接投资、职工需求与矿区人口等要素之间同样有类似的关系。煤矿的规模或建设期延长会导致水土保持总投资、预测水土流失量、矿区人口等大幅增加,其中建设期对新增水土流失量和建设期用水量这两个因素的影响尤为显著。

7.5　榆神府矿区水土流失防治模式优化策略

7.5.1　基于系统理论的优化策略

7.5.1.1　优化方式与指标

工程区水土流失综合防治模式的优化策略应以能实现地区自然和社会的协调发展,以防治并减少土壤侵蚀量,恢复矿区生态环境,达到矿区水土流失治理过程中的生态效益、经济效益和社会效益最优为基本目标。矿区水土流失防治模式主要的优化指标包括生态、经济、社会三个方面。

1.生态指标

矿区开发过程破坏原来地区的生态环境,加剧了水土流失,同时矿产开发还排放了大量废弃物,造成原有地区的环境污染,例如煤矿区排放的煤矸石、废弃土石、废水等。矿区水土流失治理生态指标的选取应围绕防治并减少土壤侵蚀量、恢复矿区生态环境的基本需求。

2.经济指标

矿区开发过程中大量土地被闲置,土地利用率相对较低。在治理水土流失的同时,应合理利用矿区的土地资源,发展种植业、养殖业、沙产业等,实现工程区周边社会经济产值的增加,提高居民收入。在 MWC-SD 模型的基础上再选取围绕实现矿区人均收入增加为基本目标,包括人均收入、经济林产值、果园产值、耕地产值、养殖业产值、沙产业产值、废弃物处理厂产值等。

3.社会指标

矿区建设破坏、污染生态环境的同时,给周边居民的生产生活造成了相应影响,比如噪声污染、饮水安全、耕地退化、围绕塌陷而引起的潜在居住安全等,矿区水土流失综合治理应重视这些社会影响。社会指标的确定以实现矿区社会环境安定,提高居民社会感知度为目的,因此在 MWC-SD 模型的基础上增加选取其他的社会指标:居民感知度、村落绿化面积、村容村貌、村内道路、垃圾处理及其他公共设施建设等。

7.5.1.2　生态防治模型

榆神府矿区水土保持生态治理模式,是工程区水土流失治理工作最基本的保障,也是最低层次的要求。生态治理模式以实现工程区生态环境改善、生态环境质量提高为基本目的,以工程区污染物治理、土壤侵蚀量减少、人均绿地面积增加为主要内容。煤矸石、煤炭开发排放的废水是煤炭区主要的污染物,可以通过建设污染物处理厂,合理利用废弃物,并将新生产的建材和清洁水源用于工程区水土保持。区内土壤侵蚀量的减少,主要以水土保持工程建设为主,包括植被恢复工程和非植被工程为主,并投入一定的水土保持监测工作,在增加人均绿地面积的同时,减少土壤侵蚀量。最终实现了区域整体生态环境的改善。

工程区的生态治理模式的实施,首先要考虑自然条件下的水土流失治理模式。黄土丘陵区典型的治理模式是5种防护体系:梁峁顶防护体系、梁峁坡防护体系、峁边线防护体系、沟坡防护体系、沟底防护体系,形成从梁峁顶到沟底,层层设防、节节拦蓄的完整水土保持综合防护体系。沙区主要水土流失治理是以防沙治沙工程措施为主,包括植被固沙和非植被固沙工程措施两个方面。因此,工程区水土流失生态治理模式中植被措施、工程措施的布设是以工程区原有地貌条件为基础。

煤炭资源的开发形成了不同的功能分区,不同分区在布设具体植被措施及工程措施时,也存在差异。工程区水土流失生态治理模式为煤矿水土流失治理提供了一个整体的思路。具体的工程措施和植被措施布设上要因地制宜,综合考虑,最终达到煤工程区生态效益的提高。

7.5.1.3　经济防治模型

榆神府工程区水土保持经济治理模式是在生态模式的前提下,合理利用工程区内土地资源发展产业,以实现人均收入的增加为最终目的。煤矸石、工业废水等处理厂的设置增加了一定量的就业人口,在提高人均收入的同时也增加了工业产值;水土保持土地整治工程及植被恢复工程,增加了耕地、经济林、灌草、果园等的面积,林灌草恢复也促进了养殖业的发展,实现了农业、林业、养殖业等产值的增加。防沙治沙工程增加了治理沙地的面积,减少了风蚀量,可以发展知识密集型的沙产业,进一步提高农业产值。经济治理模式中的农业发展方面,应该引入高新技术,包括农业技术、生物技术,发展知识密集型生态农业,还可以适当地发展旅游业,努力建成新型的产业基地,也为未来工程区产业转型提供了一定的保障。风沙草滩区还可以利用沙地来发展沙产业,进一步提高工程区周边土地的经济产值。

7.5.1.4　社会防治模型

榆神府区水土保持社会模式是工程区水土流失治理工作的重要保障。水土资源的社会性决定了治理的社会性,因此工程区水土流失防治不能与社会脱节。煤炭资源开采及相关煤化工产业建设给周边居民生产生活带来了很大的影响,包括居民区环境污染、噪声、水污染、大气污染、土地退化、地表沉陷等很多方面。因此,在工程区开展水土保持工作的同时,工程区周边村落的社会环境改善也是重要的组成部分之一。煤炭开采区水土保持社会模式以农村环境治理和基础设施建设为主要内容,引入居民感知度对区域社会发展状况进行评价。通过水土保持社会工程的建设,改善了村落绿化、村内道路、村容村貌及其他公共设施,并对村落废弃物进行了处理,最终使居民的感知度提高。

7.5.1.5　工程区综合防治模式思路

榆神府工程区水土流失综合治理模式的构建以实现工程区生态环境治理与改善、经济水平提高、社会评价良好为综合目的,包含了生态治理、经济治理、社会治理模型等三个模型的内容。根据《生产建设项目水土流失防治标准》(GB/T 50434—2018)等规范性文件,榆神府矿区水土流失防治的主体思路应是:工程措施、植物措施和土地整治有机结合;临时措施和永久性措施相结合;充分发挥工程措施的控制性和实效性,保证在短期内遏制或减少水土流失,再利用植物措施和土地整治措施蓄水保土,保护新生地表,实现水土流失有效预防。

通过综合的系统模型,可以设置不同的治理方向,并根据治理偏重的方向,选择最合适的水土保持配置方式。综合治理模式加强了煤炭区水土保持与区域环境治理、经济发展、社会发展之间的联系,保证了陕北煤炭开采区整体的良好发展并实现综合效益的最大化。

7.5.2 基于仿真结果的模型优化建议

7.5.2.1 水土流失投资与措施优化建议

建设单位和科研人员对开发建设项目水土保持的研究由来已久,通过对水土保持的研读和既有水土保持的分析,作者发现在榆神府矿区有一套较为典型的水土保持措施布设体系,见图7-11。图7-11 中所述的水土保持措施几乎应用在工程区所有的煤炭生产建设项目中,这说明该套措施实施方案是行之有效的。

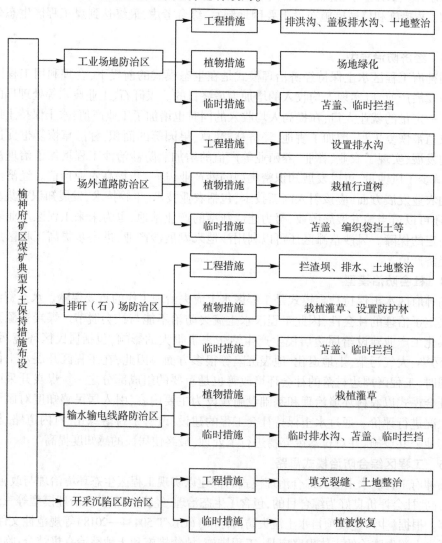

图 7-11　工程区煤矿典型水土保持措施布设方式

　　在投资方面,完善制度,健全投资机制,加大监理与监测的力度和频率,真正做到把水土保持投资落在实处;调动社会的力量,投资与建设透明化,加强当地居民对水土保持工作的感知度;国家会每年从农业税费中征收用于水土流失的税费,以及生产建设项目会缴纳水土保持设施补偿费,如何科学地管理和运营这部分费用,将对矿区乃至整个黄土高原的水土保持理论研究产生深远影响;推进构建矿区生态建设异地补偿机制,富裕区向贫困区补偿,受益区向建设区补偿等。对于榆神府矿区乃至整个陕北来说,生态环境被破坏的历史久远,特别是水土流失问题,科学合理地做好建设阶段的投资规划,处理好经济发展和水土保持的矛盾。

　　在措施布设方面,工程区范围内有陕西省治沙研究所、林业科学研究所、榆林市水土保持研究所、榆林学院等科研机构,他们对于榆神府矿区水土保持措施布设的研究有得天独厚的优势,完全可以借助此优势来开展针对煤矿水土保持的研究;根据模型的仿真情况也能发现大型国有煤矿的水土保持效益要稍高于小型煤矿,小型煤矿的水土保持措施布设也要向大型煤矿看齐;通过研读水土保持方案,发现极少数方案中存在部分错误或不合理的地方,因此提高编制人员的专业素养,无形中也会优化工程区水土保持防治水平;由于工程区处在风沙草滩和黄土丘陵的过渡区,而黄土丘陵区煤矿的水土流失量较风沙草滩区的要小,在同等情况下,将工业场地区的位置优先设置在黄土丘陵区。

　　总之,煤矿的水土保持问题,不是花费巨额资金建设水保设施,或者将目标停留在几个指标的大或小,应该是达到水土流失综合防治和水土资源优化配置相结合,改善工程区周边生态环境,提高居民满意度,促进工程区经济朝着又好又快的方向发展。

7.5.2.2　综合优化策略

　　从工程区煤炭产业的发展可以看出,对煤炭资源的需求不减,而开展水土流流失防治工作也刻不容缓。榆神府矿区水土保持模式研究,在理论层面上,是发现工程区水土流失规律、明确煤矿建设过程中各要素之间的耦合关系,进而为当地水土保持工作提供新思路,提出新方法。更重要的是在实践层面上,从前面的研究中可以发现,水土流失的严重与否,不仅与煤矿建设相关,更是与工程区的自然环境息息相关。

　　倡导绿色矿区,国土资源部在 2010 年发布了《国家级绿色矿山基本条件》,绿色矿区是指在煤炭资源开采过程中,既要严格实施科学有序的开采方式,又要对煤矿周边环境的扰动控制在可控的范围内。实地考察发现柠条塔煤矿的工业园区绿化效果非常好,景观生态效益明显,这说明建设绿色矿还是有迹可循的。

　　发展高效农业,在有限的耕地资源上,以市场为导向,积极转变传统农业模式,合理组织农业生产,走基地化、产业化、集约化、可持续发展的道路,将水土保持与农业灌溉相结合。实地调查中发现实施水资源再利用,工程区地表水资源较匮乏,季节性断流现象经常发生。在工程区发展节水矿区,提高节水工艺,将矿区的污水经过净化处理后用在洒水降尘和农业灌溉等方面,严格控制区内地下水的开采,加大水政水资源管理部门的执法力度,建立水资源统一调度制度,最终实现水资源循环再利用。

　　提高水保方案编制水平,国家施行简政放权的政策,虽然取消了水土保持方案编制人员的准入机制,但并不意味着降低了对水土保持方案编制的要求,而是要求方案的编制要针对具体项目,充分体现方案的可操作性,增强生产建设项目的水土保持效果。

推进煤矿技术发展，煤矿企业应积极主动地开展科技创新，改进和优化采煤技术，淘汰落后工艺，重视科学研究，在经济效益与生态效益的博弈中做好取舍，必要时政府相关机构介入，强制淘汰老旧落后的设备和工艺。

落实水土保持项目管理，落实"三同时"制度，从项目初期规划、中期资金管理到后期项目评价与验收均要满足水土保持相关法律法规的要求。做到水土保持专款专用，不能贪图蝇头小利而降低水土保持投资，更不能以任何借口降低水土保持设施建设标准，反而是要在水土流失的关键区域提高建设标准，扩大植被恢复面积。水土保持监理监测单位应适当提高监理监测的频率和力度，认真看待与解决建设生产过程中发现的问题。

实践证明，部分植物可以在通过科学配比砒砂岩、沙和黄土的土壤上健康生长，这都说明工程区的植被恢复还是有迹可循的。目前，矿区植被恢复主要栽植沙打旺、柠条、冰草、樟子松等适宜工程区的乡土植物，可否引进其他植物，保水保土的基础上增加景观效益，同时提高工程区生态稳定性。

总的来说，工程区水土保持模式的优化应以法律保障、技术革新、资金保障、精细管理为导向，在采掘场、渣土堆放区、场外道路等重点流失区域，通过拦沙、挡水、导流、护坡、土壤回覆、土壤改良、土地复垦、林草封育等综合性水土保持措施，建设起水土保持综合防治和生态恢复体系。

第 8 章　黄土高原典型生态建设治理技术配置方案的推介

8.1　典型配置模式的适用条件

在南沟小流域综合治理过程中,结合不同的水土流失问题要采取相应的水保措施。其中,工程措施在小流域治理规划过程中起着十分重要的作用,利用水土保持工作需要地势优势,实现就地取材,因而在护耕坡上方设置截流沟,可以降低水土流失冲刷坡地,在截流沟断面设计过程中需要结合最大流量标准,根据土壤性质确定边坡比,同时需要考虑土壤类别和设计流量,在台地和流失面上方设置截流沟。也可在山区干砌块石,高度可以控制在 1 m 左右,如果高差比较大,可以利用多级布置方式。结合沟宽确定长度,在中间部位设置溢水口。岗地适合利用土谷坊,在背水坡可以设置卵石护坡和块石护坡。根据实际情况设置几处谷坊,可以起到显著的拦水作用,同时还可以做到跌水稳土的作用,建立山区蓄水保土系统。

在实施植物措施时,要根据地形地貌选择植物措施,在土地瘠薄的岗地种植生物带,可以选择沙棘和旱柳等树种,如果山顶中具有裸露的岩石,土层比较薄,可以选择栽种不同的树种,例如可以栽种樟子松和刺槐等植物,这类植物可以涵养水分,在山腰土质肥沃的区域可以种植各类果树,山脚部位种植中药材,例如金银花等,在谷地种植乔木草木,可以形成立体式的生态体系,保障小流域治理模式的生态效益,实现当地经济和可持续发展。

生态经济系统综合治理措施是在小流域治理规划当中利用径流调控综合利用体系,优化组合工程措施和植物措施以及耕作技术,合理配置治理调控方式,利用工程培养植物,利用植物保护工程,建立水土保持综合防御体系。在径流调控综合利用工程当中,主要是利用系统工程和径流调控,优化配套落实植物和工程措施,可以储存利用降水,结合坡面径流的来源和数量等,控制水土流失,有机结合除害和兴利,充分发挥出水土保持工程的作用。径流调控中心的核心是径流聚集工程,形成坡面径流,利用道路形成有机整体,径流储存系统主要包括小水库和涝池以及水窖等,其中水窖的投资比较小,修建难度比较小,因此在小流域治理规划过程中主要利用水窖方式。径流系统利用各种节灌技术,为农林牧业服务。小流域治理规划过程中遵循因地制宜的原则,落实各种配套措施和高新技术,总体布局径流调控综合体系,聚集雨水径流,实现治理工作的有序性,对于径流实施层层拦蓄,提高雨水资源利用率。在沟底设置淤地坝,根据实际情况布置谷坊和水窖等工程,可以达到保水保土的作用。同时,在道路两旁种植树木,大力发展庭院经济,栽培经济作物,也可以饲养牲畜。利用综合整治措施,建立网状的防治体系,配套落实各项防治措施,形成小流域生态经济体系。

在小流域治理规划过程中,根据当地的资源禀赋和经济发展情况,可以对位配置工程措施和植物措施。根据当地生态条件修建田间集水工程,为植物提供良好的生存条件,匹配当地的生态条件,合理选择树种,可以种植林灌和林草等,推广利用灌草间和垄沟法种草技术。在退耕坡地种植优良牧草,充分利用当地的水土资源,同时还可以达到水土保持的作用。

8.2　典型配置模式关键技术

各地水土流失突出问题不同,发展阶段和水平有差异,应根据区域水土流失状况、自然地理条件、经济发展水平、发展目标等分别确定。因而在黄土高原不同的治理阶段,关键技术的着重点都不一样。

在探索与治理阶段,生态治理的技术关键在于具备解决单一水土流失与生态建设问题关键技术集成模式。这一阶段主要是坡式梯田、软地埂与梯田沟建设模式;坡地保土耕作模式;沟冲防治与柳篱挂淤模式;爆破法筑坝修梯田探索性建设模式。重点治理与缓慢发展阶段,其关键技术除具备解决单一水土流失与生态建设问题关键技术集成模式,还具备解决特定下垫面的水土流失与发展经济的关键技术集成模式。其中,前者的治理模式主要为坡改梯为主的坡面治理模式;水坠坝筑坝、爆破法筑坝、冲土水枪等技术为主体的淤地坝建设模式;沟垄种植法与坡地水平沟种植法两种种植模式。后者则是坡面植树种草为主的坡面生物防治模式、飞播种林草技术模式、粮草带状种植防蚀技术模式、改土治水相结合的治理模式。这两者因地制宜,因时制宜地结合起来。

小流域综合治理阶段是在以上两个阶段都有的技术形式下增加了协调和支撑特定下垫面和特定生物气候类型区的小流域水土流失、产业发展与经济社会持续发展的综合性模式。法制建设、预防为主与重点治理阶段关键技术在于发展黄土高原水土保持型生态农业,是以山水田路小流域综合治理技术以及土地利用结构与治理技术为主的生态农业。生态修复为主的规模治理阶段的技术关键是发展商品型生态农业,这一时期是以恢复生态为主的大封育小治理的治理模式,小流域坝系优化配置与建设模式,坡面集流造林技术模式等。

中国经济社会发展进入新时代,研究水土流失治理目标及考评指标,对全面防治水土流失及其影响、满足新时代人民对美好生态环境的新需求、推进美丽中国建设具有重要意义。

8.3　推介与应用注意事项

在选择适合南沟小流域的配置模式时,先在小流域综合调查与自然、生态、社会经济、水土流失状况分析评价的基础上,按照"因地制宜,因害设防"的原则布置各项水土保持治理措施。

为做到技术可行、经济合理、安全可靠,南沟小流域综合治理措施的配置应进行多方案的比选。最重要的就是实时响应国家政策,根据项目区的地形地质、水文、植被、土地利用现状、水土流失现状等基础条件以及小流域具体社会经济情况和治理目标,从总体布置、工程措施、施工组织、运行管理、工程投资、效益等方面,结合政策响应经综合分析研究比较后选定适合示范区的综合治理措施配置方案。此外,在编制示范区的配置方案过程中,要考虑到示范区措施总体布局要符合小流域主导功能定位,同时突出小流域的经济功能和生态效益功能。

8.3.1 政策要求

新时代水土保持工作总体思路是:以习近平新时代中国特色社会主义思想为指导,深入贯彻党的十九大精神,坚持以人民为中心的发展思想,坚持人与自然和谐共生的基本方略,牢固树立和积极践行绿水青山就是金山银山的绿色发展理念,以"尊重自然,注重预防,强化治理,打造绿水青山,推进水土流失防治体系和防治能力现代化"为总体目标,以"基础扎实、管理规范、科技引领、生态良好、百姓受益"为工作目标,坚持问题导向和依法行政,为加快生态文明建设、建设美丽中国、推动经济社会持续健康发展提供有力支撑。

新时代水土保持工作的主要目标是到 2020 年,重点防治地区水土流失得到有效治理,人为水土流失得到有效控制,水土流失面积和强度持续下降,全国水土流失状况总体改善,水土保持治理体系和治理能力现代化建设取得重大进展。到 2035 年,重点防治地区水土流失得到全面治理,人为水土流失得到全面控制,水土流失面积和强度大幅下降,水土流失治理质量和效益明显提升,全国水土流失状况根本好转,水土保持治理体系和治理能力现代化基本实现。

在进行南沟小流域整体生态治理技术配置时必须准确把握新时代水土保持工作新要求:

一是必须准确把握新时代社会主要矛盾变化对水土保持工作提出的新要求。在做好传统水土流失治理、改善农业生产生活条件的同时,要更加注重保护水土资源和生态环境,更加注重满足提高人民生活质量的需要,创造更加丰富、更加优质的生态产品,最大限度地发挥水土保持工作的综合效益。

二是必须牢固树立绿水青山就是金山银山的绿色发展理念。习近平总书记深刻指出,"保护生态环境就是保护生产力,绿水青山和金山银山绝不是对立的,关键在人,关键在思路""我们既要绿水青山,也要金山银山。宁要绿水青山,不要金山银山,而且绿水青山就是金山银山"。要把习近平总书记的"两山论"落实到水土保持工作中,就是要更加注意处理好开发与保护的关系,担负起保护水土资源的神圣责任,彻底从征服自然、损害自然、破坏自然向尊重自然、顺应自然、保护自然转变,坚持节约优先、预防优先、自然修复为主的方针,全面加强对资源开发行为的水土保持管控,全面加快水土流失治理,通过强化水土保持社会管理和服务,推动形成绿色生产方式和生活方式,从而减轻对自然生态系统的破坏和扰动,还自然以宁静、和谐、美丽,促进水土资源可持续利用。

三是必须积极践行人与自然和谐共生的生态文明建设基本方略。习近平总书记指出,"良好生态环境是最公平的公共产品,是最普惠的民生福祉""生态环境没有替代品,用之不觉,失之难存"。落实到水土保持工作中,就是要牢固树立生态红线意识,进一步发挥水土保持在优化国土空间开发保护、资源节约循环高效利用、生态系统保护和修复中的基础性和约束性作用。着力做好国家重点生态功能区、生态敏感区、江河源头区、重要水源地水土流失预防,筑牢生态安全屏障。以生产建设项目水土保持方案管理为抓手,促进生产建设单位在开发利用中减少地表扰动、做好表土保护、提高弃渣综合利用,实现水土资源节约集约利用。统筹推进山水林田湖草系统治理,进一步加大封山禁牧、轮封轮牧和封育保护力度,充分发挥大自然生态自我修复作用,改善生态环境。

四是必须全面营造用最严格的制度保护水土资源的法治环境。习近平总书记指出,"在生态环境保护问题上,就是要不能越雷池一步,否则就应该受到惩罚""保护生态环境必须依靠制度、依靠法治。只有实行最严格的制度、最严密的法治,才能为生态文明建设提供可靠保障"。落实到水土保持工作中,要牢固树立法治思维和法治意识,坚持依法行政,全面构建以水土保持法为核心,上下衔接、系统完备、科学规范、运行有效的水土保持法规制度体系。要用最严格的监管保护水土资源,建立负面清单、权力清单、责任清单,加大监督执法力度,实现源头严防、过程严管、事后追责。要持续加大水土保持普法力度,引导各级领导干部和水土保持干部职工带头尊法学法守法用法,增强全社会水土保持法治意识和法治观念,营造全社会保护水土资源、保护生态环境的良好氛围。

8.3.2　注意事项

时代的不断变革,水土保持治理问题也变得愈发突出,因而在实际治理过程中依然存在着较多的问题,因而在采取治理措施的过程中要时刻注重这些问题,从而采取相应的解决措施。

8.3.2.1　自然环境问题

自然环境问题是水土保持治理中的常见问题,而自然环境问题也是无法避免的,尤其是在地形复杂且较难治理的地区,十分不利于水土保持治理工作的开展,一定程度上还会阻碍治理工作的效率和质量,山区的地貌特征是变化莫测且纵横交错的,一旦雨季节来临的时候就会使大量的雨水聚集在沟壑中。一定的程度就会引发泥石流或者洪涝灾害,这就会威胁到人们的生命财产安全,甚至对房屋造成毁灭性的损坏。

8.3.2.2　经济因素问题

经济因素问题是指国家在用于水土保持治理上的资金比较少,这个问题是我国在水土保持治理过程中不可避免的问题之一,也是迫切需要采取手段给予解决的问题,然而实际上虽然国家已经推行了相应的水土保持政策,但是实际上能够用于治理的资金少之又少,这无形之中就加大了水土保持治理的难度,一旦资金不能满足实际的治理需求就会降低治理的效果,进而很难从根本上解决水土流失等问题,只会使水土流失问题变得愈发严重。

8.3.2.3　人为因素问题

致使水土保持治理效率的另外一个因素就是人为因素,而这个因素也是影响较为严重的一点。随着我国社会经济的飞速发展,随之而来的生态问题也变得越来越严重,不得不说经济的快速发展在为人类带来诸多便捷的同时,也给大自然生态环境带来了诸多的冲击,很多时候人们总是认为自然所赋予的资源是取之不尽用之不竭的,基于这种错误的认识人们就会肆意地伐林造田。林木被大量的砍伐,久而久之就会造成程度不等的水土流失问题,从而影响水土保持治理的水平,不能实现高效水土保持治理的愿望。

水土保持治理工作是一项艰难而有意义的事情,要时刻注意实施措施时可能出现的各种问题,从而提前做好预防措施。

参 考 文 献

［1］ Morgan R P C. Soil Erosion, Conservation［M］. 3rd ed、MA：Blackwell Publishing,2005：116-149.

［2］ Nachtergaele J,Poesen J. Spatial and temporal variations in resistance of loess—derived soils to ephemeral gully erosion［J］. European Journal of Soil Science,2002,53：449-463.

［3］ Olsontc,Wischmeier W H. Soil erodibility evaluations for soils on the runoff and erosion stations［J］.Soil Science Society of American Proceedings,1963,27(5)：590-592.

［4］ Zheng M,Cai Q,Cheng Q. Modelling the runoff-sediment yield relationship using a proportional function in hilly areas of the loess plateau,north china［J］. Geomorphology,2008,93(3-4)：288-301.

［5］ 蔡强国,陆兆熊,王贵平.黄土丘陵沟壑区典型小流域侵蚀产沙过程模拟［J］.地理学报,1996,51(2)：108-116.

［6］ 蔡强国,王贵平,陈永宗.黄土高原小流域侵蚀产沙过程与模拟［M］.北京：科学出版社,1998.

［7］ 陈晓安,蔡强国,张利超.黄土丘陵沟壑区坡面土壤侵蚀的临界坡度［J］.山地学报,2010,28(4)：415-421.

［8］ 陈浩.黄土高原退耕还林前后流域土壤侵蚀时空变化及驱动因素研究［D］.杨凌：西北农林科技大学,2019.

［9］ 崔晨.基于 DEM 的土壤侵蚀模型中地形因子的研究［D］.西安：西北大学,2010.

［10］ 方学敏,万兆惠,徐永年.土壤抗蚀性研究现状综述［J］.泥沙研究,1997(2)：87-91

［11］ 高云飞,张栋,赵帮元,等.1990—2019 年黄河流域水土流失动态变化分析［J］.中国水土保持,2020(10)：64-67.

［12］ 胡春宏,张晓明.黄土高原水土流失治理与黄河水沙变化［J］.水利水电技术,2020,51(1)：1-11.

［13］ 胡春宏,张晓明,赵阳.黄河泥沙百年演变特征与近期波动变化成因解析［J］.水科学进展,2020,31(05)：103-111.

［14］ 黄秉维.关于黄河中游水土保持的几个问题［J］.中国水土保持,1983,1：1-51.

［15］ 黄秉维.编制黄河中游流域土壤侵蚀分区图的经验与教训［J］.科学通报,1955(12)：17-24.

［16］ 黄玉华,冯卫,李政国.陕北延安地区 2013 年"7·3"暴雨特征及地质灾害成灾模式浅析［J］.灾害学,2014,29(2)：54-59.

［17］ 贾志伟,江忠善,刘志.降雨特征与水土流失关系的研究［C］.中国科学院水利部西北水土保持研究所集刊,1990,7(12)：9-15.

［18］ 贾媛媛,郑粉莉,杨勤科,等.黄土丘陵沟壑区小流域水蚀预报模型构建［J］.水土保持通报,2004,24(2)：9-11,20.

［19］ 江忠善,王志强.黄土丘陵区小流域土壤侵蚀空间变化定量研究［J］.水土保持学报,1996,2(01)：1-9.

［20］ 江忠善,王志强,刘志.应用地理信息系统评价黄土丘陵区小流域土壤侵蚀的研究［J］.水土保持研究,1996,3(2)：84-97.

［21］ 江忠善,刘志.降雨因素和坡度对溅蚀影响的研究［J］.水土保持学报,1989,3(2)：29-35.

［22］ 蒋德麒,朱显谟.水土保持［A］.中国农业科学院土壤肥料研究所,中国农业土壤学编著委员会,中国农业土壤论文集［C］.上海：上海科学技术出版社,1962.

[23] 雷廷武,张晴雯,闫丽娟. 细沟侵蚀物理模型[M].北京:科学出版社,2009.

[24] 刘宝元,谢云,张科利. 土壤侵蚀预报模型[M].北京:中国科学技术出版社,2001.

[25] 刘宝元,张科利,焦菊英.土壤可蚀性及其在侵蚀预报中的应用[J].自然资源学报,1999,14(4): 345-350.

[26] 刘宝元.中国土壤流失方程[C].国际土壤侵蚀管理学术研讨会,中国太原,2001.

[27] 刘宝元,等.中国土壤侵蚀预报研究[C].第12届土壤保持大会,中国北京,2002.

[28] 刘东生. 黄土的物质成分和结构[M]. 北京:科学出版社,1996.

[29] 刘向东,吴钦孝,苏宁虎.水源林效益[M]//六盘山自然保护区科学考察编辑委员会.六盘山自然保护区科学考察.银川:宁夏人民出版社,1989.

[30] 刘秉正,吴发启. 土壤侵蚀[M]. 西安:陕西人民出版社,1997.

[31] 刘天军. 西部地区水土流失成因与治理措施分析[J].华中农业大学学报(社会科学版),2006(6): 70-75.

[32] 刘志,江忠善.降雨因素和坡度对片蚀的影响[J].水土保持通报,1994,14(6):19-22.

[33] 牟金泽,孟庆枚.陕北中小流域年产沙量计算[A].黄土高原水土流失综合治理科学讨论会资料汇编[C].陕西:中国科学院水利部水土保持研究所内部资料,1981:251-2551.

[34] 秦伟,朱清科,赵磊磊,等. 基于RS和GIS的黄土丘陵沟壑区浅沟侵蚀地形特征研究[J].农业工程学报,2010,26(6):58-64.

[35] 任艳. 基于WEPP模型的生产建设项目堆土水土流失预测与堆土形式优选[D].杨凌:西北农林科技大学,2017.

[36] 申楠.黄土地区细沟水流分离输沙过程研究[D]. 杨凌:西北农林科技大学,2018.

[37] 史德明,杨艳生,姚宗虞.土壤侵蚀调查方法中的侵蚀实验研究和侵蚀量测定问题[J].中国水土保持,1983(6):21-22

[38] 宋西德. 黄土高原森林植被水土保持功能研究[J]. 内蒙古农业大学学报(自然科学版),2001,22(2):7-11.

[39] 陕西省地方志编纂委员会.陕西省志　第五卷　黄土高原志[M]. 西安:陕西人民出版社,1995.

[40] 檀璐. 黄土高原水蚀风蚀交错区降雨特性及水分有效性研究[D]. 哈尔滨:东北农业大学,2014.

[41] 唐克丽,陈永宗,等. 黄土高原地区土壤侵蚀区域特征及其治理途径[M]. 北京:中国科学技术出版社,1990.

[42] 唐克丽,郑世清. 杏子河流域坡耕地的水土流失及其防治[J].水土保持通报,1984(4):5-8.

[43] 唐克丽. 中国水土保持[M].北京:科学出版社,2004.

[44] 唐克丽. 黄土高原水蚀风蚀交错区治理的重要性与紧迫性[J]. 中国水土保持,2000(11):11-12.

[45] 唐克丽,张科利,雷阿林.黄土丘陵区退耕上限坡度的研究论证[J].科学通报,1998,43(2): 200-203.

[46] 汤国安,李发源,熊礼阳.黄土高原数字地形分析研究进展[J].地理与地理信息科学,2017,33(04):1-7.

[47] 田凤霞,赵传燕,冯兆东. 黄土高原地区降水的空间分布[J]. 兰州大学学报(自然科学版),2009,45(5):1-5.

[48] 田积莹,黄义端.子午岭连家砭地区土壤物理性质与土壤抗侵蚀性能指标的初步研究[J].土壤学报,1964,12(3):278-296

[49] 田鹏,赵广举,穆兴民,等.基于改进RUSLE模型的皇甫川流域土壤侵蚀产沙模拟研究[J].资源科学,2015,37(4):832-840.

[50] 王礼先,吴长文.陡坡林地坡面保土作用的机理[J].北京林业大学学报,1994,16(4):1-71.

[51] 吴普特,周佩华,郑世清.黄土沟壑区土壤抗冲性的研究[J].水土保持学报,1993,7(3):19-36.

[52] 吴钦孝,赵鸿雁,刘向东.持续提高黄土高原植被水土保持功能的配套技术(I)森林保持水土的条件[J].生态与农村环境学报,2002,18(2):50-52.

[53] 吴钦孝,赵鸿雁,汪有科.黄土高原油松林地产流产沙及其过程研究[J].生态学报,1998,18(2):151-157.

[54] 吴春华,张宏安,王寅声,等.黄土高原生态环境问题分析与实施生态修复的探讨[C]//第二届黄河国际论坛文集,郑州.2005,87-94.

[55] 魏天兴,朱金兆.黄土残塬沟壑区坡度和坡长对土壤侵蚀的影响分析[J].北京林业大学学报,2002(1):59-62.

[56] 信忠保,许炯心,马元旭.近50年黄土高原侵蚀性降水的时空变化特征[J].地理科学,2009,29(1):100-106.

[57] 徐丽萍.黄土高原地区植被恢复对气候的影响及其互动效应[D].杨凌:西北农林科技大学,2008.

[58] 徐锡蒙.基于不同侵蚀动力因子的浅沟侵蚀过程与浅沟水流数值模拟[D].杨凌:西北农林科技大学,2018.

[59] 杨文治,余存祖.黄土高原区域治理与评价[M].北京:科学出版社,1992.

[60] 张建康,刘慧敏,康磊,等.陕西黄土高原短时强降水时空分布及环流特征[J].陕西气象,2021(2):17-23.

[61] 张科利,蔡永明,刘宝元,等.黄土高原地区土壤可蚀性及其应用研究[J].生态学报,2001,21(10):1691-1697.

[62] 张科利,彭文英,杨红丽.中国土壤可蚀性值及其估算[J].土壤学报,2007,44(1):7-11.

[63] 张科利,唐克丽,王斌科.黄土高原坡面浅沟侵蚀特征值的研究[J].水土保持学报,1991,5(2):8-13.

[64] 张琴琴.黄土高原土壤侵蚀评价与分析[D].西安:西北大学,2016.

[65] 张岩,刘宪春,李智广.利用侵蚀模型普查黄土高原土壤侵蚀状况[J].农业工程学报,2012(10):165-171.

[66] 张岩,朱清科.黄土高原侵蚀性降雨特征分析[J].干旱区资源与环境,2006,20(6):99-103.

[67] 赵广举.黄土高原土壤侵蚀环境演变与黄河水沙历史变化及对策[J].水土保持通报,2017,37(2):3.

[68] 赵鸿雁,吴钦孝,刘国彬.黄土高原森林植被水土保持机理研究[J].林业科学,2001,37(5):140-144.

[69] 赵龙山,侯瑞,吴发启.黄土坡面细沟侵蚀研究进展与展望[J].中国水土保持,2017,(9):47-51.

[70] 周佩华,武春龙.黄土高原土壤抗冲性的实验研究方法探讨[J].水土保持学报,1993,7(1):29-34.

[71] 朱显谟,张相麟,雷文进.泾河流域土壤侵蚀现象及其演变[J].土壤学报,1954,2(4):209-222.

[72] 朱显谟.黄土高原水蚀的主要类型及其有关因素[J].水土保持通报,1981(3):1-9.

[73] 朱显谟.黄土高原水流侵蚀的主要类型及有关因素[J].水土保持通报,1982(3):40-44.

[74] 朱显谟.黄土区土壤侵蚀的分类[J].土壤学报,1956,4(2):99-115.

[75] 朱显谟,雷文进,刘朝端,等.甘肃中部土壤侵蚀调查报告[J].土壤专报,1958(32).

[76] 张洪江.土壤侵蚀原理[M].北京:中国林业出版社,2008.

[77] 蔡强国,朱阿兴,毕华兴,等.中国主要水蚀区水土流失综合调控与治理范式[M].北京:中国水利水电出版社,2012.

[78] 国家林业局.中国退耕还林还草二十年(1999—2019)[S].国家林业局,2020.

[79] 黄河志编纂委员会.黄河志 卷八 黄河水土保持志.[M].郑州:河南人民出版社,1993.

[80] 蒋定生. 黄土高原水土流失与治理模式[M]. 北京:中国水利水电出版社,1997.

[81] 李怀有. 黄土高塬沟壑区径流调控综合治理模式研究[J]. 人民黄河,2008(10)77-79.

[82] 李锐. 黄土高原水土保持工作70年回顾与启示[J]. 水土保持通报,2019(39)298-301.

[83] 李天跃,许立宏. 宁夏封山禁牧的成效与思考[J]. 宁夏农林科技,2007(3):74-75.

[84] 刘国彬,上官周平,姚文艺,等. 黄土高原生态工程的生态成效[J]. 中国科学院院刊,2017(32): 11-19.

[85] 刘震. 中国水土保持概论[M]. 北京:中国水利水电出版社,2018.

[86] 孟庆枚. 黄土高原水土保持[M]. 郑州:黄河水利出版社,1996.

[87] 水利部,中国科学院,中国工程院. 中国水土流失防治与生态安全——黄土高原卷[M]. 北京:科学出版社,2010.

[88] 水利部,中国科学院,中国工程院. 中国水土流失防治与生态安全——水土流失防治政策卷[M]. 北京:科学出版社,2010.

[89] 水利部,中国科学院,中国工程院. 中国水土流失防治与生态安全——总卷(上)[M]. 北京:科学出版社,2010.

[90] 水利部农村水利水土保持司. 全国八片水土保持重点治理成效显著[J]. 中国水土保持,1992: 55-57.

[91] 王万忠,焦菊英. 黄土高原降雨侵蚀产沙与水土保持减沙[M]. 北京:科学出版社,2018.

[92] 王子婷,杨磊,李广,等. 陇中黄土高原农村经济结构变化对退耕还林(草)的响应[J]. 生态学报, 2021(41):2225-2235.

[93] 谢永生,李占斌,王继军,等. 黄土高原水土流失治理模式的层次结构及其演变[J]. 水土保持学报,2011,25(3):211-214.

[94] 辛树帜,蒋德麒. 中国水土保持概论[M]. 北京:农业出版社,1982.

[95] 杨灿,魏天兴,李亦然,等. 黄土高原典型县域植被覆盖度时空变化及地形分异特征[J]. 生态学杂志,2021(40):1830-1838.

[96] 赵克荣. 全国八片水土保持重点治理工程定西县二期治理成效与经验[J]. 甘肃水利水电技术, 1998(4):70-72.

[97] 郑晓风,李海红. 罗峪沟流域综合治理开发体系建设成效[J]. 甘肃科技,2009,25(20):16-18.

[98] 袁和第,信忠保,侯健,等. 黄土高原丘陵沟壑区典型小流域水土流失治理模式[J]. 生态学报, 2021,41(16):6398-6416.

[99] 卫伟,余韵,贾福岩,等. 微地形改造的生态环境效应研究进展[J]. 生态学报,2013,33(20): 6462-6469.

[100] 王力,张青峰,卫三平,等. 黄土高原水蚀风蚀交错带煤田开发区小流域植被恢复模式[J]. 北京林业大学学报,2009,31(02):36-43.

[101] 张琳玲. 罗玉沟流域综合治理措施配置及效益探讨[J].人民黄河,2012,34(12):96-99.

[102] 贺宏年,陈锦屏. 红枣产业化对陕北经济发展和开发西部的重要意义[J]. 中国农学通报,2001 (3):99-100.

[103] 周怀龙,王文昭,郝占东. 治沟造地惠民生,再造陕北好江南[N]. 中国国土资源报,2012-11-16.

[104] 史志华,王玲,刘前进,等. 土壤侵蚀:从综合治理到生态调控[J]. 中国科学院院刊,2018,33 (02):198-205.

[105] 陈怡平. 黄土高原生态环境沧桑巨变七十年[N]. 中国科学报,2019-09-03(008).

[106] 刘彦随,李裕瑞. 黄土丘陵沟壑区沟道土地整治工程原理与设计技术[J]. 农业工程学报,2017,33 (10):1-9.

[107] 胡春宏,张晓明.黄土高原水土流失治理与黄河水沙变化[J].水利水电技术,2020,51(01):1-11.

[108] 康华,吕复扬.陕西省三北防护林体系建设成就、经验及展望[J].陕西林业科技,2001(1):3-6.

[109] 胡春宏,张晓明.关于黄土高原水土流失治理格局调整的建议[J].中国水利,2019(23):5-7,11.

[110] 燕星宇.黄河流域水土流失治理助推乡村振兴——定西市安定区的个案研究[J].发展,2021(1):52-56.

[111] 王正昊,马慕铎.黄河中游第一批水土保持小流域综合治理试点初步分析[J].人民黄河,1987(3):44-50.

[112] 郭志贤,陈谦.陕西省无定河、黄甫川流域重点治理方法、经验与问题[J].人民黄河,1987(5):44-46.

[113] 安乐平,赵力毅,脱忠平.天水市罗玉沟流域治理实践与思考[J].中国水土保持,2021(6):20-24.

[114] 张宝.新时期黄河流域水土流失防治对策[J].中国水土保持,2021(7):14-16,46.

[115] 董世魁,康慕谊,熊敏,等.黄土高原地区退耕还林(草):政策的持续性分析[J].水土保持学报,2005,19(2):41-44.

[116] 张胜利,左仲国,张云霖,等.从窟野河"89·7"洪水看神府东胜煤田开发对水土流失和入黄泥沙的影响[J].中国水土保持,1990,1(1):48-52.

[117] 时明立,方学敏,左仲国.神府东胜矿区新增水土流失量估算[J].中国水土保持,1991(10):22-25.

[118] 高学田,唐克丽,张平仓,等.神府—东胜矿区一、二期工程中新的人为加速侵蚀[J].水土保持研究,1994,1(4):23-34.

[119] 高学田,唐克丽.神府东胜矿区侵蚀营力及风、水蚀相互作用特征[J].水土保持通报,1995,15(4):33-38.

[120] 吴成基,甘枝茂,惠振德,等.神府—东胜矿区土壤侵蚀规律及分区治理[J].陕西师范大学学报(自然科学版),1996,24(2):94-98.

[121] 傅耀军,李曦滨,孙占起,等.晋陕蒙能源基地榆神府矿区水土流失综合评价[J].水土保持通报,2003,23(1):32-35.

[122] 王文龙,李占斌,张平仓.神府东胜煤田开发中诱发的环境灾害问题研究[J].生态学杂志,2004,23(1):34-38.

[123] 张发旺,赵红梅,宋亚新,等.神府东胜矿区采煤塌陷对水环境影响效应研究[J].地球学报,2007,28(6):521-527.

[124] 王青杵.煤炭开采区废弃物堆置体坡面侵蚀特征研究[J].中国水土保持,1998(8):27-30.

[125] Hendrychová M,Kabrna M. An analysis of 200-year-long changes in a landscape affected by large-scale surface coal mining:History,present and future[J]. Applied Geography,2016,74:151-159.

[126] Pandey B,Agrawal M,Singh S. Coal mining activities change plant community structure due to air pollution and soil degradation[J]. Ecotoxicology,2014,23(8):1474-1483..

[127] Guo J Q Y Z G. Existing Problems in Energy Exploitation and Eco-environment Sustainable Development and Their Countermeasures in Northern Shaanxi[J]. Meteorological and Environmental Research,2011(4):76-78.

[128] Korski J,Tobór Osadnik K,Wyganowska M G. Reasons of problems of the polish hard coal mining in connection with restructuring changes in the period 1988~2014[J]. Resources Policy,2016,48:25-31.

[129] 高旭彪.晋陕蒙接壤区的水土流失及其防治[J].人民黄河,1992(6):31-33.

[130] 唐克丽,侯庆春,王斌科,等.黄土高原水蚀风蚀交错带和神木试区的环境背景及整治方向[C]//中国科学院水利部西北水土保持研究所集刊(神木水蚀风蚀交错带生态环境整治技术及试验示

范研究论文集),1993(2):2-15.

[131] 高永海. 神府—东胜煤田井田区的水土流失及防治[J]. 中国水土保持,1994(8):42-45.

[132] 张汉雄,邵明安. 陕晋黄土丘陵区土壤侵蚀发展动态仿真研究[J]. 地理学报,1999,54(1):44-52.

[133] Gypser S,Veste M,Fischer T,et al. Infiltration and water retention of biological soil crusts on reclaimed soils of former open-cast lignite mining sites in Brandenburg,north-east Germany[J]. Journal of Hydrology and Hydromechanics,2016,64(1):1-11.

[134] 王治国,李文银. 工矿区水土保持[M]. 北京:科学出版社,1996.

[135] 白中科,胡振华,王治国. 露天矿排土场人为加速侵蚀及分类研究[J]. 土壤侵蚀与水土保持学报,1998,4(1):35-41.

[136] 姚秀菊,王洪德,马志靖. 神府-东胜煤田水土流失发育特点及防治对策[J]. 中国地质灾害与防治学报,2000,11(1):75-78.

[137] 姜爱林,祝国勇. 矿区人为水土流失的环境背景分析[J]. 中国地质矿产经济,2000,13(4):37-39.

[138] 李德平,张玉梅,方继臣,等. 矸石山水土流失规律与防治措施的研究[J]. 水土保持研究,2001,8(3):22-25.

[139] 王青杵,王贵平. 黄土高原煤炭开采区水土流失特征的研究[J]. 水土保持研究,2001,8(4):83-85,132.

[140] 宋国渝,张树屏. 神东矿区公路建设中水土流失防治对策[J]. 煤炭工程,2007(5):61-62.

[141] 石青,陆兆华,梁震,等. 神东矿区生态环境脆弱性评估[J]. 中国水土保持,2007(8):24-26.

[142] 吴冠宇. 晋陕蒙接壤地区煤矿矿区水土流失防治探索[J]. 陕西水利,2010(6):95-96.

[143] 赵诚信,常茂德,李建牢,等. 黄土高原不同类型区水土保持综合治理模式研究[J]. 水土保持学报,1994,8(4):25-30.

[144] 张洪江,张长印,赵永军,等. 我国小流域综合治理面临的问题与对策[J]. 中国水土保持科学,2016,14(1):131-137.

[145] 高旭彪,黄成志,刘朝晖. 开发建设项目水土流失防治模式[J]. 中国水土保持科学,2007,5(6):93-97.

[146] 查轩,唐克丽. 水蚀风蚀交错带小流域生态环境综合治理模式研究[J]. 自然资源学报,2000,15(1):97-100.

[147] 智连著,孙晓玲,王建文,等. 柠条塔煤矿水土保持生态建设典型模式研究[J]. 中国水土保持,2010,7(13):11-13.

[148] 齐贺停,李宏颖,石旭东. 陕北煤矿生态环境现状及其治理方案浅析——以府谷县红草沟煤矿为例[J]. 四川环境,2012,31(6):64-69.

[149] Forrester J W. Industrial dynamics:A breakthrough for decision makers[J]. Harvard Business Review,1958,36(4):37-66.

[150] 贾晓菁,钱颖,钟永光. 系统动力学[M]. 2版. 北京:科学出版社,2013.

[151] 陈国卫,金家善,耿俊豹. 系统动力学应用研究综述[J]. 控制工程,2012,19(6):921-928.

[152] 张汉雄. 动态仿真在水土保持规划中的应用[J]. 中国水土保持,1988,8(9):31-35.

[153] 张汉雄. 通渭县农林牧结构优化动态仿真模型的探讨[J]. 水土保持通报,1987,7(3):8-16.

[154] 张汉雄. 系统动力学在水土保持规划中的应用[J]. 水土保持通报,1996,16(1):124-129.

[155] 陆洪斌,孙英杰,李成杰,等. 宁安县应用系统动力学模型制定水土保持规划[J]. 水土保持通报,1993(1):42-50.

[156] 张洪江,王礼先. 坡面林地土壤流失系统动力学模型研究[J]. 北京林业大学学报,1996,18(4):43-49.

［157］Kotir J H,Smith C,Brown G,et al. A System Dynamics Simulation Model for Sustainable Water Resources Management and Agricultural Development in the Volta River Basin,Ghana［J］. Science of the Total Environment,2016(573):444-457.

［158］Cooke D L. A system dynamics analysis of the Westray mine disaster［J］. Syst. Dyn. Rev.,2003,19(2):139-166.

［159］Pedamallu C,Ozdamar L,Ganesh L,et al. A System Dynamics Model for Improving Primary Education Enrollment in a Developing Country［J］. Organizacija,2010,43(3):90-101.

［160］毕慈芬,邰源林,王富贵,等. 防止砒砂岩地区土壤侵蚀的水土保持综合技术探讨［J］. 泥沙研究,2003(3):63-65.

［161］张传才,秦奋,王海鹰,等. 砒砂岩区地貌形态三维分形特征量化及空间变异［J］. 地理科学,2016,36(1):142-148.

［162］侯光才,张茂省,王永和,等. 鄂尔多斯盆地地下水资源与开发利用［J］. 西北地质,2007,40(1):7-34.

［163］吴成基,甘枝茂,孙虎,等. 河龙区间六条流域产粗沙量研究［J］. 人民黄河,1997(4):21-24.

［164］中华人民共和国建设部. 开发建设项目水土流失防治标准:GB 50433—2008［S］. 北京:中国计划出版社,2008.

［165］王力,卫三平,王全九. 榆神府煤田开采对地下水和植被的影响［J］. 煤炭学报,2008,33(12):1408-1414.

［166］张平仓,王文龙,唐克丽,等. 神府—东胜矿区采煤塌陷及其对环境影响初探［J］. 水土保持研究,1994,1(4):35-44.

［167］孙虎,甘枝茂. 人为弃土的堆积与侵蚀过程的初步研究［J］. 西北地质,1998,19(1):61-66.

［168］赵暄,谢永生,王允怡,等. 模拟降雨条件下弃土堆置体侵蚀产沙试验研究［J］. 水土保持学报,2013,27(3):1-8,76.

［169］Karan S K,Samadder S R. Reduction of spatial distribution of risk factors for transportation of contaminants released by coal mining activities［J］. Journal of Environmental Management,2016(180):280-290.

［170］Ding Z,Yi G,Tam V W Y,et al. A system dynamics-based environmental performance simulation of construction waste reduction management in China［J］. Waste Management,2016(51):130-141.

［171］孙喜民,刘客,刘晓君. 基于系统动力学的煤炭企业产业协同效应研究［J］. 资源科学,2015,37(3):555-564.

［172］钱正英. 中国大百科全书·水利［M］. 北京:中国大百科全书出版社,1998.

［173］杨勤科,李锐. 区域水土流失研究的科学体系［J］. 水土保持研究,2006,13(5):11-13.

［174］陈见影,孙虎,常占怀,等. 小流域综合治理方案的模拟与优化调控——以渭北旱塬淳化县秦庄沟流域为例［J］. 水土保持通报,2014,34(4):215-219.

［175］范英宏,陆兆华,程建龙,等. 中国煤矿区主要生态环境问题及生态重建技术［J］. 生态学报,2003(10):2144-2152.

［176］徐友宁. 矿山地质环境调查研究现状及展望［J］. 地质通报,2008,27(8):1235-1244.

［177］朱清科,马欢. 我国智慧水土保持体系初探［J］. 中国水土保持科学,2015,13(4):117-122.

［178］张力,格日乐,孙保平,等. 黑岱沟露天矿水土流失防治对策［J］. 中国水土保持,2006(1):45-46.

［179］中华人民共和国水利部. 开发建设项目水土保持技术规范:GB 50433—2008［S］. 北京:中国计划出版社,2008.

［180］汪云甲. 论矿区资源绿色开发的资源科学基础［J］. 资源科学,2005,27(1):14-19.

［181］赵晓翠,王继军,乔梅,等.县南沟流域水土保持技术适宜性评估［J］.水土保持研究,2020,27(2):
　　　　350-356.

［182］骆汉,胡小宁,谢永生,等.生态治理技术评价指标体系［J］.生态学报,2019,39(16):5766-5777.

［183］Hu X,Si M,Luo H,et al. The Method and Model of Ecological Technology Evaluation［J］. Sustainabili-
　　　　ty,2019,11(3),886.